应用技术型高等教育"十二五"规划教材

大学计算机基础教程

主　编　安志远　崔　岩

副主编　李　彤　任树坡

中国水利水电出版社
www.waterpub.com.cn

内 容 提 要

本书是按照教育部高等学校计算机基础课程教学指导委员会制定的《高等学校计算机基础核心课程教学实施方案（2011 版）》中对大学计算机公共基础课程的基本教学要求而编写的。

全书共 9 章，主要内容包括：计算机概述、微型计算机系统的组成、Windows 7 操作系统、Office 2010 办公自动化软件应用、计算机网络基础与应用、多媒体技术及其应用、数据库技术与应用、算法设计与实现、网页制作基础。

本书采用"任务驱动"的编写思路，精心设计了彼此独立又前后衔接的十个教学案例，着重培养学生的计算思维能力；注重教材内容与时俱进，关注了云计算、物联网、大数据等计算机领域的新技术，软件也是目前流行且较为成熟的版本；教材中部分章节的内容兼顾了理工和文科学生不同的特点，讲解时可视实际情况做出取舍，同时内容的设计也为后续的程序设计课程做好铺垫；每章配有丰富的习题（选择、填空、简答），供读者练习与自测。

本书适用于应用技术型高等教育、高等职业教育非计算机专业计算机基础课程教材，也可供参加计算机等级考试的学员及广大计算机爱好者自学参考。

本书配有电子教案、案例素材和操作视频等，读者可以从中国水利水电出版社和万水书苑的网站下载，网址为：http://www.waterpub.com.cn/softdown/和http://www.wsbookshow.com。

图书在版编目（C I P）数据

大学计算机基础教程 / 安志远，崔岩主编. -- 北京：
中国水利水电出版社，2014.8（2018.6 重印）
应用技术型高等教育"十二五"规划教材
ISBN 978-7-5170-2407-1

Ⅰ. ①大… Ⅱ. ①安… ②崔… Ⅲ. ①电子计算机－
高等学校－教材 Ⅳ. ①TP3

中国版本图书馆CIP数据核字(2014)第197195号

策划编辑：雷顺加　　责任编辑：宋俊娥　　加工编辑：祝智敏　　封面设计：李　佳

书　　名	应用技术型高等教育"十二五"规划教材 **大学计算机基础教程**
作　　者	主编　安志远　崔岩 副主编　李彤　任树坡
出版发行	中国水利水电出版社 （北京市海淀区玉渊潭南路 1 号 D 座　100038） 网址：www.waterpub.com.cn E-mail：mchannel@263.net（万水） 　　　　sales@waterpub.com.cn 电话：(010) 68367658（发行部）、82562819（万水）
经　　售	北京科水图书销售中心（零售） 电话：(010) 88383994、63202643、68545874 全国各地新华书店和相关出版物销售网点
排　　版	北京万水电子信息有限公司
印　　刷	三河市鑫金马印装有限公司
规　　格	184mm×260mm　16 开本　16.75 印张　412 千字
版　　次	2014 年 8 月第 1 版　2018 年 6 月第 4 次印刷
印　　数	6601—8600 册
定　　价	35.00 元

前　　言

本书是按照教育部高等学校计算机基础课程教学指导委员会制定的《高等学校计算机基础核心课程教学实施方案（2011版）》中对大学计算机公共基础课程的基本教学要求而编写的。

相比较目前市场上的同类教材，本书的特色主要体现在以下几个方面：

一是基于师生需求，教学内容新颖。为了让教材能够更加贴近学生学习和教师教学的实际需求，在大量调查分析的基础上，教材内容力求一个"新"字。首先，增加了大数据、物联网、云计算等计算机新技术的相关知识；其次，操作系统和办公自动化软件采用了目前流行且相对成熟的 Windows 7 和 Microsoft Office 2010；最后，考虑到文科与理工学生的差异，"算法设计与实现"和"网页制作基础"分别对理工科学生和文科生做了要求。

二是以案例为引导，以应用为目的。为充分体现应用型技能培养的特点以及计算思维能力培养的需要，避免传统教材中术语的枯燥讲解和操作的简单堆砌，编者针对不同模块的内容精心设计了10个小型案例，让学习者先明确能做什么，再逐一分解怎么做，在练习中去掌握，在动手中去思考。同时，本书还配备了丰富的理论习题和拓展练习，帮助读者进一步掌握所学内容。

三是凝聚集体智慧，教学资源丰富。本书的编者是一个具有多年丰富教学经验的团队，这支老中青结合的队伍从事计算机基础课程教学十余载，承载了精品课程、教学团队、教改课题等多类别教学研究课题，教学效果突出。同时，教材中每章配有选择、填空、简答等多种形式的习题，以及丰富的教学资源，包括多媒体教学课件、案例素材、案例操作视频等。

本书由安志远、崔岩任主编，负责整本书的统筹规划和定稿工作。李彤、任树坡任副主编。参加编写的还有刘洁、刘玉利、成岳鹏、姚志强、刘立媛、尹国材等。另外，大学计算机基础教学团队成员崔玉宝、王静、王慧娟、许艳、张业涛也为本书的编写做了大量工作，在此对他们的付出表示感谢。此外，还要感谢中国水利水电出版社的雷顺加编审，在本书的策划和写作中，提出了宝贵的建议，特别是对编写方式及习题的策划，使得本书能够更好地服务于教学。

本书适合作为高等院校非计算机专业计算机公共基础课程的教材，还可以作为计算机爱好者的自学用书和相关考试的培训教材。

本书的编者虽然是长期从事大学计算机基础课程一线的教学工作，但限于作者水平，书中难免会有错误或不妥之处，敬请读者和同行批评指正。

编　者

2014 年 7 月

目　　录

1

计算机概述

本章主要介绍计算机的起源与发展历程，以及我国计算机的发展情况；计算机的特点、分类和应用；计算机在信息社会中的作用以及计算机中的数制与编码；当今计算机的新技术。

1.1 计算机的诞生和发展

1.1.1 计算机的诞生

1．计算机的起源

（1）早期的计算工具

人们在早期的劳动实践中发现需要做一些简单的计算，因而开始发明一些简单的计算工具。在原始社会，中国人最早开始使用结绳进行计数；到了春秋战国时代，中国人又发明了算筹；到了唐朝末年，中国人又发明了算盘。

（2）十七世纪以来出现的计算工具

1622 年英国数学家奥特瑞德发明了计算尺；

1642 年法国物理学家帕斯卡发明了齿轮式加减法器；

1673 年德国数学家莱布尼茨发明了能进行四则运算的机械式计算机。

（3）近代的计算机发展

1822 年英国数学家查尔斯·巴贝奇发明了差分机；

1834 年英国数学家查尔斯·巴贝奇发明了分析机；

1938 年德国工程师朱斯第一个采用电器元件来制造了 Z-1 号计算机。1941 年，他的 Z-3 计算机开始运转，这是世界上第一台真正的通用程序控计算机；

1944 年美国科学家霍德华·艾肯提出用机电方法来实现巴贝奇分析机，制造出 Mark I 计算机，使计算机具有输入、处理、存储、输出及控制5 个基本装置的构想，建构了今天电子计算机硬件系统组成的基本框架。

2．第一台计算机的诞生

20 世纪初，电子技术得到了迅猛的发展。1904 年，英国电气工程师弗莱明（A. Flomins）研制出了真空二极管；1906 年，美国发明家、科学家福雷斯特（D.Forest）发明了真空三极管。这些都为电子计算机的出现奠定了基础。

1943 年，正值第二次世界大战，美国军方为了解决计算大量军用数据的难题，成立了由宾夕法尼亚大学莫奇利（J.W.Mauchly）和埃克特（W.J.Eckert）领导的研究小组，开始研制世界上第一台电子计算机。经过三年紧张的工作，第一台电子计算机终于在 1946 年 2 月 14 日问世了。这台机器取名为 ENIAC（Electronic Numerical Integrator And Computer），意为"电子数值积分和计算机"。

ENIAC 重 30 吨，占地 167 平方米，用了 18 000 多个电子管、1 500 多个继电器、70 000 多个电阻、10 000 多个电容，功率为 150 千瓦，如图 1-1 所示。ENIAC 每秒可完成 5 000 次加减法运算，虽然其速度远不及现代微机，但这在当时已经是一个飞越，它的诞生宣布了电子计算机时代的到来。ENIAC 在 1987 年被评为 IEEE 里程碑之一。

图 1-1　ENIAC

1.1.2　计算机的发展历程

1．计算机的发展

从世界上第一台电子计算机问世至今，短短的几十年间，计算机获得飞速发展。在人类科技史上没有一种学科可以与电子计算机的发展相提并论。每隔十八个月计算机的性能就能提高一倍，堪称世界上发展最快的高新技术之一。人们根据计算机的性能和当时的硬件技术情况，将计算机的发展划分成四个阶段（如表 1-1 所示），每一个阶段在技术上都是一次新的突破，在性能上都是一次质的飞跃。

表 1-1 电子计算机的发展

阶段	起止年份	主要元件	运算速度	特点	用途	外观
第 1 代	1946-1957	电子管	加法运算 1000 至 10000 次/秒	体积大、成本高、能耗大、速度低（几千次至几万次/每秒），内存容量仅几千字	国防及高科技	
第 2 代	1958-1964	晶体管	加法运算 10 万至 100 万次/秒	机器的体积减小、功耗减少、可靠性增强、价格降低、运算速度加快	军事与尖端技术，中小企业	
第 3 代	1965-1970	中小规模集成电路	加法运算 100 万至 1000 万次/秒	减小了体积和重量，功耗也大大减少，增强了可靠性，节约了信息传递的时间，提高了运算速度	工业控制、数据处理，商用	
第 4 代	1971-	大规模以及超大规模集成电路	加法运算一亿至几十亿次/秒	出现了微处理器，并且可以用微处理器和大规模、超大规模集成电路组装成微型计算机	工业、生活等各方面	

目前，第五代计算机仍处在探索、研制阶段。第五代计算机的主要目标是使计算机具有人类的某些智能，如听、说、识别对象，并且具有一定的学习和推理能力。

2．微型计算机的发展

在第四代计算机的发展过程中，人们采用超大规模集成电路技术，将计算机的中央处理器（CPU）制作在一块集成电路芯片内，并将其称作微处理器。由微处理器、存储器和输入输出接口等部件构成的计算机称为微型计算机。

1971 年，美国英特尔（Intel）公司研制成功第一个微处理器 Intel 4004，同年以这个微处理器构造了第一台微型计算机 MSC-4。自 Intel 4004 问世以来，微处理器发展极为迅速，大约每两三年就换代一次。依据微处理器的发展进程，微型计算机的发展也大致可分为四代。

（1）第一代微型计算机（1973 年至 1977 年）

第一代微型计算机采用的是 8 位微处理器，这一代微型计算机也称 8 位微型计算机。其代表性产品有 Radio Shack 公司的 TRS-80 和 Apple 公司的 Apple Ⅱ。特别是 Apple Ⅱ，被誉为微型计算机发展史上的第一个里程碑。

（2）第二代微型计算机（1978 年至 1983 年）

第二代微型计算机采用的是 16 位微处理器，这一代微型计算机也称 16 位微型计算机。其代表性产品有 DEC 公司的 LSI 11、DGC 公司的 NOVA 和 IBM 公司的 IBM PC。特别是 IBM PC，其性能优良、功能强大，被誉为微机发展史上的第二个里程碑。

（3）第三代微型计算机（1983 年至 2003 年）

第三代微型计算机采用的是 32 位微处理器，这一代微型计算机也称 32 位微型计算机。这一时期的微型计算机如雨后春笋，发展异常迅猛。

（4）第四代微型计算机（2003 年至今）

第四代微型计算机采用的是 64 位微处理器。2003 年 AMD 公司推出了 64 位的 Athlon64

CPU，标志着 64 位微处理器时代的到来。

3．我国计算机的发展

1956 年周恩来总理亲自提议、主持、制定我国《十二年科学技术发展规划》，其中制定了计算机科研、生产、教育发展计划。我国计算机事业由此起步。

1956 年 8 月 25 日我国第一个计算技术研究机构——中国科学院计算技术研究所筹备委员会成立，著名数学家华罗庚任主任。这是我国计算技术研究机构的摇篮。

1956 年，夏培肃完成了第一台电子计算机运算器和控制器的设计工作。

1957 年，哈尔滨工业大学研制成功中国第一台模拟式电子计算机。

1958 年 8 月 1 日我国第一台小型电子管数字计算机 103 机诞生。该机字长 32 位、每秒运算 30 次，采用磁鼓内部存储器，容量为 1K 字。

1964 年我国第一台自行研制的 119 型大型数字计算机在中科院计算所诞生，其运算速度每秒 5 万次，字长 44 位，内存容量 4K 字。在该机上完成了我国第一颗氢弹研制的计算任务。

1977 年清华大学、四机部六所、安庆无线电厂联合研制成功我国第一台微型机 DJS050。

1983 年 11 月中科院计算所研制成功我国第一台千万次大型向量计算机 757 机，字长 64 位，内存容量 52 万字，运算速度 1000 万次。

1983 年 12 月国防科技大学研制成功我国第一台亿次巨型计算机银河－I，运算速度每秒 1 亿次。

1988 年，第一台国产 386 微机——长城 386 推出。

1993 年 10 月国家智能计算机研究开发中心研制出我国第一套用微处理器构成的全对称多处理机系统——曙光一号。

2002 龙芯一号（英文名称 Godson-1）研发完成，是一颗 32 位元的处理器，内频（也称：主频）是 266MHz。

2005 年 4 月由中国科学研究院计算技术研究所研制的中国首个拥有自主知识产权的通用高性能 CPU "龙芯二号" 正式亮相。

2009 年龙芯三号研制成功，可运行 Windows 操作系统。

1.2　计算机的特点、分类和应用

1.2.1　计算机的特点

现代计算机以电子器件为基本部件，内部数据采用二进制编码表示，工作原理采用"存储程序"原理，有自动性、快速性、通用性、可靠性等特点。

（1）自动性

计算机是由程序控制其操作的，程序的运行是自动的、连续的，除了输入/输出操作外，无须人工干预。所以只要根据应用需要，将事先编制好的程序输入计算机，计算机就能自动执行它，完成预定的处理任务。

（2）速度快、精度高

电子计算机的工作基于电子脉冲电路原理，由电子线路构成其各个功能部件，其中电场的传播扮演主要角色。由于电磁场传播的速度非常快，因此现在高性能计算机每秒可以进行几百亿次以上的加法运算。

电子计算机的计算精度在理论上不受限制，一般的计算机均能达到 15 位有效数字。通过一定的技术手段，计算机可以实现任何精度要求。

（3）具有存储与记忆能力

计算机中有许多存储单元，用以记忆信息。计算机具有内部存储信息的能力，在运算过程中就可以不必每次都从外部去取数据，而只需事先将数据输入到内部的存储单元中，运算时即可直接从存储单元中获得数据，从而大大提高了运算速度。

（4）具有逻辑判断能力

具有可靠的逻辑判断能力是计算机能实现信息处理自动化的重要原因。能进行逻辑判断，使计算机不但能对数值数据进行计算，而且也能对非数值数据进行处理，使计算机能广泛应用于非数值数据处理领域，如信息检索、图形识别以及各种多媒体应用等。

1.2.2 计算机的分类

以往人们按照计算机的性能，将计算机分为巨型机、大型机、中型机、小型机和微型机 5 类。随着计算机的迅猛发展，以往的分类已不能反映计算机的现状，因此美国电气和电子工程师协会（IEEE）于 1989 年 11 月对计算机重新分类，把计算机分为巨型机、小巨型机、大型主机、小型机、工作站和个人计算机等六类。

1. 巨型机

巨型机也称为超级计算机，其性能最强、价格最贵，运算速度一般都超过每秒几万亿次。目前巨型机多用于核武器的设计、空间技术、石油勘探、天气预报等领域。巨型机已成为一个国家经济实力和科技水平的重要标志。

2. 小巨型机

小巨型机也称为桌上超级计算机，其性能略低于巨型机，运算速度一般都超过每秒几十亿次，主要用于计算量大、速度要求高的科研领域。

3. 大型主机

大型主机即通常所说的大、中型机，其特点是处理能力强、通用性好，每秒可执行几亿到几十亿条指令，主要用于大银行、大公司和大科研部门。

4. 小型机

小型机的性能低于大型主机，但其结构简单、可靠性高、价格相对便宜、使用维护费用低，广泛用于中小型公司和企业。

5. 工作站

工作站是介于小型机和个人计算机之间的高档微型计算机，其具备强大的数据处理能力，有直观的便于人机交换信息的用户接口，可以与计算机网相连，在更大的范围内互通信息，共享资源。工作站在编程、计算、文件书写、存档、通信等各方面给专业工作者以综合的帮助。

6．个人计算机

个人计算机即人们平常所说的微型计算机，也称为 PC 机。个人计算机软件丰富、价格便宜、功能齐全，主要用于办公、联网终端、家庭等。

1.2.3　计算机的应用

计算机自出现以来，被广泛应用于各个领域，遍及社会的各个方面，并且仍然呈上升和扩展趋势。目前计算机的应用可概括为以下几个方面。

1．科学计算

这是计算机应用的最早也是最成熟的领域。利用计算机可以解决科学技术和工程设计中大量繁杂并且用人力难以完成的计算问题。由于计算机具有很高的运算速度和精度，这使得过去用手工无法完成的计算成为可能，如卫星轨道的计算、气象资料分析、地质数据处理等。

2．信息管理

信息管理是指利用计算机来收集、加工和管理各种形式的数据资料，如库存管理、财务管理、成本核算、情报检索等。信息管理是目前计算机应用最广泛的一个领域之一。近年来，许多单位开发了自己的管理信息系统（MIS），许多企业开始采用制造资源规划（MRP）软件，这些都是计算机在信息管理方面的应用实例。

3．实时控制

实时控制是指在某一过程中，利用计算机自动采集各种参数，按最优值迅速地对控制对象进行自动调节或自动控制。采用计算机进行过程控制，不仅可以大大提高控制的自动化水平，而且可以提高控制的及时性和准确性，从而改善劳动条件、提高产品质量及合格率。计算机过程控制已在机械、冶金、石油、化工、纺织、水电、航天等部门得到广泛的应用。

4．办公自动化

办公自动化是指利用现代通信技术、自动化设备和计算机系统来实现事务处理、信息管理和决策支持的一种现代办公方式。办公自动化大大提高了办公的效率和质量，同时也对办公方式产生了重要影响。

5．辅助技术

计算机辅助技术（Computer Aided Technologies）是采用计算机作为工具，将计算机用于产品的设计、制造和测试等过程的技术，辅助人们在特定应用领域内完成任务的理论、方法和技术。它包括计算机辅助设计（CAD）、计算机辅助制造（CAM）、计算机辅助教学（CAI）等各个领域。

6．人工智能

人工智能是利用计算机模拟人类的某些智能行为，使计算机具有"学习"、"联想"和"推理"等功能。人工智能主要应用在机器人、专家系统、模式识别、自然语言理解、机器翻译、定理证明等方面。

7．网络通信

网络通信是指利用计算机网络完成信息的交流和传递，实现资源共享。

1.3　信息技术概述

1.3.1　信息与数据

1．数据与信息的概念

数据（Data）是关于自然、社会现象和科学试验的定量或定性的记录，是科学研究最重要的基础。信息（Information）是处理过的某种形式的数据，对于信息接收者具有重要意义，在当前或未来的行动和决策中，具有实际的或可察觉的价值。

2．数据与信息的关系

数据是信息的一种表现形式，数据通过能书写的信息编码表示信息。信息有多种表现形式，它通过手势、眼神、声音或图形等方式进行表达，但是数据是信息的最佳表现形式。由于数据能够书写，因而它能够被记录、存储和处理，并从中挖掘出更深层的信息。但是，数据不等于信息，数据只是信息表达方式中的一种。正确的数据可以表达信息，而虚假、错误的数据所表达的谬误，不是信息。

1.3.2　现代信息技术

1．什么是现代信息技术

现代信息技术是借助以微电子学为基础的计算机技术和电信技术的结合而形成的手段，对声音、图像、文字、数字和各种传感信号的信息进行获取、加工、处理、储存、传播和使用的能动技术。

现代信息技术是一个内容十分广泛的技术群，它包括微电子技术、光电子技术、通信技术、网络技术、感测技术、控制技术、显示技术等，其核心是信息学。

2．现代信息技术的主要特点

①信息表示的数字化。
②信息处理形式的多媒体化，将文字、声音、图形、图像、视频等信息媒体集成起来进

行处理。

③信息传输的网络化，高速化。

④信息装置和处理过程的智能化。

3．现代信息技术对城市发展的影响

（1）正面影响

提高了城市规划的效率与科学性；使城市的产业结构发生了巨大变化；城市空间布局结构由集聚走向集聚与分散并重；城市尤其是大城市和特大城市的信息中心职能日趋加强；为解决城市交通问题提供了可能；使城市建筑智能化；城市管理与监控手段更为发达。现代信息技术全方位地影响了城市居民的生活方式。

（2）负面影响

可能会加剧人类生态环境的恶化；加大了城市人口的就业压力；使不同地域之间的信息分配不公；使社会隔离问题严重化；使人类信息环境面临许多前所未有的难题。

4．信息技术的应用

信息技术是学习活动的认知工具，它可以作为课程学习内容和学习资源的获取工具、作为情境探究和发现的学习工具、作为协商学习和交流讨论的通讯工具、作为知识建构和创作实践工具。要充分利用信息技术作为高级思维训练工具，构建知、情、意融合的高智慧学习体系。

1.3.3　信息技术的发展趋势

信息技术的应用包括计算机硬件和软件、网络和通讯技术、应用软件开发工具等。现代生活中，人类越来越依赖于信息技术，它极大地方便了未来的生活和工作。那么信息技术未来的发展趋势如何呢？

（1）微电子与光电子向着高效能方向发展

微电子技术已经从大规模（LSI）、超大规模（VLSI）、特大规模（ULSI）集成时代，发展到现在的吉规模（GSI）集成时代。集成电路产品体积越来越小，集成度越来越高，性能也越来越好。预计在未来十多年内可以产生存贮量达到每立方毫米 100 万 G，而功耗仅仅为超大规模集成电路千万分之一的生物芯片。

（2）现代通信技术向着网络化、数字化、宽带化方向发展

随着数字化技术的发展，多媒体技术突飞猛进。随着数字化潮流席卷而来，我们正在进入数字时代。对于多媒体技术而言，它的发展趋势必然是网络化和数字化。

（3）信息技术将会促使遥感技术的蓬勃发展

传感技术、测量技术与通信技术相结合而产生的遥感技术，大大提高了人类获取信息的能力。随着信息技术的迅速发展，通信技术和传感技术的紧密结合，遥感技术将会在农田水利、地质勘探、气象预报、海洋开发、环境监测、地图测绘、土地利用调查、灾害性天气预报、森林防火等各个方面发挥巨大的作用。

从以上各个方面综合来看，信息技术有一些共同的发展趋势。

（1）高速大容量

随着信息数据的膨胀，高速大容量成为必然。因此从器件到系统，从处理、存储到传递，

从传输到交换无不向高速大容量的要求发展。

（2）综合集成

信息的采集、处理、存储与传递的结合，信息生产与信息使用的结合，多媒体技术等都体现了综合集成的要求。

（3）网络化

通信离不开网络，今后不联网的计算机都不能称之为计算机了。全世界所有的终端都会被组织到统一的网络中，国际电联的口号是"一个世界，一个网络"。

1.3.4　信息化社会

信息社会也称信息化社会，是脱离工业化社会以后，信息将起主要作用的社会。

1．信息化概述

"信息化"的概念在上世纪 60 年代初提出。一般认为，信息化是指信息技术和信息产业在经济和社会发展中的作用日益加强，并发挥主导作用的动态发展过程。它以信息产业在国民经济中的比重、信息技术在传统产业中的应用程度和信息基础设施建设水平为主要标志。

从内容上看，信息化可分为信息的生产、应用和保障三大方面。信息生产，即信息产业化，涉及信息和数据的采集、处理、存储技术，包括通信设备、计算机、软件和消费类电子产品制造等领域；信息应用，即产业和社会领域的信息化，主要表现在利用信息技术改造和提升农业、制造业、服务业等传统产业，大大提高各种物质和能量资源的利用效率，促使产业结构的调整、转换和升级，促进人类生活方式、社会体系和社会文化发生深刻变革；信息保障，指保障信息传输的基础设施和安全机制，使人类能够可持续地提升获取信息的能力，包括基础设施建设、信息安全保障机制、信息科技创新体系、信息传播途径和信息能力教育等。

2．信息化社会的特点

①在信息社会中，信息、知识成为重要的生产力要素，它和物质、能量一起构成社会赖以生存的三大资源。

②信息社会以信息经济、知识经济为主导，它有别于农业社会是以农业经济为主导，工业社会是以工业经济为主导。

③在信息社会，劳动者的知识成为基本要求。

④科技与人文在信息、知识的作用下更加紧密的结合起来。

⑤人类生活不断趋向和谐，社会可持续发展。

3．信息化社会存在的问题

（1）信息污染

主要表现为信息虚假、信息垃圾、信息干扰、信息无序、信息缺损、信息过时、信息冗余、信息误导、信息泛滥、信息不健康等。信息污染是一种社会现象，它像环境污染一样应当引起人们的高度重视。

（2）信息犯罪

主要表现为黑客攻击、网上"黄赌毒"、网上诈骗、窃取信息等。

（3）信息侵权

主要是指知识产权侵权，还包括侵犯个人隐私权。

（4）计算机病毒

它是具有破坏性的程序，通过拷贝、网络传输潜伏于计算机的存储器中，时机成熟时发作。发作时，轻者消耗计算机资源，使效率降低；重者破坏数据、软件系统，有的甚至破坏计算机硬件或使网络瘫痪。

（5）信息侵略

信息强势国家通过信息垄断和大肆宣扬自己的价值观，用自己的文化和生活方式影响其他国家。

4．社会信息化带来的影响

信息技术发展和应用所推动的信息化，给人类经济和社会生活带来了深刻的影响。进入21 世纪，信息化对信息社会、经济社会发展的影响愈加深刻。世界经济发展进程加快，信息化、全球化、多极化发展的大趋势十分明显。信息化与经济全球化，推动着全球产业分工深化和经济结构调整，改变着世界市场和世界经济竞争格局。从全球范围来看，主要表现在三个方面：

第一，信息化促进产业结构的调整、转换和升级。信息产业在国民经济中的主导地位越来越突出。传统产业如煤炭、钢铁、石油、化工、农业在国民经济中的比重日渐下降。国内外已有专家把信息产业从传统的产业分类体系中分离出来，称其为农业、工业、服务业之后的"第四产业"。

第二，信息化成为推动经济增长的重要手段。信息化可以很大程度上优化对各种生产要素的管理及配置，从而使各种资源的配置达到最优状态，降低了生产成本，提高了劳动生产率，扩大了社会的总产量，推动了经济的增长。

第三，信息化引起生活方式和社会结构的变化。随着网络遍布社会各个角落，信息技术正在改变人类的学习方式、工作方式和娱乐方式，人类已经生活在一个被各种信息终端所包围的社会中。一大批新的就业形态和方式被催生，如弹性工时制、家庭办公、网上求职、灵活就业等。商业交易方式、政府管理模式、社会管理结构也在发生变化。

1.4　计算机中的数制与编码

计算机通过电子器件来表示和存储信息，而这些信息都采用二进制进行编码。因此，任何信息如果用计算机来存储和处理就必须把它表示成二进制。

1.4.1　常用数制及其转换

在日常生活中，人们所用的数大都是十进制数。在计算机中，为了方便表示数据以及实现运算的电路简单可靠，数据都采用二进制数表示。在实际应用中人们还用到其他进制，使书写和记忆更方便。

1．基本概念

（1）进位计数制

数制也称计数制，是指用一组固定的符号和统一的规则来表示数值的方法。按进位的原则进行计数的方法，称为进位计数制。

（2）基数与位权

所谓基数，就是进位计数制的每位数上可能有的数码的个数；所谓位权，是指一个数值的每一位上的数字的权值的大小。

（3）位权表示

任何一种数制的数都可以表示成按位权展开的多项式之和。

2．常用数制

（1）十进制（Decimal）

十进制是现实生活中人们最常用的数制。十进制数有以下特点：基数为 10（每一位上可出现的数码有十个，0～9）；从低到高，每位上所代表的权值分别是 10^0、10^1、10^2、…、10^n；运算时遵循"逢十进一"、"借一当十"的规则。

（2）二进制（Binary）

计算机以电子器件为基本部件，信息在计算机中是以电子器件的物理状态来表示的。电子器件很容易确定两种不同的稳定状态，可直接对应二进制数的 0 和 1，并且实现运算的电路简单、可靠且逻辑性强。因此，计算机中的信息都是用二进制数表示的。

二进制数的特点是：基数为 2（每一位上可出现的数码有两个，0 和 1）；从低到高，每位上所代表的权值分别是 2^0、2^1、2^2、…、2^n；运算时遵循"逢二进一"、"借一当二"的规则。

（3）八进制（Octonary）和十六进制（Hexadecimal）

用二进制表示十进制数时需要很多位，这在书写和记忆时都很不方便。因此为了方便，人们还采用八进制数和十六进制数。

八进制数的特点是：基数为 8（每一位上出现的数码有八个，0～7）；从右往左每位上的权值分别是 8^0、8^1、8^2、…、8^n；运算时遵循"逢八进一"、"借一当八"的规则。

十六进制数的特点是：每一位上出现的数码有十六个，它们是 0～9 及 A～F（分别等同于十进制的 10～15）；从低到高，每位上所代表的权值分别是 16^0、16^1、16^2、…、16^n；运算时遵循"逢十六进一"、"借一当十六"的规则。

3．常用数制的转换

（1）二、八、十六进制数转换为十进制数

转换方法是：把要转换的数按位权展开，然后进行相加计算。

【例 1.1】把 $(10101.101)_2$、$(2345.6)_8$ 和 $(2EF.8)_{16}$ 转换成十进制数。

解：$(11001.101)_2 = 1 \times 2^4 + 1 \times 2^3 + 0 \times 2^2 + 0 \times 2^1 + 1 \times 2^0 + 1 \times 2^{-1} + 0 \times 2^{-2} + 1 \times 2^{-3}$

$= 25.625$

$(12345.6)_8 = 1 \times 8^4 + 2 \times 8^3 + 3 \times 8^2 + 4 \times 8^1 + 5 \times 8^0 + 6 \times 8^{-1}$

$= 5349.75$

$$（2EF.8）_{16}=2×16^2+14×16^1+15×16^0+8×16^{-1}$$
$$=751.5$$

（2）十进制数转换为二、八、十六进制数

转换过程分为两步：

①整数部分：除基数取余。整数部分除以二进制的基数 2（或八进制的基数 8、十六进制的基数 16），用得到的余数再反复去除基数 2（或 8、16），直到商为 0 为止，将得到的余数按出现的逆顺序写出。

②小数部分：乘基数取整。小数部分乘以二进制的基数 2（或八进制的基数 8、十六进制的基数 16），得到的新数取整数部分后用剩余的小数部分后再次去乘基数 2（或 8、16），直到小数部分为 0 或达到有效的位数为止，将得到的整数按出现的顺序写出。

【例 1.2】把 17.6875 转换为二进制数。

解：整数部分（17）　　　　　　　　　　**小数部分（0.6875）**

$$17÷2 = 8 \cdots 1 \qquad\qquad 0.6875×2 = \underline{1}.3750$$
$$8÷2 = 4 \cdots 0 \qquad\qquad 0.375×2 = \underline{0}.75$$
$$4÷2 = 2 \cdots 0 \qquad\qquad 0.75×2 = \underline{1}.5$$
$$2÷2 = 1 \cdots 0 \qquad\qquad 0.5×2 = \underline{1}.0$$
$$1÷2 = 0 \cdots 1$$
$$17 = （10001）_2 \qquad\qquad 0.6875 = （0.1011）_2$$
$$17.6875 = （10001.1011）_2$$

【例 1.3】把 653.4 转换为八进制数，小数部分精确到 3 位。

解：整数部分（653）　　　　　　　　　　**小数部分（0.4）**

$$653÷8 = 81 \cdots 5 \qquad\qquad 0.4×8 = \underline{3}.2$$
$$81÷8 = 10 \cdots 1 \qquad\qquad 0.2×8 = \underline{1}.6$$
$$10÷8 = 1 \cdots 2 \qquad\qquad 0.6×8 = \underline{4}.8$$
$$1÷8 = 0 \cdots 1 \qquad\qquad 0.8×8 = \underline{6}.4$$
$$654 = （1215）_8 \qquad\qquad 0.4 ≈ （0.315）_8$$
$$653.4 ≈ （1215.315）_8$$

【例 1.4】把 6699.7 转换为十六进制数，小数部分精确到 3 位。

解：整数部分（6699）　　　　　　　　　　**小数部分（0.7）**

$$6699÷16 = 418 \cdots 11（B） \qquad 0.7×16 = \underline{11}.2（B）$$
$$418÷16 = 26 \cdots 2 \qquad\qquad 0.2×16 = \underline{3}.2$$
$$26÷16 = 1 \cdots 10（A） \qquad\quad 0.2×16 = \underline{3}.2$$
$$1÷16 = 0 \cdots 1 \qquad\qquad 0.2×16 = \underline{3}.2$$
$$6699 = （1A2B）_{16} \qquad\qquad 0.7 ≈ （0.B33）_{16}$$
$$6699.7 ≈ （1A2B.B33）_{16}$$

（3）二进制数转换为八、十六进制数

因为 $2^3=8$、$2^4=16$，所以 3 位二进制数相当于 1 位八进制数，4 位二进制数相当于 1 位十六进制数。二进制数转换为八、十六进制数时，以小数点为中心分别向两边按 3 位或 4 位分组，最后一组不足 3 位或 4 位时用 0 补足，然后把每 3 位或 4 位二进制数转换为八进制数或十六进制数。

【例 1.5】把（1010101010.1010101）$_2$ 转换为八进制数和十六进制数。

解：二进制　　001　010　101　010　.　101　010　100

　　　八进制　　　1　　2　　5　　2　.　5　　2　　4

即（1010101010.1010101）$_2$ =（1252.524）$_8$

　　　二进制　　　0010　1010　1010　.　1010　1010

　　　十六进制　　2　　A　　A　.　A　　A

即（1010101010.1010101）$_2$ =（2AA.AA）$_{16}$

（4）八、十六进制数转换为二进制数

这个过程是上述（3）的逆过程，将 1 位八进制数转换成 3 位二进制数，将 1 位十六进制数转换成 4 位二进制数。

【例 1.6】把（1357.246）$_8$ 和（147.9BD）$_{16}$ 转换为二进制数。

解：八进制　　1　　3　　5　　7　.　2　　4　　6

　　　二进制　001　011　101　111　.　010　100　110

即（1357.246）$_8$ =（1011101111.01010011）$_2$

　　　十六进制　1　　4　　7　.　9　　B　　D

　　　二进制　0001　0100　0111　.　1001　1011　1101

即（147.9BD）$_{16}$ =（101000111.100110111101）$_2$

1.4.2　计算机中的信息单位

计算机中的所有信息都是以二进制表示的，因此计算机中的信息单位都是基于二进制的。常用的信息单位有位和字节。

位，也称比特，记为 bit 或 b，是最小的信息单位，表示 1 个二进制数位。

例如，（10101010）$_2$ 占有 8 位。

字节，记为 Byte 或 B，是计算机中信息的基本单位，表示 8 个二进制数位。

例如，（10101010）$_2$ 占有 1 个字节。

信息单位按从小到大的顺序有：bit、Byte、KB、MB、GB、TB、PB、EB、ZB、YB、BB、NB、DB，它们按照进率 1024（2 的 10 次方）来计算。

1KB = 1024 B = 2^{10}B　　　　　　　　1MB = 1024KB = 2^{20} B

1GB = 1024MB = 2^{30} B　　　　　　　1TB = 1024GB = 2^{40} B

……

1.4.3　计算机中数值信息的表示

计算机处理的数据多数带有小数，小数点在计算机中通常有两种表示方法：一种是约定所有数值数据的小数点隐含在某一个固定位置上，称为定点表示法，简称定点数；另一种是小数点位置可以浮动，称为浮点表示法，简称浮点数。

1. 定点数及其表示

定点数，即约定数据的小数点位置是固定不变的。在计算机中通常采用两种简单的约定：将小数点的位置固定在数据的最高位之前，或者是固定在最低位之后。前者为定点小数，后者为定点整数。

定点小数是纯小数，约定的小数点位置在符号位之后、有效数值部分最高位之前。若数据 x 的形式为 $x=x_0.x_1x_2\cdots x_n$（其中 x_0 为符号位，$x_1 \sim x_n$ 是数值的有效部分），则在计算机中的表示形式如图1-2所示。

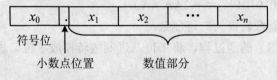

图1-2　定点小数在计算机中的表示

定点整数是纯整数，约定的小数点位置在有效数值部分最低位之后。若数据 x 的形式为 $x=x_0x_1x_2\cdots x_n$（其中 x_0 为符号位，$x_1 \sim x_n$ 是尾数），则在计算机中的表示形式如图1-3所示。

图1-3　定点整数在计算机中的表示

在计算机中，常采用数的符号和数值一起编码的方法来表示数据。原码、反码、补码都是有符号定点数的表示方法。一个有符号定点数的最高位为符号位，用"0"代表正，"1"代表负。为了区分一般书写时表示的数和机器中编码表示的数，常称前者为真值，后者为机器数或机器码。

（1）原码表示法

原码就是符号位加上真值的绝对值，即用第一位表示符号，其余位表示值。

①定点小数的原码。

例如，x＝+0.1001，则$[x]_原$＝0.1001；x＝-0.1001，则$[x]_原$＝1.1001

②定点整数的原码。

例如，x＝+1，则$[x]_原$＝00000001；x＝-1，则$[x]_原$＝10000001

零的表示有"+0"和"-0"之分，故有两种形式：

$[+0]_原$＝0000…0　　　　　　　　$[-0]_原$＝1000…0

原码表示法的优点是比较直观、简单易懂，但它的最大缺点是加法运算复杂。这是因为当两数相加时，如果是同号则数值相加；如果是异号，则要进行减法。而在进行减法时，还要比较绝对值的大小，然后减去小数，最后还要给结果选择恰当的符号。

（2）反码表示方法

正数的反码是其本身。负数的反码是在其原码的基础上，符号位不变，其余各个位取反。

①定点小数的反码。

例如，x＝+0.1001，则[x]反＝0.1001；x=-0.1001，则[x]反＝1.0110

②定点整数的反码。

例如，x＝+1，则[x]反＝00000001；x=-1，则[x]反＝11111110

x＝+0，则[+0]反＝0000...0；x=-0，则[-0]反＝1111...1

与原码相同，反码的加减法也非常复杂，为了解决这一问题，人们又提出了补码表示法。

（3）补码表示法

补码的表示方法是：正数的补码就是其本身，负数的补码是在其原码的基础上符号位不变其余各位取反，最后+1，即在反码的基础上+1。

[+1] = [00000001]原 = [00000001]反 = [00000001]补

[-1] = [10000001]原 = [11111110]反 = [11111111]补

对于 0，在补码情况下只有一种表示形式，即，[+0]补＝[-0]补＝0.000...0

采用补码表示法进行减法运算就比原码方便得多。计算机巧妙地把符号位参与运算，不论数是正还是负，机器总是做加法，减法运算可变成加法运算。所有这些转换都是在计算机的最底层进行的，而在我们使用的汇编、C 等其他高级语言中使用的都是原码。

2．浮点数及其表示

与科学计数法相似，任意一个 J 进制数 N，总可以写成：$N=J^E \times M$ 。

式中 M 称为数 N 的尾数，是一个纯小数；E 为数 N 的阶码，是一个整数，J 称为比例因子。这种表示方法相当于数的小数点位置随比例因子的不同而在一定范围内可以自由浮动，所以称为浮点表示法。

在计算机中底数固定是 2，因此在浮点数的表示中不出现。在计算机中表示一个浮点数时，一是要给出尾数（用定点小数形式表示）。尾数部分给出有效数字的位数，因而决定了浮点数的表示精度；二是要给出阶码（用整数形式表示），阶码指明小数点在数据中的位置，因而决定了浮点数的表示范围；三是要给出浮点数符号。因此一个机器浮点数应当由阶码和尾数及其符号位组成，如图 1-4 所示。

图 1-4　浮点数在计算机中的表示

其中，E_S 表示阶码的符号，占一位，$E_1 \sim E_n$ 为阶码值，占 n 位，尾符是数 N 的符号，也要占一位。当底数取 2 时，二进制数 N 的小数点每右移一位，阶码减小 1，相应尾数右移一位；反之，小数点每左移一位，阶码加 1，相应尾数左移一位。

若不对浮点数的表示作出明确规定，同一个浮点数的表示就不是唯一的。例如，11.01 也可以表示成 0.01101×2^{-3}、0.1101×2^{-2} 等。为了提高数据的表示精度，当尾数的值不为 0 时，其绝对值应大于等于 0.5，即尾数域的最高有效位应为 1，否则要以修改阶码同时左右移动小数点的方法，使其变成这一要求的表示形式，这称为浮点数的规格化表示。

1.4.4　计算机中字符信息的表示

因为计算机只能处理二进制信息，因此在计算机中对字符信息进行存储和处理之前必须把他们用二进制进行编码。

所谓字符编码就是规定用怎样的二进制编码来表示文字和符号。它主要有以下几种：BCD码（二一十进制码）、ASCII 码和汉字编码。

1．BCD 码

计算机内毫无例外地都使用二进制数进行运算，但通常采用八进制和十六进制的形式读写。由于日常生活中，人们最熟悉的数制是十进制，因此专门规定了一种二进制的十进制码，称为 BCD 码（Binary Coded Decimal），它是一种以二进制表示的十进制数码。

这种方法是用 4 位二进制码的组合代表十进制数的 0~9 十个数符。4 位二进制数码有 16 种组合，原则上可任选其中的 10 种作为编码，分别代表十进制中的 0~9 这十个数符。最常用的 BCD 码称为 8421BCD 码，8、4、2、1 分别是 4 位二进数的位取值。

【例 1.7】将十进制数 123.4 转换为 BCD 码。

解：　　十进制　　　1　　　　2　　　　3.　　　　4
　　　　　BCD　　0111　　　0010　　　0011　　　0100

2．ASCII 码

字符的编码在不同的计算机上应是一致的，这样便于交换与交流。微型机采用的 ASCII 码（American Standard Code for Information Interchange）是美国标准信息交换码，被国际化标准组织指定为国际标准。ASCII 码由 7 位二进制数组成，共能表示 128 个字符数据（见表 1-2），包括计算机处理信息常用的英文字母、数字符号、算术运算符号、标点符号等。

表 1-2　ASCII 码表

ASCII 编码	编码的值	控制符号	ASCII 编码	编码的值	控制符号	ASCII 编码	编码的值	控制符号	ASCII 编码	编码的值	控制符号
0000000	0	NUL	0100000	32	空格	1000000	64	@	1100000	96	`
0000001	1	SOH	0100001	33	!	1000001	65	A	1100001	97	a
0000010	2	STX	0100010	34	"	1000010	66	B	1100010	98	b
0000011	3	ETX	0100011	35	#	1000011	67	C	1100011	99	c
0000100	4	EOT	0100100	36	$	1000100	68	D	1100100	100	d
0000101	5	ENQ	0100101	37	%	1000101	69	E	1100101	101	e
0000110	6	ACK	0100110	38	&	1000110	70	F	1100110	102	f
0000111	7	DEL	0100111	39	'	1000111	71	G	1100111	103	g
0001000	8	BS	0101000	40	(	1001000	72	H	1101000	104	h
0001001	9	HT	0101001	41	)	1001001	73	I	1101001	105	i
0001010	10	LF	0101010	42	*	1001010	74	J	1101010	106	j

ASCII 编码	编码 的值	控制 符号	ASCII 编码	编码 的值	控制 符号	ASCII 编码	编码 的值	控制 符号	ASCII 编码	编码 的值	控制 符号
0001011	11	VT	0101011	43	+	1001011	75	K	1101011	107	k
0001100	12	FF	0101100	44	,	1001100	76	L	1101100	108	l
0001101	13	CR	0101101	45	-	1001101	77	M	1101101	109	m
0001110	14	SO	0101110	46	.	1001110	78	N	1101110	110	n
0001111	15	SI	0101111	47	/	1001111	79	O	1101111	111	o
0010000	16	DLE	0110000	48	0	1010000	80	P	1110000	112	p
0010001	17	DC1	0110001	49	1	1010001	81	Q	1110001	113	q
0010010	18	DC2	0110010	50	2	1010010	82	R	1110010	114	r
0010011	19	DC3	0110011	51	3	1010011	83	S	1110011	115	s
0010100	20	DC4	0110100	52	4	1010100	84	T	1110100	116	t
0010101	21	NAK	0110101	53	5	1010101	85	U	1110101	117	u
0010110	22	SYN	0110110	54	6	1010110	86	V	1110110	118	v
0010111	23	ETB	0110111	55	7	1010111	87	W	1110111	119	w
0011000	24	CAN	0111000	56	8	1011000	88	X	1111000	120	x
0011001	25	EM	0111001	57	9	1011001	80	Y	1111001	121	y
0011010	26	SUB	0111010	58	:	1011010	90	Z	1111010	122	z
0011011	27	ESC	0111011	59	;	1011011	91	[	1111011	123	{
0011100	28	FS	0111100	60	<	1011100	92	\	1111100	124	|
0011101	29	GS	0111101	61	=	1011101	93	]	1111101	125	}
0011110	30	RS	0111110	62	>	1011110	94	^	1111110	126	~
0011111	31	US	0111111	63	?	1011111	95	_	1111111	127	DEL

ASCII 码是 7 位编码，但计算机大都以字节为单位进行信息处理。为了方便，人们一般将 ASCII 码的最高位前增加一位 0，凑成一个字节，便于存储和处理。

3．汉字编码

汉字编码是为汉字设计的一种便于输入计算机的二进制代码。汉字国标码作为一种国家标准，是所有汉字编码都必须遵循的一个共同标准。国标码规定汉字存储占两个字节，每个字节的最高位为 0。为了防止和 ASCII 码发生混淆，产生歧义，汉字在机器内存储时往往将国标码进行变形，将两个字节的高位 0 变成高位 1，这称为汉字机内码。

常用汉字编码标准有 GB2312-80、BIG-5、GBK。

（1）GB2312-80

GB2312-80（GB 是"国标"二字的汉语拼音缩写）由国家标准总局发布，于 1981 年 5 月 1 日实施，通行于我国大陆地区。

GB2312-80 包括了图形符号（序号、汉字制表符、日文和俄文字母等 682 个）和常用汉字（6763 个，其中一级汉字 3755 个，二级汉字 3008 个）。GB2312-80 将这些字符分成 94 个区，每个区包含 94 个字符。其中 1～15 区是图形符号，16～55 区是一级汉字（按拼音顺序排列），56～87 区是二级汉字（按部首顺序排列），88～94 区没有使用，可以自定义汉字。

（2）BIG-5

BIG-5 是通行于我国台湾省、香港特别行政区等地区的一个繁体字编码方案，俗称"大五码"，但它并不是一个法定的编码方案，而是一个业界标准。

BIG-5 是一个双字节编码方案，其第一字节的值在 16 进制的 A0～FE 之间，第二字节的值在 40～7E 和 A1～FE 之间。因此，其第一字节的最高位总是 1，第二字节的最高位可能是 1，也可能是 0。

BIG-5 收录了 13461 个符号和汉字，包括符号 408 个、汉字 13053 个。汉字分常用字和次常用字两部分，各部分中汉字按笔画/部首排列，其中常用字 5401 个、次常用字 7652 个。

（3）GBK

GBK 是另一个汉字编码标准，全称是"汉字内码扩展规范"，于 1995 年 12 月 15 日发布和实施。GB 即"国标"，K 是"扩展"的汉语的拼音第一个字母。

GBK 是对 GB2312-80 的扩充，并且与 GB2312-80 兼容，即 GB2312-80 中的任何一个汉字，其编码与在 GBK 中的编码完全相同。GBK 共收入 21886 个汉字和图形符号，其中汉字（包括部首和构件）21003 个、图形符号 883 个。Microsoft 公司自 Windows 95 简体中文版开始采用 GBK 编码。

1.5　计算机新技术

1.5.1　大数据技术与应用

1．大数据概述

大数据（Big Data），或称巨量资料，指的是所涉及的资料规模巨大到无法透过目前主流软件工具，在合理时间内达到撷取、管理、处理、并整理成为帮助企业经营决策更积极目的的资讯。大数据具有 4V 特点：海量化（Volume）、多样化（Velocity）、快速化（Variety）、价值化（Veracity）。

2．大数据分析

（1）大数据之云平台

从技术上看，大数据与云计算的关系就像一枚硬币的正反面一样密不可分。大数据必然无法用单台计算机进行处理，必须采用分布式架构。云服务是基于互联网的相关服务的增加、使用和交付模式，通过互联网来提供动态易扩展且经常是虚拟化的资源。.

随着云时代的到来，大数据也吸引了越来越多的关注。大数据在下载到关系型数据库用于分析时会花费过多时间和金钱。适用于大数据的技术，包括大规模并行处理（MPP）数据库、数据挖掘电网、分布式文件系统、分布式数据库、云计算平台、互联网和可扩展的存储系统。

（2）大数据挖掘

数据挖掘（Data Mining）是从大量的、不完全的、有噪声的、模糊的、随机的数据中提取隐含在其中的、人们事先不知道的、但又是潜在有用的信息和知识的过程。数据挖掘就是为顺应大数据应运而生的数据处理技术，是知识发现的关键步骤。

数据挖掘需要人工智能、数据库、机器语言和统计分析知识等很多跨学科的知识；再者，它的出现需要四个条件，一是海量的数据，二是计算机技术处理大数据量的能力，三是计算机的存储与运算能力，四是交叉学科的发展。大数据只是数据挖掘出现的一个条件。

数据挖掘流程：信息收集、数据集成、数据规约、数据清理、数据变换、数据挖掘实施过程、模式评估和知识表示 8 个步骤。

步骤 1—信息收集：根据确定的数据分析对象，抽象出在数据分析中所需要的特征信息，然后选择合适的信息收集方法，将收集到的信息存入数据库。对于海量数据，选择一个合适的数据存储和管理的数据仓库是至关重要的。

步骤 2—数据集成：把不同来源、格式、特点性质的数据在逻辑上或物理上有机地集中，从而为企业提供全面的数据共享。

步骤 3—数据规约：如果执行多数的数据挖掘算法，即使是在少量数据上也需要很长的时间，而做商业运营数据挖掘时数据量往往非常大。数据规约技术可以用来得到数据集的规约表示，它小得多，但仍然接近于保持原数据的完整性，并且规约后执行数据挖掘结果与规约前执行结果相同或几乎相同。

步骤 4—数据清理：在数据库中的数据有一些是不完整的（有些感兴趣的属性缺少属性值）、含噪声的（包含错误的属性值），并且是不一致的（同样的信息不同的表示方式），因此需要进行数据清理，将完整、正确、一致的数据信息存入数据仓库中。不然，挖掘的结果会差强人意。

步骤 5—数据变换：通过平滑聚集、数据概化、规范化等方式将数据转换成适用于数据挖掘的形式。对于有些实数型数据，通过概念分层和数据的离散化来转换数据也是重要的一步。

步骤 6—数据挖掘过程：根据数据仓库中的数据信息，选择合适的分析工具，应用统计方法、事例推理、决策树、规则推理、模糊集，甚至神经网络、遗传算法的方法处理信息，得出有用的分析信息。

步骤 7—模式评估：从商业角度，由行业专家来验证数据挖掘结果的正确性。

步骤 8—知识表示：将数据挖掘所得到的分析信息以可视化的方式呈现给用户，或作为新的知识存放在知识库中，供其他应用程序使用。

数据挖掘过程是一个反复循环的过程，每一个步骤如果没有达到预期目标，都需要回到前面的步骤，重新调整并执行。在数据挖掘中，至少 60%的费用可能要花在步骤 1 信息收集阶段，而其中至少 60%以上的精力和时间花在了数据预处理过程中。

3．大数据应用

大数据，其影响除了经济方面的，它同时也能在政治、文化等方面产生深远的影响，大数据可以帮助人们开启循"数"管理的模式，也是我们当下"大社会"的集中体现，三分技术，七分数据，得数据者得天下，具体有关大数据的应用举不胜举，下面列出几个典型案例：

①洛杉矶警察局和加利福尼亚大学合作利用大数据预测犯罪的发生。

②Google 流感趋势（Google Flu Trends）利用搜索关键词预测禽流感的散布。

③统计学家内特.西尔弗（Nate Silver）利用大数据预测 2012 美国选举结果。

④麻省理工学院利用手机定位数据和交通数据建立城市规划。

⑤梅西百货根据需求和库存的情况,基于 SAS 的系统对多达 7300 万种货品进行实时调价。

⑥Tipp24 AG 公司用 KXEN 软件来分析数十亿计的交易以及客户的特性,然后通过预测模型对特定用户进行动态的营销活动。这项举措减少了 90% 的预测模型构建时间。

⑦沃尔玛为其网站自行设计了最新的搜索引擎 Polaris,利用语义数据进行文本分析、机器学习和同义词挖掘等。语义搜索技术的运用使得在线购物的完成率提升了 10% 到 15%。

⑧某快餐业公司通过视频分析等候队列的长度,然后自动变化电子菜单显示的内容。如果队列较长,则显示可以快速供给的食物;如果队列较短,则显示那些利润较高但准备时间相对长的食品。

⑨PredPol 公司通过与洛杉矶和圣克鲁斯的警方以及一群研究人员合作,基于地震预测算法的变体和犯罪数据来预测犯罪发生的几率,可以精确到 500 平方英尺的范围内。在洛杉矶运用该算法的地区,盗窃罪和暴力犯罪分布下降了 33% 和 21%。

⑩Infinity Property & Casualty Corp 的黑暗数据（Dark Data,那些针对单一目标而收集的数据,通常用过之后就被归档闲置）应用。该公司用累积的理赔师报告来分析欺诈案例,通过算法挽回了 1200 万美元的代位追偿金额。

1.5.2　物联网技术与应用

物联网（The Internet of Things）,即物物连接的互联网,是指将各种信息传感设备,如射频识别装置、红外感应器、全球定位系统、激光扫描器等装置与互联网结合起来而形成的一个人与物、物与物相联,实现信息化、远程管理和智能控制的巨大网络。物联网的主要目的是让所有的物品都与网络连接在一起,以方便进行识别和管理。

物联网被称为继计算机和互联网之后,世界信息技术革命的第三次浪潮。对物联网及其相关技术的研究是当前科学界的热点之一。

1. 物联网的产生与发展

对于物联网的概念,中国物联网校企联盟定义为:当前所有技术与计算机技术和互联网技术的结合,用以实现物体与物体间环境和状态等信息的实时共享以及智能化的收集、传递、处理和执行等。从广义上来说,现实中所有涉及到信息技术的应用,都属于物联网的范畴。

对于物联网概念最早的实践可追溯到 1990 年美国施乐公司投入使用的网络可乐贩售机,一年后美国麻省理工学院的 Kevin Ashton 教授首次提出了物联网的概念,1995 年微软总裁比尔盖茨在《未来之路》中也已提及物联网概念,但并未引起广泛的关注和重视。直到 1999 年 EPC Global（Electronic Product Code Global）的 Auto-ID 中心提出真正意义上的物联网概念,其倡导的"万物皆可通过网络互联"的理念,初步阐明了物联网的基本含义。

2005 年,在突尼斯举行的信息社会世界峰会（WSIS）上,国际电信联盟（ITU）正式称"物联网"为"The Internet of things",并发表了年终报告《ITU 互联网报告 2005:物联网》。报告指出,无所不在的"物联网"通信时代即将来临,世界上所有的物体从轮胎到牙刷、从房屋到纸巾都可以通过因特网主动进行交换。该报告还描绘出未来"物联网"时代的灿烂图景:

当司机在驾驶车辆的行驶过程中出现操作失误时汽车会自动报警；上班族的公文包会及时提醒主人忘带的文件和物品；被洗衣物会"告诉"洗衣机对衣服的颜色、布料以及水温的要求等。

　　在物联网研究方面中国的技术研发水平处于世界前列，在国际同行中具有重大影响力，中国科学院自 1999 年启动传感网研究以来，已拥有从材料、技术、器件、系统到网络的完整产业链。中国与德、美、韩等国家已成为国际标准制定的主导国。物联网能够广泛应用于先进制造业、现代农业、环境、能源、交通、建筑、家庭、市政系统等多个领域，具有广阔的应用前景和巨大的市场空间，受到世界各国的重视。

　　2008 年，美国的 IBM 公司提出"智慧地球"的概念，建议美国政府投资新一代的智慧型基础设施，并将之升至美国的国家战略。该战略认为信息产业下一阶段的主要任务就是把新一代的信息技术充分应用在社会上的各行各业中，也就是说，将感应器嵌入和装备到电网、铁路、桥梁、建筑等各种物体中，并且所有物体都被连接，最后形成覆盖全国乃至全球的"物联网"。

　　2009 年，欧盟启动自身的物联网行动计划，该计划强调 RFID 的广泛应用并重视信息安全。欧盟委员会向欧盟议会、理事会、欧洲经济和社会委员会及地区委员会递交《欧盟物联网行动计划》，用以确保欧洲地区在建构物联网的过程中起着主导作用。

　　同年，日本在 U-Japan 战略的基础上，制定出 I-Japan 战略，该战略的理念是以人为本，实现所有人与人、物与物、人与物之间的连接，即所谓 4U=（Ubiquitous, Universal, User-oriented, Unique），旨在 2010 年将日本建设成一个实现随时、随地、任何物体、任何人（Anytime, Anywhere, Anything, Anyone）均可连接的泛在网络社会。

2．物联网的核心技术

　　物联网的体系架构一共包括四层，从下往上依次为编码层、数据采集层、网络层和应用层，如图 1-5 所示。

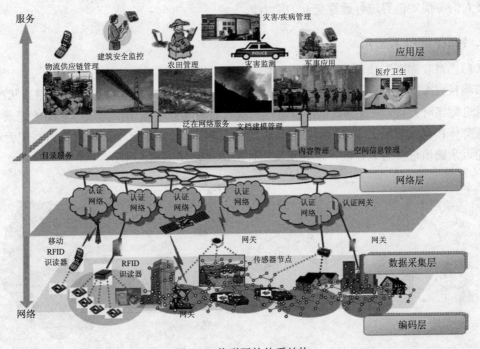

图 1-5　物联网的体系结构

处于物联网最底层的是编码层，这一层是物联网的基石，是物联网信息交换内容的核心和关键，其中的编码是物品、设备、地点、属性等的数字化名称的集合；编码层的上面是数据采集层，这一层主要是通过包括条码、射频识别、无线传感器、蓝牙等自动识别与现场通信技术获取所有的物品、设备、地点、属性等的数字编码信息；数据采集层上方是网络层，其中包括有 Internet、Wi-Fi 网以及无线通信网络等，主要负责信息的传输和交换；物联网四层结构的最上面是应用层，该层主要构建和具体行业有关的应用系统，包括医疗卫生、建筑安全监控、物流、农业、军事等不同方面的应用。

与物联网相关的核心技术包括有射频识别装置、WSN 网络、红外感应器、全球定位系统、Internet 与移动网络，网络服务以及行业应用软件等。在以上众多技术当中，以底层嵌入式设备芯片的开发技术最为关键，下面将主要介绍 RFID 技术和 WSN 技术。

（1）射频识别技术 RFID（Radio Frequency Identification）

RFID 是物联网中最重要的核心技术，对物联网的发展起着至关重要的作用。它主要通过射频信号自动识别目标对象，并对其编码信息进行标志、登记、储存和管理。RFID 系统主要由数据采集和后台数据库网络应用系统两大部分组成。RFID 作为一种通信技术，可通过无线电讯号识别特定目标并读写相关数据，而无需在识别系统与特定目标之间建立机械或光学接触。

（2）无线传感器网络 WSN（Wireless Sensor Network）

WSN 是由大量传感器节点通过无线通信方式形成的一个多跳的自组织网络系统，其目的是协作地感知、采集和处理网络覆盖区域中感知对象的信息，它能够实现数据的采集量化、处理融合和传输应用。

无线传感器网络是一种全新的信息获取平台，能够实时监测和采集网络分布区域内的各种检测对象的信息，并将这些信息发送到网关节点，以实现复杂的指定范围内的特定目标检测与追踪，具备快速展开、抗毁性强等特点，有着广阔的应用前景。无线传感器网络将能够进一步扩展人们与现实世界进行远程交互的能力。

3．物联网的工程应用

（1）"畜牧溯源"项目

该项目需要实现牲畜身份的统一标识，能够对牲畜的出生地、疫苗注射、健康状况等基本信息进行实时查询，通过项目的信息管理系统对育种畜牧的繁殖信息进行全面的记录，便于对牲畜身体和饲养情况的实时检测，进而达到科学饲养，还可通过加强对牲畜谱系的管理，对牲畜的近亲繁殖进行有效控制，最终实现物种的优化，如图 1-6 所示。

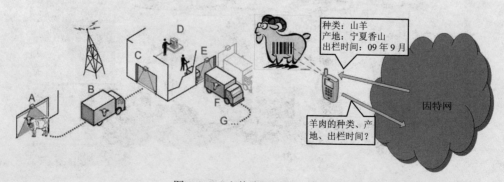

图 1-6   "畜牧溯源"项目应用

当前标识常用的方式是电子耳标，该玻璃管植入芯片有全球唯一的识别码（UID），且芯片寿命在 30 年以上。任何人只需用手持阅读器或固定阅读器扫描耳标，即可获得牲畜的身份识别信息，输入牲畜身份识别信息即可从数据库调出牲畜的电子档案。此外，电子身份识别码会一直保持到超市出售的肉品上。作为食品卫生溯源监管的重要一环，最终消费者可通过各种途径阅读身份识别码，从而进一步了解牲畜的成长历史，确保食品安全。我国目前已有 10 亿存栏动物贴上了这种识别码。

（2）"无线葡萄园"项目

早在 2002 年，美国的 Intel 公司已在太平洋沿岸的俄勒冈州建立起世界上第一个无线葡萄园。许多"微尘（mote）"传感器节点分布在葡萄园的每个角落，无线传感器网络每分钟就检测一次土壤的温度、湿度或所在区域有害物种的数量，以确保葡萄可以健康生长。这些信息将有助于进行合理的灌溉和喷洒农药，从而降低种植成本并确保农场能够获得较高的收益。此外，研究人员分析相关数据发现，葡萄园气候的细微变化可极大地影响葡萄酒的质量。最终通过多年的数据记录以及挖掘分析，便能精确的掌握葡萄酒的质地与葡萄生长过程中的日照、温度、湿度的确切关系。

（3）文物保护工程

对珍贵的古老文物建筑进行重点保护，是文物保护单位长久以来的重点工作内容。通过实施无线物联网技术，将具有温度、湿度、压力和光照等传感器的节点分布在重点保护文物之中，根本不需要传统的拉线钻孔等，从而可以在不破坏原有建筑构造的情况下有效地对建筑物进行长期的监测。此外，在文物保护地点的墙角、天花板等位置，使用无线传感器节点监测现场环境的温度、湿度等是否超过安全值，可进一步的保护展览品的品质。

（4）水下无线传感器网络工程

根据当前世界各个国家在研项目的文献资料，可将水下无线传感器网络的组成结构分为以下三类：

①基于水面浮标的三维立体水下传感器网络系统，该传感器节点可任意升降并能进行水声通信。这类工程的实施布放比较容易，还可利用太阳能、GPS 以及水面上的无线通信。但却容易被发现且随波逐流，位置不固定，进而影响正常的航道运输。

②基于海底固定基站的节点构成的三维立体网络系统。其也可任意升降，主要通过光缆或水声通信与水面网关和节点相互联结，将监测数据快速准确的传输至基站。这类项目不会影响航行，但建设和维护成本较高。

③基于水面浮标节点、水中自主航行器和水底固定节点的三维立体系统。这项工程的覆盖面广，设备配置灵活，监测功能强大。但系统的建设和后续维护处理相当复杂，且成本高昂。

（5）生态环境监测项目

2002 年，英特尔研究小组、加州大学伯克利分校和巴港大西洋大学的科学家把无线传感器网络技术应用于监视美国缅因州大鸭岛上海鸟的栖息情况。在该项目中使用了包括光、湿度、气压计、红外传感器、摄像头在内的近 10 种不同类型的传感器，总计达数百个节点，所开发建设的监测系统通过自组织无线网络，能够将采集数据传输到 300 英尺外的基站的计算机内，再由此经卫星传输至美国加州的服务器。此后，世界各地的研究人员都可通过互联网察看该地区每个节点的采集数据。生态环境监测项目可掌握第一手的环境资料，为生态环境的研究者提供一个高效便利的研究平台。

（6）空间科研探索项目

探索外部星球历来是人类梦寐以求的理想，依据航天器布撒的传感器节点来实现对星球表面大范围、长时期和近距离的监测和探索，是一种经济可行的项目方案。美国航空航天局NASA（National Aeronautics and Space Administration）的喷气推进实验室JPL（Jet Propulsion Laboratory）推出的 Sensor Webs 就是为将来对火星进行探测、选定着陆场地等需求准备的。现在该项目已在美国佛罗里达宇航中心的环境监测项目中进行测试和完善。

1.5.3　云计算技术与应用

云计算（Cloud Computing）描述了一种基于互联网的新的 IT 服务增殖、使用和交付模式。其核心思想是将用网络连接的大量计算资源进行统一的管理和调度，构建一个计算资源池向用户按需提供服务。这是一种基于因特网的超级计算模式，在远程的数据处理中心，成千上万台计算机和服务器连接成一片电脑云，如图 1-7 所示。

图 1-7　云计算技术与应用示意图

1. 云计算的产生与发展

云计算的产生，最早可以追溯到 1983 年，美国的太阳公司（Sun Microsystems）已经提出"网络是电脑"（"The Network is the Computer"）的概念。随后各大计算机服务商都在积极开展有关的研究和开发。到了 2006 年 3 月，亚马逊（Amazon）公司就推出弹性计算云 EC2（Elastic Compute Cloud）服务。

2006 年 8 月 9 日，Google 公司的首席执行官埃里克·施密特在当年的搜索引擎大会上（SES San Jose 2006）首次提出"云计算"（Cloud Computing）的概念。Google "云计算"的提出源于 Google 工程师克里斯托弗·比希利亚所做的"Google 101"项目。此后 Google 与 IBM 联合起来开始在美国的一些大学校园推广云计算项目，其中包括卡内基梅隆大学、麻省理工学院、斯坦福大学等，这项推广计划旨在降低分布式计算技术在学术研究方面的成本，并为大学科研机构提供相关的软硬件设备及技术支持。

2008 年 1 月 30 日，Google 公司在台湾启动"云计算学术计划"，将与台湾大学、台湾交通大学等高校合作，以期将云计算技术推广到校园。2008 年 2 月 1 日，IBM 公司宣布将在中国江苏省无锡市的太湖新城科教产业园为中国的软件公司建立全球第一个云计算中心（Cloud Computing Center）。

2008 年 8 月，美国专利商标局网站信息显示，戴尔正在申请 "云计算"（Cloud Computing）商标。2010 年 7 月，美国国家航空航天局和 Rackspace、AMD、Intel、戴尔等厂商共同宣布 "OpenStack" 开放源代码计划，微软在同年 10 月表示支持 OpenStack，Ubuntu 也将 OpenStack 加至 11.04 版本中。2011 年 2 月，思科公司也加入 OpenStack，重点研制 OpenStack 的网络服务内容。

云计算主要经历四个阶段才发展到现在相对成熟的水平，依次是电厂模式、效用计算、网格计算和云计算。

（1）电厂模式阶段

电厂模式是主要利用电厂的规模效应，来降低电力的价格，并让实际用户使用起来比较方便，且无需维护和购买任何发电设备。

（2）效用计算阶段

19 世纪 60 年代，由于当时计算设备的价格非常高昂，远远超过普通企业、学校和机构所能承受的能力，因而有着共享计算资源的需求。1961 年，人工智能之父麦肯锡在一次会议上提出 "效用计算" 的概念，其核心是借鉴电厂模式，通过整合分散在各地的服务器、存储系统以及相应的应用程序来共享给多个用户，让用户能够像把灯泡插入灯座一样方便的使用计算机资源，并依据其所使用的计算量来计费。但由于当时整个 IT 产业处于发展初期，很多强大的技术还未诞生，比如互联网等，虽然这个想法一直为人称道，但没有能够大规模的实施。

（3）网格计算阶段

网格计算的主要思想是将一个需要非常巨大的计算能力才能解决的实际问题分成许多较小的部分，然后把这些部分分配给很多低性能的计算机来进行处理，最后再把这些计算结果综合起来攻克大的复杂的问题。但遗憾的是，由于网格计算在商业运作模式、技术和安全性等方面考虑不足，其并没有在工程界和商业界取得预期的成功。

（4）云计算阶段

云计算的核心与效用计算和网格计算非常类似，也是旨在实现用户使用 IT 技术能像使用电力那样方便且成本低廉。但与效用计算和网格计算不同的是，现在对云计算的应用需求已经有了相当的规模，同时在技术和基础设施建设等多个方面已经基本成熟。

2．云计算的核心技术

云计算中运用许多技术，其中以编程模型、海量数据管理技术、海量数据存储技术、虚拟化技术、云计算平台管理技术最为关键。

（1）编程模型

MapReduce 是 Google 公司开发的 Java、C++编程模型，它是一种简化的分布式编程模型和高效的任务调度模型，用于大规模数据集（大于 1TB）的并行运算。严格的编程模型使云计算环境下的编程十分简单。

（2）海量数据管理技术

云计算需要对分布式的海量数据进行处理和分析，因此数据管理技术必须能够高效的管理大量的数据。

（3）海量数据分布存储技术

云计算系统由大量服务器组成用以为大量用户同时提供各种服务，因而云计算系统采用分布式存储的方式来存储数据，并用冗余存储的方式保证数据的可靠性。

（4）虚拟化技术

通过虚拟化技术可实现软件应用与底层硬件相隔离，它包括将单个资源划分成多个虚拟资源的裂分模式，也包括将多个资源整合成一个虚拟资源的聚合模式。

（5）云计算平台管理技术

云计算资源规模庞大，服务器数量众多并分布在不同地域，同时运行着数百种应用程序，有效管理数量众多的服务器、保证整个系统提供不间断的服务是一个巨大的挑战。云计算系统的平台管理技术必须能够使大量的服务器协同工作，且方便的进行业务部署和开通、快速发现和恢复系统故障，通过自动化和智能化等技术手段实现整个云计算系统的可靠稳定运行和处理。

3．云计算的工程应用

云计算当前还处于初级发展阶段，有庞杂的各类厂商在开发不同的云计算服务。云计算的表现形式多种多样，简单的云计算在人们的日常网络应用中随处可见，比如腾讯 QQ 空间提供的在线制作 Flash 图片、Google 的搜索服务、Google Doc、Google Apps 等。

目前，云计算的主要服务形式有：基础设施服务（IaaS）、平台即服务（PaaS）和软件即服务（SaaS），如图 1-8 所示。

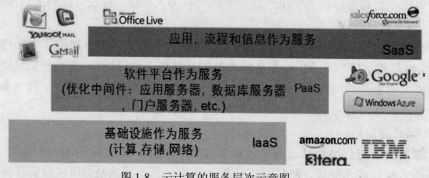

图 1-8　云计算的服务层次示意图

（1）IaaS（Infrastructure as a Service）：基础设施即服务

消费者通过 Internet 可以从完善的计算机基础设施获得服务。IaaS 位于云计算三层服务的最底端，将 IT 基础设施像水和电一样以服务的形式提供给用户，以服务形式提供基于服务器和存储等硬件资源的可高度扩展和按需变化的 IT 能力。

（2）PaaS（Platform as a Service）：平台即服务

PaaS 实际上是指将软件研发平台作为一种服务，以 SaaS 的模式提交给用户。它提供给终端用户的是基于互联网的应用开发环境，其中包括应用编程接口和运行平台等，且支持应用从创建到运行整个生命周期所需的各种软硬件资源和工具。

（3）SaaS（Software as a Service）：软件即服务

这是一种通过 Internet 提供软件的模式，用户无需购买任何软件，而是向云计算服务提供商租用基于 Web 的软件来管理企业的经营活动。SaaS 是最常见的云计算服务，位于云计算三层服务的顶端。用户通过标准的 Web 浏览器来使用 Internet 上的软件。云计算服务供应商负责维护和管理软硬件设施，并以免费或按需租用方式向最终用户提供服务，免费服务时提供商主要通过网络广告之类的项目中获取收益。

"云应用"是"云计算"概念的子集，是云计算技术在应用层的体现。它是一种通过互联网或局域网连接并操控远程服务器集群，最终完成业务逻辑或运算任务的一种新型应用。"云应用"不仅可帮助用户降低 IT 成本，更能大幅度的提高工作效率。其主要的工程应用包括以下几个方面。

（1）云物联

"物联网就是物物相连的互联网"。这里有两层意思：第一，物联网的核心和基础仍然是互联网，是在互联网基础上的延伸和扩展的网络；第二，其用户端延伸和扩展到了任何物品与物品之间，进行信息交换和通信。

（2）云安全

云安全（Cloud Security）是一个从"云计算"演变而来的新名词。云安全的策略思想是：使用者越多，每个使用者就越安全，因为如此庞大的用户群，足以覆盖互联网的每个角落，只要某个网站被挂马或某个新木马病毒出现，就会立刻被截获。"云安全"通过网状的大量客户端对网络中的软件行为进行异常监测，获取互联网中木马、恶意程序的最新信息，推送到 Server 端进行自动分析和处理，再把病毒和木马的解决方案分发到每一个客户端。

（3）云存储

云存储是指通过集群应用、网格技术或分布式文件系统等功能，将网络中大量的各种不同类型的存储设备通过应用软件集合起来协同工作，共同对外提供数据存储和业务访问功能的一个系统。

（4）私有云

私有云（Private Cloud）是将云基础设施与软硬件资源创建在防火墙内，以供机构或企业内各部门共享数据中心内的资源。

（5）云游戏

云游戏是以云计算为基础的游戏方式，在云游戏的运行模式下，所有游戏都在服务器端运行，并将渲染完毕后的游戏画面压缩后通过网络传送给用户。在客户端，用户的游戏设备不需要任何高端处理器和显卡，只需要基本的视频解压能力即可。

（6）云会议

云会议是基于云计算技术的一种高效、便捷、低成本的会议形式，是视频会议与云计算的完美结合。使用者只需要通过互联网界面，进行简单易用的操作，便可快速高效地与全球各地团队及客户同步分享语音、数据文件及视频，而会议中数据的传输、处理等复杂技术由云会议服务商协助操作。

（7）云社交

云社交（Cloud Social）是一种物联网、云计算和移动互联网交互应用的虚拟社交应用模式，以建立著名的"资源分享关系图谱"为目的，进而开展网络社交。云社交的主要特征是通过对大量的社会资源进行统一整合和评测，构建一个资源有效池向用户按需提供服务。参与分享的用户越多，能够创造的利用价值就越大。

习题一

一、选择题

1. 微型计算机出现在计算机发展的哪个阶段（　　）。
   A. 第 1 代　　　　　　B. 第 2 代　　　　　　C. 第 3 代　　　　　　D. 第 4 代

2. 计算机的不同发展阶段的划分是依据（　　）。
   A. 操作系统　　　　　B. 内存　　　　　　　C. 电子元器件　　　　D. 程序设计语言

3. 计算机进行数据存取的基本单位是（　　）。
   A. 位　　　　　　　　B. 字节　　　　　　　C. K 字节　　　　　　D. M 字节

4. 下面不是计算机的特点是（　　）。
   A. 运算速度快　　　　　　　　　　　　　B. 计算精度高
   C. 具有记忆和逻辑判断能力　　　　　　　D. 可以自动运行，不能人为干涉

5. 计算机的类型不包括（　　）。
   A. 巨型机　　　　　　B. 小巨型机　　　　　C. 主机　　　　　　　D. 分机

6. 计算机应用范围最广的是哪个领域（　　）。
   A. 科学计算　　　　　B. 信息管理　　　　　C. 实时控制　　　　　D. 人工智能

7. 物联网真正意义的概念第一次被哪个机构明确的提出（　　）。
   A. 施乐公司　　　　　　　　　　　　　　B. 国际电信联盟
   C. 微软公司　　　　　　　　　　　　　　D. EPC Global 公司

8. 物联网的概念最早可以追溯到哪一年（　　）。
   A. 1982　　　　　　　B. 1990　　　　　　　C. 1992　　　　　　　D. 1995

9. Google 与 IBM 联合推广云计算项目的大学不包括下列哪一所（　　）。
   A. 麻省理工学院　　　　　　　　　　　　B. 斯坦福大学
   C. 宾夕法尼亚大学　　　　　　　　　　　D. 卡内基梅隆大学

10. 云计算发展的四个阶段不包括（　　）。
    A. 电厂模式　　　　B. 效用计算　　　　C. 网络计算　　　　D. 云计算

11. 云计算的核心技术不包括（　　）。
    A. 编程模型　　　　B. 海量数据存储　　C. 模型化　　　　　D. 虚拟化

二、填空题

1. 第一台计算机是_____年，诞生于_____国，它的英文缩写是_____。

2. 世界上首次提出存储程序计算机体系结构的是_____。

3. 第一代计算机的主要逻辑元件是_____、第二代计算机的主要逻辑元件是_____、第三代计算机的主要逻辑元件是_____、第四代计算机的主要逻辑元件是_____。

4. 在计算机中，用来传送、存储、加工处理的信息表示形式是_____。

5. 计算机主要的应用领域有_____、_____、_____、_____。

6. 现代信息技术的特点_____、_____、_____、_____。

7. 信息技术的共同发展趋势_____、_____、_____。

8.（255）$_{10}$=（　　　　　　　　　　）$_2$=（　　　　　　　　　　　　　）$_{16}$

9.（156.375）$_{10}$=（　　　　　　　　　　　）$_2$=（　　　　　　　　　）$_{16}$

10. 十进制数 38 的 8 位二进制补码是_____。十进制数 −38 的 8 位二进制补码是_____。

11. 汉字机内码通常占_____字节，第一个字节的最高位是_____。

12. 大数据具有 4V 特点：_____、_____、_____和_____。

13. 数据挖掘中的数据指的是_____。

14. 物联网的英文名字是_____。

15. 物联网的核心技术包括_____和_____。

16. 物联网从下往上的四个层次是_____、_____、_____和_____。

17. 云计算最早的概念可追溯到 1983 年 SUN 公司所提出的_____概念。

18. 云计算的服务形式有_____、_____和_____三种。

三、简答题

1. 在计算机中为什么要使用二进制？

2. 计算机的发展经历了哪几个阶段？各阶段的主要特征是什么？

3. 信息与数据的区别是什么？

4. 谈一下现代信息技术对你的生活有什么影响？

5. 简述数据挖掘的步骤。

6. 谈谈你所知道的数据挖掘的几个大的应用案例。

7. 简述物联网的概念及其主要应用领域。

8. 简述云计算的概念及其主要应用领域。

2

微型计算机系统的组成

计算机系统由硬件系统和软件系统两大部分组成。本章首先介绍计算机系统的组成及工作原理，使读者对计算机系统有个总体认识，然后重点介绍微型计算机的各部分硬件及软件构成知识。最后介绍微型计算机硬件的组装过程，操作系统的安装方法。

2.1 计算机系统的组成及工作原理

2.1.1 计算机系统的组成

计算机系统由硬件系统和软件系统两大部分组成。硬件系统指构成计算机系统的物理实体或物理装置。软件系统指在硬件基础上运行的各种程序、数据及有关的文档资料。通常把没有软件系统的计算机称为"裸机"，其系统结构如图 2-1 所示。

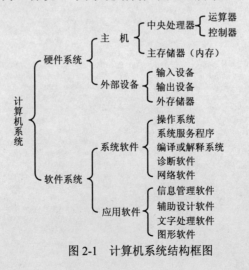

图 2-1 计算机系统结构框图

2.1.2　计算机硬件系统

计算机硬件系统由运算器、控制器、存储器、输入设备和输出设备五部分组成。

1．运算器

运算器又称算术逻辑单元。它是计算机完成各种算术运算和逻辑运算的装置，能进行加、减、乘、除等数学运算，也能作比较、判断、查找等逻辑运算。

2．控制器

控制器是计算机的指挥中心，负责决定执行程序的顺序，给出机器各部件需要的操作控制命令。

控制器由程序计数器、指令寄存器、指令译码器、时序产生器和操作控制器组成，它是发布命令的"决策机构"，即完成协调和指挥整个计算机系统的操作。

3．存储器

存储器将输入设备接收到的信息以二进制的数据形式存到计算机硬件系统存储器中。存储器有两种，分别叫做内存储器和外存储器。

（1）内存储器

微型计算机的内存储器是由半导体器件构成的。从使用功能上分，有随机存储器（Random Access Memory，简称 RAM）和只读存储器（Read Only Memory，简称为 ROM）。

（2）外存储器

外储存器用来放置需要长期保存的数据，此类存储器一般断电后仍然能保存数据。常见的外储存器有硬盘、光盘、U 盘等。

4．输入设备

输入设备用来将数据、程序、文字符号、图象、声音等信息输送到计算机中。常用的输入设备有键盘、鼠标、触摸屏、数字转换器等。

5．输出设备

输出设备将计算机的运算结果或者中间结果打印或显示出来。常用的输出设备有：显示器、打印机、绘图仪和传真机等。

2.1.3　计算机软件系统

计算机软件系统由系统软件和应用软件两大部分组成。

1．系统软件

系统软件是管理、监控和维护计算机资源的软件，是计算机必备软件。他负责管理和控制计算机的资源，提供用户使用计算机的界面，包括操作系统、各种程序设计语言的编译与解释程序、监控和诊断程序等。最重要的系统软件是操作系统。

2．应用软件

应用软件是为了解决各种实际问题而设计的程序，包括各种管理软件、办公自动化软件、工业控制软件、计算机辅助设计软件包、数字信号处理及科学计算程序包等。

2.1.4　冯·诺依曼计算机体系结构

1944 年著名美籍匈牙利数学家冯·诺依曼与美国宾夕法尼亚大学莫尔电子工程学院的莫奇利小组合作，提出了关于计算机组成和工作方式的基本设想，其工作原理如图 2-2 所示，这种思想沿用至今，我们通常将基于此种体系结构的计算机称为冯·诺依曼计算机。

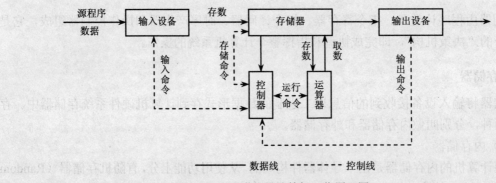

图 2-2　冯·诺依曼计算机工作原理图

图中，实线代表数据流，虚线代表指令流，计算机各部件之间的联系就是通过这两股信息流动来实现的。原始数据和程序通过输入设备送入存储器，在运算处理过程中，数据从存储器读入运算器进行运算，运算的结果存入存储器，必要时再经输出设备输出，指令也以数据形式存于存储器中，运算时指令由存储器送入控制器，由控制器控制各部件的工作。

冯·诺依曼体系结构的设计思想可以概括为以下三个方面：

①计算机处理的数据和指令一律用二进制数表示。

②顺序执行程序。计算机运行过程中，把要执行的程序和处理的数据首先存入主存储器（内存），计算机执行程序时，将自动地、并按顺序从主存储器中取出指令一条一条地执行，这一概念称作顺序执行程序。

③计算机硬件由运算器、控制器、存储器、输入设备和输出设备五大部分组成。

2.2　微型计算机的硬件系统

随着半导体集成电路的集成度不断提高，微型计算机的硬件发展越来越快。其发展规律基本上遵循"摩尔定律"，即每 18 个月其集成度提高一倍、速度提高一倍、价格降低一半。微型计算机的硬件系统采用总线结构将 CPU、主存储器和输入、输出接口电路连接起来，其基本结构如图 2-3 所示。

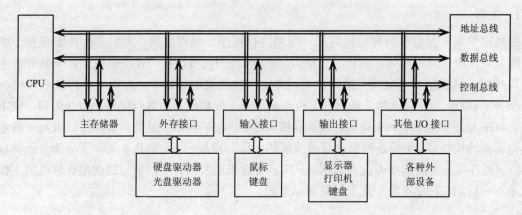

图 2-3　微型计算机结构图

2.2.1　微型计算机硬件系统

　　微机的硬件系统一般由安装在主机箱内的 CPU、主板、内存、显示卡、硬盘、电源、显示器、键盘和鼠标等组成，图 2-4 和图 2-5 分别为微型计算机和主机内部构造图。为使电脑具有多媒体处理能力，还可以配置光驱和声卡等多媒体外设。如果需要联网和发送传真，还可以配置调制解调器、网卡、传真卡等。本节详细介绍微型计算机的各个硬件组成。

图 2-4　微型计算机

图 2-5　微型机主机内部构造图

1．主板

主机由中央处理器和内存储器组成，用来执行程序、处理数据，主机芯片都安装在一块电路板上，这块电路板称为主机板（主板）。为了与外围设备连接，在主机板上还安装有若干个接口插槽，可以在这些插槽上插入与不同外围设备连接的接口卡。主板上有控制芯片组、CPU 插座、BIOS 芯片、内存条插槽，主板上也集成了硬盘接口、并行接口、串行接口、USB接口、AGP 总线扩展槽、PCI 局部总线扩展槽、ISA 总线扩展槽、键盘和鼠标接口以及一些连接其他部件的接口等。主板是微型计算机系统的主体和控制中心，它几乎集合了全部系统的功能，控制着各部分之间的指令流和数据流。随着计算机的发展，不同型号的微型计算机的主板结构是不一样的，图 2-6 为一张主板外观示意图。

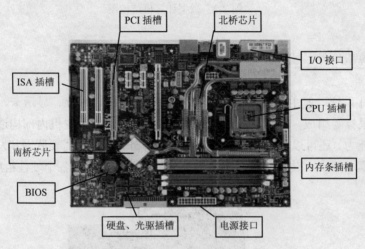

图 2-6　主板外观示意图

2．中央处理器

中央处理器简称 CPU（Central Processing Unit），它是计算机硬件系统的核心，中央处理器包括运算器和控制器两个部件。运算器是对数据进行加工处理的部件，它不仅可以实现基本的算术运算，还可以进行基本的逻辑运算，实现逻辑判断的比较及数据传递、移位等操作。控制器是负责从存储器中取出指令，确定指令类型并译码，按时间的先后顺序，向其他部件发出控制信号，统一指挥和协调计算机各器件进行工作的部件，它是计算机的"神经中枢"。常见CPU 正反面如图 2-7 所示。

计算机的发展主要表现在其核心部件——微处理器的发展上，每当一款新型的微处理器出现时，就会带动计算机系统其他部件的相应发展，如计算机体系结构的进一步优化，存储器存取容量的不断增大、存取速度的不断提高，外围设备的不断改进以及新设备的不断出现等。目前流行的是第六代（2005 年至今）系列微处理器，其中英特尔公司的桌面级 Core i 部分系列型号参数如表 2-1 所示。

图 2-7　酷睿 i7 处理器的示意图

表 2-1　桌面级 Core i 部分系列型号参数表

型号	TDP	主频	总线频率	三级缓存	内存支持
Core i3-550	73W	3.2GHz	2.5GT/SDMI	4MB	DDR3-1066/1333 双通道
Core i5-650	73W	3.2GHz	2.5GT/SDMI	4MB	DDR3-1066/1333 双通道
Core i7-860	95W	2.8GHz	2.5GT/SDMI	8MB	DDR3-1066/1333 双通道
Core i7 3960X 至尊版	130W	3.3GHz	4.8GT/SDMI	15MB	DDR3-1600 四通道

3．存储器

存储器的主要功能是存放程序和数据。使用时，可以从存储器中取出信息来查看、运行程序，称其为存储器的读操作；也可以把信息写入存储器、修改原有信息、删除原有信息，称其为存储器的写操作。存储器通常分为内存储器和外存储器。

（1）主存储器（内存）

主存储器，简称主存又称为内存，它和 CPU 一起构成了计算机的主机部分，它存储的信息可以被 CPU 直接访问。内存由半导体存储器组成，存取速度较快，但一般容量较小。内存中含有很多的存储单元，每个单元可以存放 1 个 8 位的二进制数，即 1 个字节（Byte，简记"B"）。内存中的每个字节各有一个固定的编号，这个编号称为地址。CPU 在存取存储器中的数据时是按地址进行的。存储器容量即指存储器中所包含的字节数，通常用 GB 作为存储器容量单位。图 2-8 为内存条示意图。内存储器通常可以分为随机存储器 RAM、只读存储器 ROM 和高速缓冲存储器 Cache 三种。

图 2-8　内存条

RAM 是一种读写存储器，其内容可以随时根据需要读出，也可以随时重新写入新的信息。这种存储器可以分为静态 RAM 和动态 RAM 两种。静态 RAM 的特点是，只要存储单元上加有工作电压，它上面存储的信息就将保持。动态 RAM 由于是利用 MOS 管极间电容保存信息的，因此随着电容的漏电，信息会逐渐丢失，为了补偿信息的丢失，要每隔一定时间对存储单元的信息进行刷新。不论是静态 RAM 还是动态 RAM，当电源电压丢去时，RAM 中保存的信息都将全部丢失。

ROM 是一种内容只能读出而不能写入和修改的存储器，其存储的信息是在制作该存储器时就被写入的。在计算机运行过程中，ROM 中的信息只能被读出，而不能写入新的内容。计算机断电后，ROM 中的信息不会丢失。它主要用于检查计算机系统的配置情况并提供最基本的输入/输出（I/O）控制程序。

由于微型机的 CPU 速度的不断提高，RAM 的速度很难满足高速 CPU 的要求，所以在读/写系统内存都要加入等待的时间，这对高速 CPU 来说是一种极大的浪费。Cache 是指在 CPU 与内存之间设置的一级或两级高速小容量存储器，称之为高速缓冲存储器，固化在主板上。在计算机工作时，系统先将数据由外存读入 RAM 中，再由 RAM 读入 Cache 中，然后 CPU 直接从 Cache 中读取数据进行操作。

（2）外存储器（外存）

①硬盘存储器。硬盘存储器是由电机和硬盘组成的，一般置于主机箱内。硬盘是涂有磁性材料的磁盘组件，用于存放数据。硬盘的机械转轴上串有若干个盘片，每个盘片的上下两面

各有一个读/写磁头，硬盘的磁头不与磁盘表面接触，它们"飞"在离盘片面百万分之一英寸的气垫上。硬盘是一个非常精密的机械装置，磁道间只有百万分之几英寸的间隙，磁头传动装置必须把磁头快速而准确地移到指定的磁道上。图 2-9 和 2-10 为硬盘结构示意图。

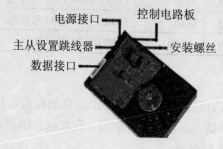

电源接口
控制电路板
主从设置跳线器
安装螺丝
数据接口

图 2-9　硬盘的背面

读写磁头
传动手臂
传动轴
电磁线圈电机
磁头驱动小车

图 2-10　硬盘的内部图示

一个硬盘有多个盘片组成，所有的盘片串在一根轴上，两个盘片之间仅留出安置磁头的距离。柱面是指使盘的所有盘片具有相同编号的磁道。硬盘的容量取决于硬盘的磁头数、柱面数及每个磁道的扇区数，由于硬盘均有多个盘片，所以用柱面这个参数来代替磁道。每个扇区的容量为 512B，硬盘容量为：512×磁头数×柱面数×每道扇区数。

不同型号的硬盘其容量、磁头数、柱面数及每道扇区数均不同，主机必须知道这些参数才能正确控制硬盘的工作，因此安装新硬盘后，需要对主机进行硬盘类型的设置。硬盘在使用之前也需要进行格式化。

目前的硬盘有两种，一种为固定式，另一种为移动式。所谓固定式就是固定在主机箱内，容量在 3GB～3TB 数量级之间，甚至更大，当容量不足时，可再扩充另一个硬盘。另外一种是移动式硬盘，如图 2-11 所示，此种硬盘可以在笔记本和台式机之间，办公室、学校、网吧和家庭之间实现数据的传输，是私人资料保存的最佳工具。同时它还具有写保护、无驱动、无需外接电源、高速度读写、支持大容量等特点。

②闪存。闪存又名优盘（简记 U 盘），如图 2-12 所示。它具有如下特点：兼顾了 USB2.0、USB1.1 接口的使用；具有写保护开关，用来防止误删除重要数据；无需安装设备驱动，Windows 98 系统以上方便使用；固态闪存可以使数据保存 10 年以上；抗震，数米以上自由落体的碰撞也能保证安全，持久存储数据；耐用，可重复擦写 100 万次以上；小巧、轻便、即插即用、支持热插拔；容量在 1GB～100G 之间不等。

图 2-11　高速超薄型移动硬盘

图 2-12　闪存（U 盘）

③光盘。光盘的存储介质不同于磁盘，它属于另一类存储器。由于光盘的容量大、存取速度较快、不易受干扰等特点，其应用越来越广泛。光盘根据其制造材料和记录信息方式的不

同一般分为三类：只读光盘、一次写入型光盘和可擦写光盘。只读光盘是生产厂家在制造时根据用户要求将信息写到盘上，用户不能抹除，也不能写入，只能通过光盘驱动器读出盘中信息。CD 光盘的最大容量大约是 700MB，DVD 盘片单面 4.7GB。

一次写入型光盘可以由用户写入信息，但只能写一次，不能抹除和改写。信息的写入通过特制的光盘刻录机进行，它是用激光使记录介质熔融蒸发穿出微孔或使非晶膜结晶化，改变原材料特性来记录信息。这种光盘的信息可多次读出，读出信息时使用只读光盘用的驱动器即可。

可擦写光盘可由用户自己写入信息，也可对已记录的信息进行抹除和改写，就像磁盘一样可以反复使用。它是用激光照射在记录介质上（不穿孔），利用光和热引起介质可逆性变化来进行信息记录的。可擦写光盘需插入特制的光盘驱动器进行读写操作，它的存储容量一般在几百 MB 至几 GB 之间。

4．输入设备

输入设备是外界向计算机传送信息的装置。在微型计算机系统中，最常用的输入设备是键盘和鼠标，此外还有光电笔、数字化仪、图像扫描仪、数码摄像机等。

（1）键盘

键盘是计算机最重要的输入设备。用户的各种命令、程序和数据都可以通过键盘输入计算机，目前普遍使用的是电容式 101 键键盘，另外，还有 104 键和 107 键键盘等。

（2）鼠标

鼠标是计算机在窗口界面中操作必不可少的输入设备。鼠标是一种屏幕标定装置，不能直接输入字符和数字。在图形处理软件的支持下，在屏幕上使用鼠标处理图形要比键盘方便得多。目前市场上的鼠标主要有：机械式鼠标、光电式鼠标、无线鼠标等。

（3）其他输入设备

其他输入设备包括光电笔、数码摄像机、图像扫描仪、数字化仪等，如图 2-13 所示。

光电笔　　　　　　数码摄像机　　　　　　扫描仪　　　　　　数字化仪

图 2-13　输入设备示例

5．输出设备

输出设备的作用是将计算机中的数据信息传送到外部媒介，并转化成某种为人们所认识的表示形式。在微型计算机中，最常用的输出设备有显示器和打印机，此外，还有绘图仪等。

（1）显示器

显示器是微型计算机不可缺少的输出设备。显示器可显示程序的运行结果，显示输入的程序或数据等。显示器主要有以阴极射线管为核心的 CRT 显示器和液晶显示器，如图 2-14 所示。目前计算机上配备的显示器大部分是液晶显示器。

图 2-14 液晶显示器、CRT 阴极管显示器

（2）打印机

常用打印机分为喷墨式打印机、激光打印机、针式打印机等，如图 2-15 所示。衡量打印机好坏的指标有三项：打印分辨率、打印速度和噪声。

　　喷墨式打印机　　　　　　　　激光打印机　　　　　　　　针式打印机

图 2-15　打印机示意图

喷墨打印机优点：整机价格相对彩色激光机便宜，较低的一次性购买成本获得彩色照片级输出的效果，缺点：使用耗材为墨盒，成本较高，长时间不用容易堵头。

激光打印机优点：耗材单张打印成本低，耗材为墨粉，长时间不使用也不用担心堵头的问题，打印速度快，高端产品可以满足高负荷企业级输出以及图文输出，缺点：中低端激光打印机的彩色打印效果不如喷墨机，可使用的打印介质较少。

针式打印机优点：可以复写打印（发票及多联单据），可以超厚打印（存折证书打印），耗材为色带，耗材成本低，缺点：工作噪音大，体积不可能缩小，打印精度不如喷墨及激光机。

（3）其他输出设备

其他输出设备包括投影仪、绘图仪等，如图 2-16 所示。

图 2-16　投影仪、绘图仪

6．总线

计算机中传输信息的公共通路称为总线（BUS）。一次能够在总线上同时传输信息的二进制位数被称为总线宽度。CPU 是由若干基本部件组成的，这些部件之间的总线被称为内部总线，而连接系统各部件间的总线称为外部总线，也称为系统总线。

按照总线上传输信息的不同，总线可以分为数据总线（DB），地址总线（AB）和控制总线（CB）三种。

①数据总线：用来传送数据信息，它主要连接了 CPU 与各个部件，是它们之间交换信息的通路。数据总线是双向的，而具体的传送方向由 CPU 控制。

②地址总线：用来传送地址信息。CPU 通过地址总线中传送的地址信息访问存储器。通常地址总线是单向的，同时，地址总线的宽度决定可以访问的存储器容量大小，如 20 条地址总线可以控制 1MB 的存储空间。

③控制总线：用来传送控制信号，以协调各部件之间的操作。控制信号包括 CPU 对内存储器和接口电路的读写控制信号、中断响应信号，也包括其他部件传送给 CPU 的信号，如中断申请信号、准备就绪信号等。

2.2.2　微型机的主要技术指标

评价一台微型计算机的指标很多。常用的指标有以下几项。

1．字长

字长是指一台计算机所能处理的二进制代码的位数。微型计算机的字长直接影响到它的精度、功能和速度。字长愈长，能表示的数值范围就越大，计算出的结果的有效位数也就越多；字长愈长，能表示的信息就越多，机器的功能就更强。但是，字长又受到器件及制造工艺等的限制。目前常用的是 32 位和 64 位字长的微型计算机。

2．运算速度

运算速度是指计算机每秒钟所能执行的指令条数，一般用 MIPS（Million of Instructions Per Second，即每秒百万条指令）为单位。由于不同类型的指令执行时间长短不同，因而，运算速度的计算方法也不同。

3．主频

主频是指计算机 CPU 的时钟频率，它在很大程度上决定了计算机的运算速度。一般时钟频率越高，运算速度就越快。主频的单位一般是 MHz（兆赫）或 GHz（吉赫），如微处理器 Intel Core i7 4770K 的主频为 3.5GHz。

4．内存容量

内存容量是指内存储器中能够存储信息的总字节数，一般以 GB 为单位。内存容量反映了内存储器存储数据的能力。目前微型机的内存容量有 1G、2G、4G、8G 等。

5．外设配置

外设是指计算机的输入/输出设备以及外存储器，如键盘、显示器、打印机、磁盘驱动器、鼠标等。其中，键盘的质量反映在每一个按键的反应灵敏度与手感是否舒适；显示器有液晶显示器和 CRT 显示器之分；外存有硬盘、U 盘、光盘等。

6．软件配置

软件配置包括操作系统、计算机语言、数据库管理系统、网络通信软件、汉字软件及其他各种应用软件等。由于目前微型机的种类很多，特别是兼容机种类繁多，因此，在选购微型机时应以软件兼容比较好的微型机为主。对于微机的优劣不能根据一两项指标来评定，而是需要综合考虑。要考虑经济合理、使用效率及性能价格比等多方面因素，以满足应用需求为目的。微型计算机系统的基本配置主要包括主机、键盘、鼠标、硬盘、显示器、音箱等。在选购计算机时要综合考虑需要的性能和可承受的价格，同时也要考虑到技术发展。目前使用的微型计算机多为酷睿多核系列处理器的微机，早期的单核处理器计算机已经逐步被淘汰。

2.3　微型计算机软件系统

2.3.1　计算机软件系统的概述

1．计算机软件概念

所谓计算机软件是相对硬件而言的，一般是指计算机程序和对该程序的功能、结构、设计思想以及使用方法等整套文字资料的说明（即文档）。软件也可以看作是在硬件基础上对硬件的完善和扩充。从对计算机影响的意义上来讲，软件和硬件的作用是一样的。

2．软件系统的分类

软件系统通常分为系统软件和应用软件两大类。系统软件一般是指计算机设计制造者提供的使用和管理计算机的软件，计算机在运行这些软件时为其他程序的运行建立良好的运行环境和可靠的运行结果。应用软件是程序设计人员为解决用户特定的问题而设计的程序或购买的程序，其功能在某一领域内较强，但运行时一般应在系统软件如操作系统的支持下运行。

2.3.2　系统软件

系统软件包括操作系统、语言处理系统、常用服务程序和数据库管理系统等几类。

1．操作系统

为了使计算机系统的所有软、硬件资源协调一致，有条不紊地工作，就必须有一个软件可进行统一的管理和调度，这种软件就是操作系统。操作系统是管理和控制计算机系统软、硬件和数据资源的大型程序，是用户和计算机之间的接口，并提供了软件开发和应用的环境。操作系统是最基本的系统软件，它直接运行在裸机之上，是对计算机硬件系统的第一次扩充。常见的操作系统有 Windows、UNIX、Linux 等。

2．计算机语言

计算机语言是人和计算机进行信息交流的媒介，作为人与计算机交流的一种工具，通常被称为计算机程序设计。所有的计算机都可以配有一种或多种计算机语言，按照与硬件的联系程度可分为两类，即低级语言、高级语言。低级语言主要有两种：机器语言和汇编语言。

（1）机器语言

人和计算机打交道必须使用计算机指令系统的指令。指令是计算机能够识别的，一般由二进制数码构成的集合，而这些指令的集合就是该计算机的机器语言，也就是计算机能理解的语言。用机器语言编写程序的缺点是：难编、难记、难交流。

例如，计算 3+5 的机器语言程序如下：

```
10110000  00000011        把 3 放入累加器 AL 中
00001000  00001001        5 与累加器 AL 中的值相加，结果仍放入 AL 中
11110100                  结束，停机
```

（2）汇编语言

人们用指令的助记符、符号地址、标号等符号来书写程序，这种书写程序的语言称为汇编语言。汇编语言是程序设计自动化第一阶段的语言，它是低级语言。其主要特点是可以使用符号机器指令的操作码、地址码、常量和变量，程序员不必为程序（代码和数据）在存储器中的物理位置进行具体的安排。

例如，计算 3+5 的汇编语言程序如下：

```
MOV     AL,3        把 3 放入累加器 AL 中
ADD     AL,5        5 与累加器 AL 中的值相加，结果仍放入 AL 中
HLT                 结束，停机
```

（3）高级语言

高级语言，非常接近人们的自然语言和数学语言，语言中所用的各种运算符号、运算表达式及运算规则和人们常用的数学公式和数学规则差不多。用高级语言编写的程序可读性好、表达直观，而且与具体的计算机无关、易于移植，提高了程序员的工作效率。

例如，计算 A=3+5 的 C 语言程序如下：

```
{                       程序开始
    a=3+5;              3 与 5 相加的结果放入 a 中
    printf("%d",a);     输出 a
}                       程序结束
```

目前高级语言发展到了面向对象程序设计语言，如 Visual Basic、Visual FoxPro、C++、C#、Java 等，使用这些语言来开发程序更直观、更方便、更简洁。

3．语言处理系统

用汇编语言和高级语言编写的程序（称为源程序），计算机并不认识，更不能直接执行，而必须由语言处理系统将它翻译成计算机可以理解的机器语言程序（即目标程序），然后再让计算机执行目标程序。

语言处理系统一般可分为三类：汇编程序、解释程序和编译程序。

（1）汇编程序

汇编程序是把用汇编语言写的源程序翻译成等价的机器语言程序。汇编语言是为特定的

计算机和计算机系统设计的面向机器的语言。其加工对象是用汇编语言编写的源程序。

（2）解释程序

解释程序是把用交互会话式语言编写的源程序翻译成机器语言程序。解释程序的主要工作是：每当遇到源程序的一条语句，就将它翻译成机器语言并逐句逐行执行，非常适用于人机会话。

（3）编译程序

编译程序是一种翻译程序，它特指把某种高级程序设计语言翻译成具体计算机上的低级程序设计语言。是把用高级程序设计语言或计算机汇编语言书写的源程序，翻译成等价的机器语言格式目标程序的翻译程序。它以高级程序设计语言书写的源程序作为输入，而以汇编语言或机器语言表示的目标程序作为输出。

编译程序与解释程序相比，解释程序不产生目标程序，直接得到运行结果，而编译程序则产生目标程序。一般而言，解释程序运行时间长，但占用内存少，编译则正好相反，大多数高级语言都是采用编译的方式执行。

2.3.3   应用软件

应用软件是为解决特定应用领域问题而编制的应用程序，应用软件的种类繁多，用途非常广泛。不同的应用软件对运行环境的要求不同，为用户提供的服务也不同。

1．文字处理应用软件

文字处理处理软件是对文字进行输入、编辑、排版及打印等处理的软件。如 Office 2010是目前比较流行的办公套件，包括字处理软件、电子表格软件及演示文稿软件等。

2．图形处理软件

微机进入图形用户界面以来，图形处理逐渐成为计算机的重要功能之一。这类应用软件可进行复杂工程的设计、动画制作及平面设计等。常见的有 CAD、Flash 和 Photoshop 等。

3．声音处理软件

随着多媒体技术应用的不断深化，对声音媒体的加工软件也逐渐开始推广。主要包括用于各种声音文件的软件、用于录音的软件和用于进行声音编辑的软件。常见的有 Adobe Audition 、Syntrillium Cooledit 等。

4．影像处理软件

影像处理软件对于计算机的配置要求较高，主要用于影像的播放和转换。

5．工具软件

随着计算机技术的高度发展，工具软件已经成为应用的一个重要组成部分。如：压缩软件、文件管理、文件分割、电子阅读、文档管理、教学软件、个人管理、虚拟光驱等软件。它可以帮助用户更好的利用计算机以及帮助用户开发新的应用程序。在后面的有关章节里，我们将对一些常用的应用软件进行具体介绍。

2.4　微型计算机的组装

2.4.1　微型计算机硬件组装

1．组装前的准备

（1）相关知识

①微型计算机硬件组成。一台多媒体电脑主要由主机、显示器、键盘与鼠标、音箱等部件组成，即由主机和外部设备构成。如图 2-17 所示。

②主机的构成有：主板、CPU、内存、硬盘、CD-ROM、显卡、声卡、电源等部件。如图 2-18 所示。

图 2-17　多媒体计算机　　　　　　　　　　图 2-18　主机主要部件

③外部设备。外部设备指主机箱以外的设备，例如，显示器、键盘、鼠标、音箱、打印机、扫描仪等都是微机的外部设备（简称"外设"），它们通过机箱的接口与主机相连。如图 2-19 所示。

图 2-19　微机外设

④微机接口。一台微机主板提供有多个各类接口，方便用户连接各种硬件设备。一般有以下几类接口：

- USB 接口
- 串行接口（COM1 和 COM2）
- 并行接口
- PS/2 接口

- IDEB 接口
- FDC 接口并行接口
- 1394 接口
- 电源接口

（2）组装前准备

①检查配件。

②认真阅读部件的使用说明书并对照实物熟悉各部件。仔细阅读主板和各种版卡的说明书，熟悉 CPU 插座、电源插座、内存插槽、IDE（硬盘、光驱）接口等的位置及外形。

③准备工具。

- 有磁性的大十字螺丝刀
- 有磁性的小一字螺丝刀
- 螺丝若干
- 尖嘴钳
- 镊子
- 数字万用表（有条件可选用）

④准备启动盘和操作系统安装光盘。准备一张启动盘（或称系统盘），通常是光盘或 U 盘。但需要在 CMOS 中设置启动顺序。

⑤准备好若干应用软件。最好准备一些如杀毒软件、多媒体播放等常用工具软件。

2．微机组装注意事项

①装机过程中不要连接电源线，严禁带电插拔硬件，以免烧坏芯片和部件。

②安装电源开关线时，特别是 AT 电源，必须小心，严禁接反，可用万用表测量检查，若电源线接错发生短路，会烧毁电源。

③芯片安装时，应注意方向，不要装反，以免烧坏芯片。

④防止静电。装机过程中要注意防止人体所带静电对电子器件造成损伤。

⑤拆除各部件及边线时，应小心操作，不要用力过大，以免拉断边线或损坏部件。

⑥对各个部件要轻拿轻放，不要碰撞，尤其是硬盘。

⑦主板、光驱、硬盘等硬件，应将其固定在机箱中，再对称将螺丝拧上，最后对称拧紧。安装主板的螺丝时一定要加上绝缘垫片，以防止主板与机箱的接触短路。

⑧在拧紧螺栓或螺帽时，要适度用力，过度拧紧螺栓或螺帽可能会损坏主板或其他塑料组件。

3．微机组装流程

①做好准备工作、备妥配件和工具、消除身上的静电。

②设置好主板跳线（注：目前很多主板都是免跳线主板，可省去此步骤）。

③在主板上安装 CPU、CPU 风扇、CPU 风扇电源线和内存条。

④打开机箱，固定电源盒。

⑤在机箱底板上固定主板。

⑥连接主板电源线。

⑦连接主板与机箱面板上的开关、指示灯、电源开关等连线。

⑧安装显示卡。

⑨连接显示器。

⑩连接键盘和鼠标。

⑪加电测试基本系统的好坏。

⑫安装硬盘和光驱，并连接它们的电源线和数据线。

⑬安装声卡并连接音箱。

⑭开机前的最后检查和内部清理。

⑮加电测试，如有故障应及时排除。

⑯闭合机箱盖。

⑰开机运行 BIOS 设置程序，设置系统 CMOS 参数。

⑱保存新的配置，使用启动盘重新启动系统。

⑲初始化硬盘，即对硬盘进行分区，再将各逻辑驱动器高级格式化。

⑳安装操作系统，安装硬件驱动程序。

㉑安装应用软件。

组装微机硬件时，要根据主板、机箱的不同结构和特点来决定组装的顺序，以安全和便于操作为原则。

4．微机组装过程

（1）安装机箱

具体的拆卸机箱并安装电源的步骤如下：

①将机箱从包装箱中取出，从机箱的前面板中可以看到前置的 USB 接口、音频接口、电源按钮、硬盘指示灯和电源指示灯等。

②将机箱扭转，从机箱的后面板可以看出，机箱的盖板设计已经非常人性化，都是用塑料螺丝固定的，用户分别将机箱盖的螺丝钉拧下，然后用手向后拉动机箱盖板即可取下。

③通过上述方法，将另一块盖板去掉后，将机箱平放到工作台上。

④取出电源，将带有风扇并且有四个螺丝孔的那一面向外，放入机箱内部。在放入过程中，对准机箱上电源的固定位置，将四个螺丝孔对齐。

⑤刚开始拧螺丝时，无需拧紧，待所有螺丝钉拧上后，再依次按照对角线方式拧紧四个螺丝，这样做能够保证电源安装的绝对稳固，如图 2-20 所示。

图 2-20　安装机箱电源

（2）安装主机部件

①安装 CPU 及其风扇。CPU 类型主要有 Socket、SLOT 等构架类型。安装 Socket 插座的 CPU 及其风扇的安装步骤如下：

- 从包装袋中取出主板，平放到工作台上。主板下面最好垫上一层胶垫，避免在安装 CPU 散热风扇时，损坏主板背面的针脚。

- 在主板上找到安装 CPU 的插座，将插座旁边的手柄轻微向外掰开，同时抬起手柄，此时 CPU 插座会向旁边发生轻微侧移，这表明 CPU 可以插入了。

- 将 CPU 从包装盒中取出，观察 CPU 的四个角中，有一个角的表面上三角形缺角，将 CPU 的缺角对准插座的缺角，将 CPU 轻轻插入 Socket 插座，使每个接脚插到相应的孔里，注意要放到底，但不必用力给 CPU 施压。再压回手柄，卡入手柄定位卡即可，如图 2-21 所示。

- 取出 CPU 风扇，然后将风扇对齐放到 CPU 支架上，使之与涂有散热膏的 CPU 紧密接触，并扣上散热器两边的金属挂扣。
- 接上 CPU 风扇的电源线，一头插到 CPU 的风扇上，一头插到主板的 CPU 风扇电源接口上。

②安装内存条。主板上安装内存的插槽有两种：72 线的 SIMM 槽和 168 线的 DIMM 槽。SIMM 内存目前已基本没有人使用了，目前最常用的一种是 DIMM 槽。

DIMM 内存条底部金手指上的两凹部用于安装时正确对位，两侧的凹部用于安装就位后的卡位。其安装操作如下：

- 将位于内存插槽两侧的卡子用双手向外掰开，并判断内存条插入的方向。
- 将内存条垂直均匀用力插到底，不要使之倾斜，轻轻用力按下内存条。
- 内存条插到位后，插槽两端的卡子会自动卡住内存条，并听到"咔"声。如图 2-22 所示。

图 2-21　安装 CPU　　　　　　　　　　图 2-22　安装内存条

③安装主板。安装主板到机箱底板的操作如下：

- 把主板放在主机箱的底板上，观察对应孔位，利用这些定位圆孔可将主板固定在机箱底板上。
- 根据主板和机箱底板的实际情况，选取 3-4 颗定位金属螺柱旋入机箱底螺柱定位孔中。

主板的固定将直接影响到安装的质量，严重时还会造成短路现象，因此，在固定时，应注意以下问题：

- 注意绝缘。
- 主板必须与底板平行。
- 外部接口要与挡板孔对齐。

主板安装到机箱并拧紧螺丝钉后，将机箱立起来，检查机箱内是否有多余的螺丝钉或其他小杂物，如图 2-23 所示。

④安装接口卡。主板上根据需要可安装各种接口卡，通过这些接口卡完成相应的功能。

在机箱后面板处有一个竖直条形窗口，可把接口卡尾部的金属接口挡板用螺丝固定在条形窗口顶部的螺丝孔上，通过挡板上的接口与外部设备相联。安装 ISA、PCI、AGP 卡的方法大致相同，只是各自均应安装在相应的插槽中，如图 2-24 所示。

图 2-23　安装主板示意

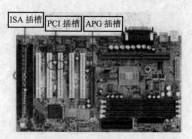

图 2-24　安装接口卡

⑤安装显卡。安装显卡的操作如下：

- 在主板上打到显卡插槽的位置，将显卡插槽的卡子向外掰开，卸下机箱背部对应位置上的挡板。
- 将显卡金手指的那一端对准 PCI-E 插槽，并将显卡输入端对准挡板，再将显卡向下轻按、并用螺丝钉固定在机箱背部对应位置上，如图 2-25 所示。

图 2-25　安装显卡

注：现在的显卡大多数都集成在主板上了，此步骤可以省略。

⑥安装声卡。

安装声卡的方法与安装显卡类似。安装声卡时，先在主板上找到可插入声卡的 PCI 空余插槽卸下机箱上该插槽处的防尘挡板，将声卡插入对应的插槽中，并用螺丝固定即可。

注意：在光驱和声卡之间需要连接一根音频线，通常音频线是 3 芯或者是 4 芯的，其中红色和白色的线用于连接左、右声道，黑色的线是地线，不传输声音，此外，在声卡中还有一个音频线插座。

注：现在的声卡大多数都集成在主板上了，此步骤可以省略。

⑦安装光驱和硬盘。

a）安装光驱的操作如下：

- 先将机箱正面光驱位置的挡板去掉，再将光驱正面向前，接口端面向机箱内，平滑推入机箱内部，如图 2-26 所示。
- 调整光驱的位置，使光驱螺丝孔对准托架上的螺丝孔，分别拧紧机箱两侧的螺丝，固定光驱。

b）安装硬盘的操作如下：

- 用手托住硬盘，正面（有信息内容标签面）朝上，将硬盘对准 3.5 英寸固定架的插槽，轻轻地将硬盘推到适当位置，如图 2-27 所示。
- 调整硬盘的位置，使硬盘螺丝孔对准托架上的螺丝孔，分别拧紧托架两侧的螺丝，固定硬盘。

图 2-26　安装光驱

图 2-27　安装硬盘

⑧连接机箱内部电源线。

a）主板供电线路的连接

主板电源插槽的形状是一个长方形的。目前主板供电的接口主要有 24 针脚和 20 针脚两种，但插法都是一样的。从机箱电源的一把电源线中找到比较宽大的两排共 24 孔电源插头，与主板的供电接口对准并轻缓用力压下，听到"咔"声，电源连接完毕。

b）CPU 供电线路的连接

为使 CPU 更加稳定的工作，主板上均提供一个给 CPU 单独供电的 12V 供电接口，连接比较简单，在机箱电源线中找到此连接线，直接与对应的插座相连接即可。

c）连接光驱的供电接口

在机箱电源线中找一根 PATA 接口类型的电源线，形状是梯形的，对准光驱的电源接口插槽插入即可。

d）连接硬盘的供电接口

在机箱电源线中找一根 SATA 接口类型的电源线，对准硬盘的电源接口插槽插入即可。

⑨连接内部数据线。

a）连接光驱数据线

取出 IDE 数据线，将数据线黑色接头与光驱 IDE 接口相连，再将数据线的蓝色接口端对准主板上的 IDE 插槽，用适当力量按下插入即可。

b）连接 SATA 硬盘数据线

SATA 数据线设计较为合理，一般主板上对应的 SATA 数据线都标有 SATA1 和 SATA2 的标识，在安装时，只需注意数据线接口的凸起方向，一端连接硬盘，一端连接主板上的 SATA 接口即可。

注意：不同品牌的主板在设计插座插针的连接时都有所不同，用户在连接时，一定要参照主板说明书来操作。

⑩连接外部设备。主机组装完成后，还需要把主机和显示器、键盘、鼠标、音箱等部件连接起来，这些部件的连接称为外部连接。

a）连接鼠标键盘

ATX 规范的键盘和鼠标通常都使用 PS/2 接口，键盘接口位于主板的后部，是一个圆形的小孔。键盘插头上有向上的标记，连接时按照此方向插好就行了。注意，键盘和鼠标不能接反，记住靠近主板一侧的是键盘接口，上面是鼠标接口。当前的新型主板上更容易区分键盘与鼠标接口，大多采用统一的红、绿（或蓝）颜色来区分对应，很容易识别。另外，还有 USB 键盘和鼠标，由于使用 USB 接口，不必区分，更加容易连接了。

b）连接显示器

显示器尾部有两根电缆线，一根是信号电缆，其端头为 D 形 15 针插头，用于连接显示卡，另一根是 3 芯显示器电源线，为显示器提供电源。

连接显示器信号线时，将显示器尾部的 D 形 15 针插头拿正端平，对准显示卡尾部的 D 形 15 孔显示信号输出插座平衡插入，最后拧紧插头两端的固定螺丝即可。

注意：不要把针插歪或插断。

c）连接音箱

通常有源音箱接在声卡标注的 Speaker 端口或 Line-out 端口上，无源音箱接在 Speaker 端口上。连接有源音箱时，将有源音箱的直径 3.5mm 双声道插头一端插入机箱后侧声卡的线路输出插孔（标注的 Speaker 端口）中，另一端莲花插头插入有源音箱的输入插孔中。

d）连接主机箱的电源线

机箱的电源风扇旁边有两个插座，下部的一个 3 针电源输入插座就是机箱的电源插座，将电源线的一端插入该插座，另一端插在外部电源插座上。

至此，微机硬件各组成部件基本安装完毕，可进入下一步开机测试。

5．开机测试

（1）通电测试前的检查

在通电之前都应做相应的检查，检查的主要内容有以下几点：

①内存条是否插入良好。

②各个插头插座连接有无错误、接触是否良好。

③接口适配卡与插槽是否接触良好。

④各个电源插头是否插好。

⑤各个驱动器、键盘、鼠标、显示器、音箱的电源线、数据线是否连接良好。

经过最后检查，如果没有问题，才可以通电测试基本系统。

（2）启动检查和测试

打开显示器电源和电脑电源开关，观察电脑的 POST（Power On Self Test）自检过程。如果已正确配置电脑，应当从屏幕上看到一系列测试和检测信息，包括 CPU 主频速度、系统内存、主板信息等内容。

接下来的工作就是安装软件了，包括操作系统和应用软件。安装前可通过设置 BIOS 参数及硬盘初始化处理来配置安装操作系统等软件的参数。

2.4.2　微型计算机系统软件安装

计算机软件分为系统软件和应用软件两大类，系统软件中尤以操作系统最为重要。下面就以 Ghost Windows 7 旗舰版为例，简述 Windows 7 操作系统的安装过程。

Ghost Windows 7 旗舰版的安装分为光盘安装和硬盘安装，以光盘安装为例，其操作步骤如下：

①设置光驱为第一启动项。当重装系统需从光驱启动时，按 Del 进 BIOS 设置，找到 First Boot Device，将其设为 CDROM（光驱启动），方法是用键盘方向键选定 First Boot Device，用

PgUp 或 PgDn 翻页将 HDD-O 改为 CDROM，按 Esc 键，按 F10 键，再按 Y 键，最后按 Enter 键，保存退出。设置好光驱启动后，放入光盘，重启电脑。

②放入 Ghost Windows 7 旗舰版系统光盘，出现如图 2-28 所示的安装 Ghost Windows 7 系统菜单，按"1"选择安装系统到硬盘第一分区。

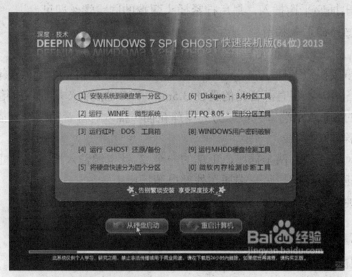

图 2-28　Ghost Windows 7 系统菜单

③电脑会自动进入拷贝系统过程，这个进程大约 3-6 分钟（视电脑配制而定），如图 2-29 所示。

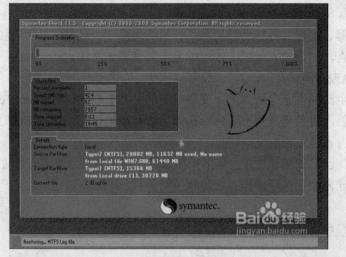

图 2-29　Ghost Windows 7 拷贝系统过程

④系统拷贝完成后，会自动重启，进入安装自动检测过程，并更新系统注册表，如图 2-30 所示。

⑤接着进入自动搜索安装系统驱动过程，这个过程大约 5-8 分钟（视电脑配制而定）。

⑥然后进入自动激活 Windows 7 旗舰版（进入系统就已经激活了），安装完成后系统会自动重启。

图 2-30　安装自动检测过程

到此，从光盘安装 Ghost Windows 7 系统结束。

习题二

一、选择题

1．计算机指令的集合称为（　　）。

　　A．机器语言　　　　B．软件　　　　　　C．程序　　　　　　　　D．计算机语言

2．计算机能直接识别的程序是（　　）。

　　A．源程序　　　　　　　　　　　　B．机器语言程序

　　C．汇编语言程序　　　　　　　　　D．低级语言程序

3．计算机的软件系统分为（　　）。

　　A．程序和数据　　　　　　　　　　B．工具软件和测试软件

　　C．系统软件和应用软件　　　　　　D．系统软件和测试软件

4．在计算机内部，一切信息存取、处理和传送的形式是（　　）。

　　A．ASCII 码　　　　　B．十进制　　　　C．二进制　　　　　　D．十六进制

5．计算机系统由两部分组成，硬件系统和（　　）。

　　A．主机　　　　　　　B．软件系统　　　C．操作系统　　　　　D．应用系统

6．CD-ROM 光盘片的存储容量大约是（　　）。

　　A．100MB　　　　　　B．380MB　　　　C．1．2GB　　　　　　D．650MB

7．裸机指的是（　　）。

　　A．有处理器无存储器　　　　　　　B．有主机无外设

　　C．有硬件无软件　　　　　　　　　D．有主存无辅存

二、填空题

1．计算机的内存通常包括_____、_____和_____三种。

2．总线可以分为_____、_____和_____三种。

3. 微型机的主要技术指标分别是＿＿＿＿＿、＿＿＿＿＿、＿＿＿＿＿、＿＿＿＿＿、＿＿＿＿＿和＿＿＿＿＿。

4. 计算机软件是包括＿＿＿＿＿和＿＿＿＿＿。

5. 计算机语言包括＿＿＿＿＿、＿＿＿＿＿和＿＿＿＿＿。

三、简答题

1. 简述计算机系统的结构组成，各部分的主要功能。

2. 简述冯·诺依曼计算机结构。

3. 简述机器语言、汇编语言和高级语言的优缺点。

4. 语言处理系统有哪几类？他们有什么区别？

5. 简述微型计算机的硬件安装过程。

6. 谈谈你所知道的操作系统的安装方法。

3

Windows 7 操作系统

本章主要讲述计算机操作系统的概念、功能与分类，并以 Windows 7 为例介绍了文件、文件夹概念以及基本操作；控制面板常用功能的使用方法等。

3.1 操作系统简介

3.1.1 操作系统的概念

操作系统（Operating System，简称 OS）是管理计算机硬件资源，控制其他程序运行并为用户提供交互操作界面的系统软件的集合。操作系统是计算机系统的关键组成部分，负责管理与配置内存、决定系统资源供需的优先次序、控制输入与输出设备、操作网络与管理文件系统等基本任务。操作系统的种类很多，各种设备安装的操作系统可从简单到复杂，从手机的嵌入式操作系统到超级计算机的大型操作系统。

3.1.2 操作系统的功能

操作系统是计算机系统的内核与基石，是一个庞大的管理控制程序，大致包括 5 个方面的管理功能：处理器管理、存储管理、设备管理、作业管理、文件管理。

1. 处理器管理

处理器是完成运算和控制的设备。在多道程序运行时，每个程序都需要一个处理器，而一般计算机中只有一个处理器。操作系统的功能之一就是安排好处理器的使用权，也就是说，在每个时刻把处理器分配给哪个程序使用是由操作系统决定的。

2．存储管理

计算机的内存中有成千上万个存储单元，都存放着程序和数据。何处存放哪个程序、放哪个数据，都是由操作系统来统一安排与管理的，这就是操作系统的存储功能。

3．设备管理

计算机系统中配有各种各样的外部设备，操作系统对设备采用统一管理模式，自动处理内存和设备间的数据传递，从而减轻用户为这些设备设计输入输出程序的负担。

4．作业管理

作业是指独立的、要求计算机完成的一个任务。操作系统的作业管理功能是在多道程序运行时，使得各用户合理地共享计算机系统资源。

5．文件管理

计算机系统中的程序或数据都要存放在相应存储介质上。为了便于管理，操作系统将相关的信息集中在一起，称为文件。操作系统的文件管理功能就是负责这些文件的存储、检索、更新、保护和共享。

从操作人员的角度上讲，操作系统的作业管理和文件管理是可见的，而处理器管理、存储管理和设备管理功能是不可见的。

3.1.3　操作系统的分类

目前，计算机常见的操作系统有 UNIX、Linux、Windows、Mac OS 等。所有的操作系统都具有并发性、共享性、虚拟性和不确定性四个基本特征。操作系统种类繁多，很难用单一标准统一分类。

根据操作系统的使用环境和对作业处理方式来考虑，可分为批处理系统（MVX、DOS/VSE）、分时系统（Windows、UNIX、XENIX、Mac OS）、实时系统（iEMX、VRTX、RTOS，RTLinux）。

根据所支持的用户数目，可分为单用户（MS-DOS、OS/2）、多用户系统（UNIX、MVS、Windows）。

根据硬件结构，可分为网络操作系统（Netware、Windows NT）、分布式系统（Amoeba）、多媒体系统（Amiga）等。

3.1.4　常见的操作系统

①DOS 系统是 1981 年由微软公司为 IBM 个人电脑开发的，即 MS-DOS。它是一个单用户单任务的操作系统。在 1985 年到 1995 年间 DOS 占据操作系统的统治地位。

②Windows 是一个为个人电脑和服务器用户设计的操作系统。它的第一个版本由微软公司发行于 1985 年，并最终获得了世界个人电脑操作系统软件的垄断地位。现在的版本有 Windows XP/Windows 2003/Windows 2008/Windows 7/Windows 8 等，这些 Windows 都是完全

独立的操作系统。

③UNIX 是一种分时计算机操作系统，1969 在 AT&TBell 实验室诞生。因其性能优越，大部分重要网络环节都由 Unix 构造，主要应用领域有电信、银行、证券以及大企业客户等。

④Linux 是 UNIX 克隆的操作系统，在源代码上兼容绝大部分 Unix 标准，是一个支持多用户、多进程、多线程、实时性较好且稳定的操作系统；主要版本有：RedHat、SlackWare、SUSE、TurboLinux、Debian、XteamLinux、BluePoint、红旗 Linux 等。

⑤Mac OS 操作系统是美国苹果计算机公司为它的 Macintosh 计算机设计的操作系统，该机型于 1984 年推出，在当时的个人计算机还只是 DOS 枯燥的字符界面的时候，Mac 率先采用了一些至今仍为人称道的技术，比如：GUI 图形用户界面、多媒体应用、鼠标等；Macintosh 计算机在出版、印刷、影视制作和教育等领域有着广泛的应用。目前苹果公司发布的最先进的个人计算机操作系统版本为 Mac OS X。

3.2　Windows 7 操作系统

3.2.1　Windows 简介

Microsoft Windows 是微软公司制作和研发的一套桌面操作系统，它于 1985 年问世，起初仅仅是 MS-DOS 模拟环境，后续的系统版本由于微软不断的更新升级，不但易用，也慢慢的成为人们最喜爱的操作系统。

Windows 采用了图形化模式 GUI，比起从前 DOS 需要键入指令使用的方式更为人性化。随着电脑硬件和软件的不断升级，微软的 Windows 也在不断升级，从架构的 16 位、32 位再到 64 位，系统版本从最初的 Windows 1.0 到大家熟知的 Windows 95、Windows 98、Windows 2000、Windows XP、Windows Vista、Windows 7、Windows 8，微软一直在致力于 Windows 操作系统的开发和完善。

Windows 7 是微软于 2009 年发布的，开始支持触控技术的 Windows 桌面操作系统，它的主要特点包括：

（1）系统运行更加快速

微软在开发 Windows 7 的过程中，始终将性能放在首要的位置。Windows 7 不仅仅在系统启动时间上进行了大幅度的改进，并且连从休眠模式唤醒系统这样的细节也进行了改善，使 Windows 7 成为一款反应更快速，令人感觉清爽的操作系统。

（2）革命性的工具栏设计

Windows 7 中的工具栏上所有的应用程序都不再有文字说明，只剩下一个图标，而且同一个程序的不同窗口将自动群组。鼠标移到图标上时会出现已打开窗口的缩略图，再次点击便会打开该窗口。在任何一个程序图标上单击右键，会出现一个显示相关选项的选单，在这个选单中除了更多的操作选项之外，还增加了一些强化功能，可让用户更轻松地实现精确导航并找到搜索目标。

（3）更个性化的桌面

在 Windows 7 中，用户能对自己的桌面进行更多的操作和个性化设置。首先，在 Windows

Vista 中有的侧边栏被取消，而原来依附在侧边栏中的各种小插件现在可以任用户自由放置在桌面的任何角落，不仅释放了更多的桌面空间，视觉效果也更加直观和个性化。此外，Windows 7 中内置主题包带来的不仅是局部的变化，更是整体风格的统一壁纸、面板色调、甚至系统声音都可以根据用户喜好选择定义。

（4）智能化的窗口缩放

半自动化的窗口缩放是 Windows 7 的另外一项功能。用户把窗口拖到屏幕最上方，窗口就会自动最大化；把已经最大化的窗口往下拖一点，它就会自动还原；把窗口拖到左右边缘，它就会自动变成 50% 宽度，方便用户排列窗口。

（5）丰富的多媒体功能

Windows 7 中强大的综合娱乐平台和媒体库－Windows Media Center，不但可以让用户轻松管理电脑硬盘上的音乐、图片和视频，更是一款可定制的个人电视。只要将电脑与网络连接或是插上一块电视卡，就可以随时随地享受 Windows Media Center 上丰富多彩的互联网视频内容或者高清的地面数字电视节目。同时也可以将 Windows Media Center 与电视连接，给电视屏幕带来全新的使用体验。

3.2.2   Windows 7 的启动和退出

先打开外部设备（如显示器、打印架等）电源，再打开主机电源，已经安装好 Windows 7 的计算机开机后会自动启动，如图 3-1 所示；Windows 7 启动后将出现登录界面，如图 3-2 所示，输入用户名和密码后，系统会自动加载启动项以及设备驱动程序，加载完成后进入系统，如图 3-3 所示。

图 3-1   Windows 7 的启动界面

图 3-2   Windows 7 的登录界面

图 3-3   Windows 7 登录后的界面

退出 Windows 7 的方法有两种：注销和关机。

1．注销

为了便于不同的用户快速登录使用计算机，
Windows 7 提供了注销功能，使用户不必重新启动
计算机就可以实现多用户登录，这样既快捷方便，
又减少了对硬件的损耗。

单击"开始"|"关机"命令，在弹出的列表
（图 3-4）中单击"注销"按钮，即可实现系统的
注销操作。

"切换用户"：Windows 7 具有快速切换用户
的功能，可以真正实现多用户操作。切换用户是
指在不关闭当前登录用户的情况下登录到另一个
用户，用户可以不关闭正在运行的程序，而当再

图 3-4 "关机"列表

次返回时系统会保留原来的状态。系统返回欢迎界面，允许其他用户登录。在其他用户登录的
同时，原先用户的所有应用程序仍然在后台正常运行，不受影响。

"注销"：在 Windows 7 中注销时，系统自动为用户关闭当前正在运行的程序，保存当前
文档。选择"开始"|"关机"命令，在弹出的列表中单击"注销"按钮，即可实现系统的注
销操作。

切换用户与注销功能不同，前者不会退出账户，也不会退出已登录的账户，也不会关闭
打开的应用程序；后者则在关闭所有应用程序后退出已登录的账户。

2．关机

单击"开始"|"关机"命令，Windows 将进入关机状态。

关闭 Windows 7 时，系统会先关闭已经打开的所有进程，保存用户在计算机中变更的设
置，注销系统后再关闭计算机，即我们一般说的关机。

"睡眠"：Windows 7 系统提供了一个新的睡眠模式，当电脑处于睡眠模式时，能耗非常
低；唤醒睡眠状态的系统会非常地迅速，不用等待漫长的开机时间。所以，正确地设置睡眠模
式，不但节能，还可以高效地使用电脑。

"关闭"：在"关机"列表中单击"关闭"按钮，系统自动为用户关闭当前正在运行的程
序，保存当前文档，关闭计算机系统。

"重新启动"：在"关机"列表中单击"重新启动"按钮，系统自动为用户关闭当前正在
运行的程序，保存当前文档，关闭计算机系统，然后再重新启动。

3.2.3 Windows 7 桌面组成

"桌面"就是用户启动计算机并登录到系统后看到的整个屏幕界面，Windows 7 的桌面元
素包括桌面图标和任务栏，如图 3-5 所示。

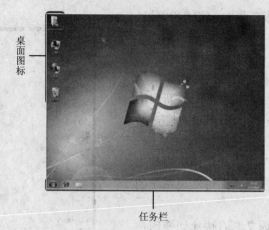

桌面图标

任务栏

图 3-5   Windows 7 桌面

1．桌面图标

图标是具有明确指代含义的计算机图形，桌面图标是软件标识。通过单击或双击图标，可以执行一段命令或打开某种类型的文档。桌面上可以存放用户经常用到的应用程序和文件夹图标，可以根据需要添加各种快捷图标，双击图标就能够快速启动相应的程序或文件。

首次启动 Windows 7 时将在桌面上至少看到一个图标，就是回收站图标。Windows 7 允许用户随时添加或删除桌面上的常用图标，常见的桌面图标如下。

"Administrator"图标：这是 Windows 7 的一个"库"文件。"库"自身不能作为文件夹将数据存放其根目录，它是一个抽象的组织条件，将类型相同的文件目录归为一类。当用户通过"库"访问"视频"、"图片"、"音乐"等条件相同的文件集合时，就会看到用户个人媒体文件夹和系统公用媒体文件夹。

"计算机"图标：双击该图标可打开计算机对硬盘驱动器、文件夹和文件的管理窗口，其中包含一些系统设置图标，如"控制面板"、"打印机"、"拨号网络"、"计划任务"等，可以让用户灵活配置自己的电脑。

"网络"图标：双击该图标可以访问其他计算机上的资源途径，查看工作组中的其他计算机、网络位置及添加网络位置等。

"回收站"图标：在回收站中暂时存放着用户已经删除的文件或文件夹等信息，当用户还没有清空回收站时，可以从中还原删除的文件或文件夹。

"Internet Explorer"图标：用于浏览互联网上的信息，通过双击该图标可以访问 Internet。

2．任务栏

任务栏是位于桌面最下方的水平长条。与桌面不同的是，桌面可以被窗口覆盖，而任务栏几乎始终可见。任务栏主要由"开始"菜单按钮、快速启动栏、应用程序区和通知区域组成，如图 3-6 所示。

"开始"菜单按钮：可打开"开始"菜单，启动大多数的应用程序。

快速启动栏：快速启动栏里面存放的是最常用程序的快捷方式，可以快速启动程序。一般情况下，包括 Internet Explorer 图标、Outlook Express 图标和显示桌面图标等。

图 3-6 任务栏

应用程序区：应用程序区是多任务工作时的主要区域之一。执行应用程序而打开一个窗口后，在任务栏上会出现相应的有立体感的程序按钮。

通知区域：托盘区通过各种小图标形象地显示电脑软硬件的重要信息。

注意：当按钮是向下凹陷时，表明当前程序正在被使用，而把程序窗口最小化后，按钮则是向上凸起的。

3.2.4 窗口的组成

窗口是运行 Windows 应用程序时，系统为用户在桌面上打开的一个矩形工作区域。

一般的应用程序窗口是由标题栏、菜单栏、工具栏、工作区域、状态栏、滚动条和窗口边框等部分组成的，如图 3-7 所示。

图 3-7 窗口组成

1. 标题栏

标题栏通常位于窗口的最上端，从左至右分别是："控制菜单"图标、窗口标题、"最小

化"按钮、"最大化"或"还原"按钮、"关闭"按钮。标题栏
正常显示表示该窗口为当前活动窗口,标题栏反白显示表示该
窗口为非活动窗口。

单击"控制菜单"图标,可以弹出窗口的控制菜单(如图
3-8 所示),其中的选项可以完成对窗口的最大化、最小化、还
原、移动、关闭和改变大小等操作。

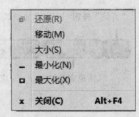

图 3-8　窗口的控制菜单

2．菜单栏

菜单栏分类列出了应用程序的各项命令,用以对选定对象进行具体操作。

3．工具栏

工具栏以工具按钮的形式排列出若干常用命令,单击工具按钮即可执行相关的命令。

4．工作区域

工作区域是窗口中央显示或处理工作对象的区域。

5．滚动条

当工作区域的内容太多而不能全部显示时,窗口将自动出现滚动条,用户可以通过拖动
水平或者垂直的滚动条来查看窗口中所有的内容。

6．状态栏

状态栏位于窗口下方,用以显示相关信息。

7．窗口边框

窗口边框即窗口的边界线,用以调整窗口大小。

有的窗口左侧是链接区域,以超级链接的形式为用户提供了各种操作的便利途径。通常
链接区域包括如下列表,可以通过单击列表中的链接来隐藏或显示其具体内容。

"系统任务"列表:为用户提供常用的操作命令,其名称和内容随所打开窗口的内容而
变化。

"其他位置"列表:以链接的形式为用户提供了计算机上其他位置的快速链接,单击可
以打开所需要的其他文件或界面,例如"我的电脑"、"我的文档"窗口等。

"详细信息"列表:显示了所选对象的大小、类型和其他信息。

3.2.5　获取帮助

有些时候,用户很可能会遇到操作问题;若要解决这些问题,就需要了解如何获得正确
的帮助。

1．使用 Windows 帮助和支持

Windows 帮助和支持是 Windows 的内置帮助系统。在这里可以快速获取常见问题的答案、

疑难解答提示以及操作执行说明。单击"开始"|"帮助和支持",打开 Windows 帮助和支持。

2．获取最新的帮助内容

如果已连接到 Internet,且确保已将 Windows 帮助和支持设置为"联机帮助"。"联机帮助"包括新主题和现有主题的最新版本。

①单击"开始"|"帮助和支持"。

②在 Windows 帮助和支持的工具栏上,单击"选项",然后单击"设置"。

③在"搜索结果"下,选中"使用联机帮助改进搜索结果(推荐)"复选框,然后单击"确定"。当连接到网络时,"帮助和支持"窗口的右下角将显示"联机帮助"一词。

3．搜索帮助

获得帮助的最快方法是在搜索框中键入一个或两个词。例如,若要获得有关无线网络的信息,请键入 Wireless Network,然后按 Enter 键;将出现结果列表,其中最有用的结果显示在顶部。单击其中一个结果以阅读主题。

4．Windows 帮助和支持中的搜索框

单击"浏览帮助"按钮,然后单击出现的主题标题列表中的项目。主题标题可以包含帮助主题或其他主题标题。单击帮助主题将其打开,或单击其他标题更加细化主题列表。

5．从其他 Windows 用户获得帮助

如果无法通过帮助信息来解答问题,则可以尝试从其他 Windows 用户获得帮助。

(1)邀请某人使用"远程协助"提供帮助

如果求助者的朋友或家人是计算机专业人士,则可以邀请他/她使用"远程协助"将其计算机连接到您的计算机。然后他/她就可以查看使用者的计算机屏幕,并就彼此看到的情况与求助者联机交流。得到求助者的许可后,提供帮助者甚至可以远程控制他的计算机,从而允许他/她直接解决问题。

(2)使用 Web 上的资源

Web 包含大量信息,因此很可能会在这些成千上万的网页中找到问题的答案。一般的 Web 搜索就是开始寻找答案的一个好地方。如果使用一般搜索未找到所需要的内容,请考虑搜索主要针对 Windows 或计算机问题的网站。以下是可以查看的三个资源:

①Windows 网站:该网站提供了此版本的 Windows 中所有帮助主题的联机版本,以及教学视频、详细的专栏文章和其他有用信息。

②Microsoft 帮助和支持:可以找到解决常见问题的方法、如何主题、疑难解答步骤和最新下载。

③Microsoft TechNet:该站点包含用于信息技术专业人员的资源和技术内容。

3.3　Windows 的文件管理

文件和文件夹是计算机中比较重要的概念。在 Windows 7 中,几乎所有的任务都要涉及

文件和文件夹的操作，本节将对文件和文件夹的相关内容及操作进行详细的介绍。

3.3.1　文件和文件夹的概念

文件是集文本、数字、图像、声音和影像等信息于一体，用于存储、查询和管理资料的文本文档、电子表格、图片、音像等。文件就是用户赋予了名称并存储在磁盘上的信息集合，它可以是用户创建的文档，也可以是可执行的应用程序或一张图片、一段声音等。

文件夹是系统组织和管理文件的一种形式，是用于存储文件的容器，是为方便用户查找、维护和存储而设置的。用户可以将文件分类存放在不同的文件夹中。在文件夹中可存放所有类型的文件和下一级文件夹、磁盘驱动器及打印队列等内容。

1．文件的命名规则

文件名由主文件名和扩展名组成，它们之间以小数点分隔；格式为：文件名.扩展名。其中主文件名是必须的，扩展名可以省略。文件命名应使用英文字母、数字或下划线等。命名原则一是便于理解每一个文件的意义，二是在使用"按名称排序"的命令时，同一类的文件能够排列在一起，以便于查找。文件命名时应遵循以下规则：

① 在文件或文件夹的名字中，最多可使用 255 个字，字母不区分大小写，用汉字命名，最多可使用 127 个汉字。

② 除第一个字符外，组成文件名或文件夹的字符可以是空格，不能使用下列字符："+"、"*"、"/"、"?"、"""、"<"、">"、"|"。

③ 在同一文件夹中不能有同名的文件和文件夹，名字中可以有多个分隔符。

文件名中的通配符有两个，"*"和"?"，"*"代表任意一串字符，"?"代表任意一个字符。

2．文件的属性

文件属性是文件系统用以识别文件的某种性质的标记。在 Windows 系统中文件和文件夹都包含：存档、隐藏、只读等属性。

① 存档属性：说明文件是最后一次被备份以后改动过的文件，当用户创建一个新的文件时，Windows 系统则为其分配存档属性。

② 隐藏属性：指定文件或文件夹隐藏或显示。

③ 只读属性：文件或文件夹只允许读但不允许修改。

3．文件的路径

路径是指文件和文件夹在计算机系统中具体存放的位置。在"我的电脑"和"资源管理器"等浏览窗口中，路径的形式被表示成树形结构，如图 3-9 所示。完整的文件存储路径如下：

盘符:\文件夹 1\文件夹 2\......\文件名

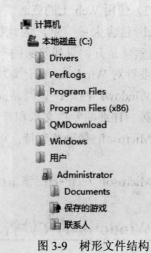

图 3-9　树形文件结构

3.3.2　资源管理器的使用

资源管理器是 Windows 系统提供的资源管理工具，可以用它查看电脑中所有的资源，特别是它提供的树形文件系统结构，使用户能更清楚、更直观地认识电脑的文件和文件夹。在实际的使用功能上资源管理器和"我的电脑"的窗口没有区别，两者都是用来管理系统资源的，也可以说都是用来管理文件的。另外，在资源管理器中还可以对文件进行各种操作，如打开、复制、移动等。

打开资源管理器的方法是：单击"开始"|"程序"|"附件"|"Windows 资源管理器"命令，也可以右击"开始"按钮，然后选择"打开 Windows 资源管理器"，同样可以打开资源管理器窗口，如图 3-10 所示。

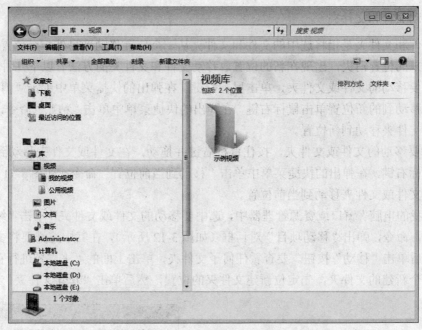

图 3-10　资源管理器窗口

资源管理器窗口包括标题栏、菜单栏、工具栏、左窗格、右窗格和状态栏等几部分。左边的"文件夹"窗格以树形目录的形式显示文件夹，右边的文件夹内容窗格显示左边窗格中所选中文件夹中的内容。

3.3.3　文件和文件夹的选择

在对文件和文件夹进行操作前，先要对文件和文件夹进行选择。

（1）选择单个文件和文件夹

单击所需的文件或文件夹，被选中的文件和文件夹将反相显示。

（2）选择多个文件和文件夹

选择连续的多个文件时，先单击要选择的第一个文件，再按住 Shift 键、同时单击要选择的最后一个文件，这样两个文件之间的所有文件都被选中，选中的文件和文件夹呈反相显示。

选择不连续的多个文件时，先选中要选的第一个文件，再按住 Ctrl 键，然后逐个单击要选择的其他文件。如发现选错了文件，可按住 Ctrl 键不动，用鼠标再次单击选错的文件，即可取消选中该文件。

（3）选择所有文件和文件夹

如果要选择当前文件夹中的所有文件和文件夹，方法有两种：

① 按 Ctrl+A 组合键。

② 单击"编辑"|"全选"命令。

3.3.4   文件和文件夹的基本操作

1．移动文件和文件夹

移动文件和文件夹是指将选中的文件和文件夹从一个位置移动到另外一个位置。移动后，原文件从原来的位置消失，出现在新的位置。移动文件和文件夹的方法有以下几种。

①选中要移动的文件或文件夹，单击鼠标右键，在弹出的快捷菜单中单击"剪切"命令，然后在需要移动到的新位置单击鼠标右键，在弹出的快捷菜单中单击"粘贴"命令，即可将选中的文件或文件夹移动到新位置。

②选中要移动的文件或文件夹，按住鼠标右键并拖动，在文件或文件夹移动到所需的位置后释放鼠标右键，在弹出的快捷菜单中单击"移动到当前位置"命令（如图 3-11 所示），即可将选中的文件或文件夹移动到当前位置。

③在"我的电脑"窗口或资源管理器中，选中要移动的文件或文件夹，单击"编辑"|"移动到文件夹"命令，弹出"移动项目"对话框（如图 3-12 所示），在其中选择要将文件移动到的位置，然后单击"移动"按钮。要查看任何子文件夹，单击上面的"＋"号进行查看。如果要移动到一个新建的文件夹，先定位新建文件夹的位置，然后单击"新建文件夹"按钮。

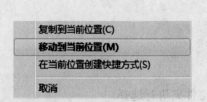

图 3-11   移动和复制命令

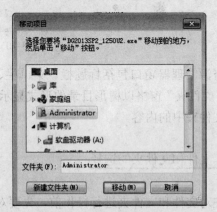

图 3-12   "移动项目"对话框

2．复制文件和文件夹

复制文件和文件夹是指将选中的文件和文件夹从一个位置复制到另外一个位置。复制后，原文件同时在原来的位置和新的位置存在。复制文件和文件夹的方法有以下几种。

①选中要复制的文件或文件夹，单击鼠标右键，在弹出的快捷菜单中单击"复制"命令，然后在需要复制到的新位置单击鼠标右键，在弹出的快捷菜单中单击"粘贴"命令，即可将选中的文件或文件夹复制到新位置。

②选中要复制的文件或文件夹，按下 Ctrl 键，同时按住鼠标左键并拖动，在文件或文件夹移动到所需的位置后释放鼠标左键和 Ctrl 键，即可将选中的文件或文件夹复制到当前位置。

③选中要复制的文件或文件夹，按住鼠标右键并拖动，在文件或文件夹复制到所需的位置后释放鼠标右键，在弹出的快捷菜单中单击"复制到当前位置"命令（如图 3-11 所示），即可将选中的文件或文件夹复制到当前位置。

④在"我的电脑"窗口或资源管理器中，选中要复制的文件或文件夹，单击"编辑"|"复制到文件夹"命令，弹出"复制项目"对话框，在其中选择要将文件复制到的位置，然后单击"复制"按钮。

3．删除文件和文件夹

删除文件和文件夹是指将不需要的文件和文件夹从磁盘上删除掉，分为一般删除和永久删除。一般删除的文件和文件夹并没有从磁盘上删除掉，它们存放在回收站里，在需要的时候可以还原，而永久删除的文件和文件夹则不能从回收站中还原。

删除文件和文件夹的方法通常有以下几种。

① 选中想要删除的文件或文件夹，单击鼠标右键，在弹出的快捷菜单中单击"删除"命令。

② 选中想要删除的文件或文件夹，按 Delete 键。

③ 在"我的电脑"窗口或资源管理器中，选中想要删除的文件或文件夹，单击"文件"|"删除"命令。

④ 选中想要删除的文件或文件夹，同时按 Shift+Delete 组合键。

前 3 种方法属于一般删除，会弹出如图 3-13 的确认对话框。第 4 种方法是永久删除，会弹出如图 3-14 的确认对话框，需谨慎操作。

图 3-13　确认删除　　　　　　　　　　图 3-14　确认永久删除

4．新建文件和文件夹

除了移动、复制、删除已有的文件和文件夹外，用户还可以创建自己的文件和文件夹。大部分应用程序可以创建自己格式的新文件，用户也可以通过在桌面、"我的电脑"窗口或资源管理器中的空白处单击鼠标右键，在弹出的快捷菜单中单击"新建"（如图 3-15 所示）来创建自己的文件和文件夹。

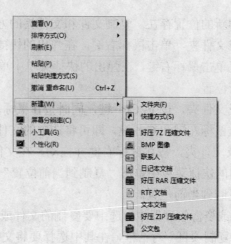

图 3-15 "新建"子菜单

在"新建"子菜单中，上面是"文件夹"和"快捷方式"命令，下面列出了可以创建的常用文件类型。用户根据需要选择相应的命令后，就会出现一个新的文件或文件夹。

5．重命名文件和文件夹

文件名和文件夹名是用户识别、记忆文件和文件夹内容的重要依据，因此给文件和文件夹起一个明确而又容易记忆的名字是非常重要的。用户可以通过对文件和文件夹重命名，来修改不理想的文件和文件夹名称。

重命名文件和文件夹的方法有以下两种。

① 用鼠标右键单击要重新命名的文件或文件夹，然后从弹出的快捷菜单中单击"重命名"命令，输入新的名称，然后按 Enter 键。

② 在"我的电脑"窗口或资源管理器中，选中想要重新命名的文件或文件夹，单击"文件"|"重命名"命令，输入新的名称，然后按 Enter 键。

6．文件和文件夹属性设置

在 Windows 系统中文件和文件夹都包含：存档、隐藏、只读等几个属性。属性对话框中的各复选框带有"√"记号，表示该文件或文件夹具有此种属性。

更改文件或文件夹属性的操作步骤如下。

① 选中要更改属性的文件或文件夹。

② 选择"文件"|"属性"命令，或单击鼠标右键，在弹出的快捷菜单中选择"属性"命令，打开"属性"对话框。

③ 切换到"常规"选项卡，如图 3-16 所示。

④ 在该选项卡的"属性"选项组中选中需要的属性复选框。

⑤ 单击"应用"按钮，如果是对文件夹属性进行更改，将弹出"确认属性更改"对话框，如图 3-17 所示。

⑥ 在该对话框中可选中"仅将更改应用于该文件夹"或"将更改应用于该文件夹、子文件夹和文件"复选框，单击"确定"按钮关闭该对话框。

⑦ 在"常规"选项卡中，单击"确定"按钮，应用设置的属性。

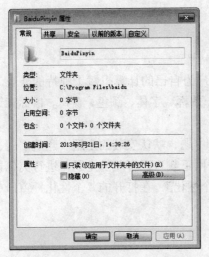

图 3-16　"常规"选项卡

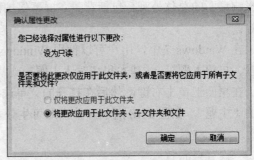

图 3-17　"确认属性更改"对话框

3.4　控制面板的使用

3.4.1　设置显示属性

用户可以根据自己的喜好和需求对系统的显示属性进行个性化的设置，不仅可以增加美感，还有利于保护视力。Windows 7 提供了强大的自定义显示属性的功能，使用户自定义显示属性更加轻松、更显个性。

显示属性的设置主要在"个性化"窗口（如图 3-18 所示）中完成，打开"个性化"窗口的方法是在桌面空白处单击鼠标右键，然后单击"个性化"命令。

图 3-18　"个性化"对话框

3.4.2　更改桌面主题

　　桌面主题是一组预定义的窗口元素，可帮助用户为自己的计算机赋予独特的外观。主题会影响桌面的总体外观，包括背景、屏幕保护程序、图标、字体、颜色、窗口、鼠标指针和声音等。

　　在 Windows 7 中，用户可以使用 WindowsAero 主题、默认安装的主题（建筑主题、风景主题、自然主题等）、基本和高对比主题，或从互联网下载自己喜欢的主题，进行美化设置。

　　在桌面上单击右键，然后在打开的菜单选择"个性化"，在打开的"个性化"窗口单击喜欢的"主题"，如图 3-18 所示，单击即可生效。

3.4.3　设置桌面背景

　　用户可以将桌面背景的图片换成自己喜欢的图片，对桌面背景的设置可以通过"个性化"对话框中的"桌面背景"选项卡（如图 3-19 所示）来完成。

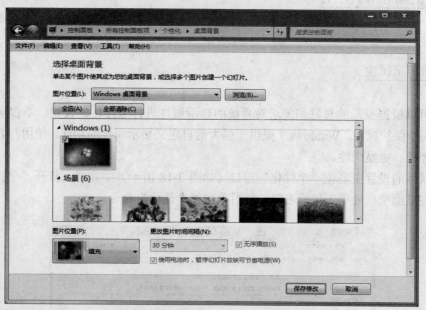

图 3-19　"桌面背景"设置窗口

　　如果要改变桌面的背景图片，可以从"背景"列表框中选择所需的图片文件，或单击"浏览"按钮，在弹出的"浏览"对话框中查找硬盘上的图片文件。选择好图片文件后，可以通过"位置"下拉列表框中的各种选项来调节图片在桌面上的显示方式。

　　"填充"：图片以原文件大小显示在桌面的中央。

　　"适应"：图片以原文件大小铺满整个桌面。

　　"拉伸"：拉伸图片以充满整个桌面。

　　预览效果如果不满意，可以继续修改。满意后单击"保存修改"按钮，所选择的图片就以选定的方式显示在桌面上。

3.4.4　设置屏幕保护

由于长时间静止的 Windows 画面会让电子束持续轰击屏幕的某一处，这样可能会造成对 CRT 显示器的损害，所以使用屏幕保护会阻止电子束过多地停留在一处，从而延长显示器的使用寿命。现在，屏幕保护更多地被用来欣赏或者利用屏幕保护的密码来保证电脑在主人离开时不被他人使用。

如果用户在一段时间既没有按键盘，也没有移动鼠标，Windows 将自动启动屏幕保护程序。设置屏幕保护可以通过"个性化"窗口中的"屏幕保护程序"对话框（如图 3-20 所示）来完成。

图 3-20　"屏幕保护程序设置"对话框

在"屏幕保护程序设置"对话框中可以执行如下操作。

① 在"屏幕保护程序"下拉列表框中选择需要的屏幕保护程序。

② 单击"设置"按钮，对所选中的屏幕保护程序进行相关设置。

③ 单击"预览"按钮，预览选中的屏幕保护程序效果。

④ 单击"等待"微调钮，可以设置屏幕保护所需要的等待时间。

⑤ 如需调整监视器的电源设置并且有节能要求，可以单击"更改电源设置"按钮，在弹出的"电源选项"对话框中进行设置。

3.4.5　调整屏幕分辨率和颜色质量

屏幕分辨率就是屏幕上显示的像素个数，分辨率越高，显示效果就越精细和细腻。常用的屏幕分辨率有 800×600、1024×768、1280×1024 等。

颜色质量是指屏幕上所能显示的颜色数量，数量越多，所显示的图像颜色就越丰富和细腻。常用的颜色质量有中（16 位）、高（24 位）和最高（32 位）。显卡所支持的颜色质量位数越高，显示画面的质量越好。用户可以在如图 3-21 所示的"屏幕分辨率"窗口中设置屏幕分辨率和方向。

注意：用户在进行调整时应当注意显示卡配置是否支持高分辨率，如果盲目调整，则会导致系统无法正常运行。

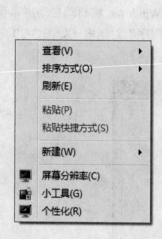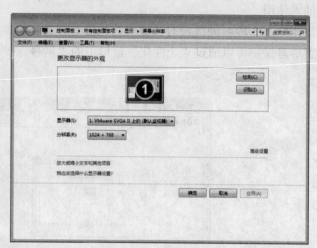

图 3-21　"屏幕分辨率"窗口

刷新频率是指图像在屏幕上更新的速度，也即屏幕上的图像每秒出现的次数，单位是赫兹（Hz）。刷新频率越高，屏幕上图像闪烁感就越小，稳定性也就越高，对视力的保护也越好。在桌面单击右键选择"屏幕分辨率"，在弹出的对话框中可以对显示器外观等进行一些相关的设置，如图 3-22 所示。

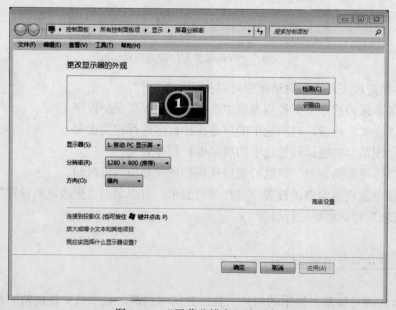

图 3-22　"屏幕分辨率"选项卡

习题三

一、选择题

1. 在 Windows 中，桌面是指（　　）。

  A. 电脑桌

  B. 活动窗口

  C. 资源管理窗口

  D. 用户启动计算机登录到系统后看到的整个屏幕界面

2. 从软件归类来看，Windows 属于（　　）。

  A. 操作系统　　　　B. 应用软件　　　　C. 文字处理软件　　　D. 数据库

3. 操作系统是一种（　　）。

  A. 系统软件

  B. 软件和硬件的统称

  C. 操作者所直接接触的硬件设备的总称

  D. 操作者所用的软件的总称

4. 下面关于 Windows 的叙述中，正确的是（　　）。

  A. Windows 是分时操作系统

  B. Windows 是多用户多任务操作系统

  C. Windows 是单用户单任务操作系统

  D. Windows 是单用户多任务操作系统

5. Windows 的特点包括（　　）。

  A. 图形界面　　　　B. 多任务　　　　　C. 即插即用　　　　　D. 以上都对

二、填空题

1. ＿＿＿＿＿＿＿＿是计算机系统中负责支撑应用程序运行环境以及用户操作环境的系统软件，同时也是计算机系统的核心与基石。

2. Windows 7 是由＿＿＿＿＿＿＿＿公司开发，具有革命性变化的操作系统。

3. Windows 7 有四个默认库，分别是视频、图片、＿＿＿＿＿＿＿＿和音乐。

4. 任务栏主要由＿＿＿＿＿＿＿、＿＿＿＿＿＿＿、＿＿＿＿＿＿＿、＿＿＿＿＿＿＿四个部分组成。

三、简答题

1. 操作系统的概念、功能是什么？

2. 文件、文件夹的定义和区别有哪些？

3. 请你说出常用的操作系统有哪些，分别用在哪些领域？

4. 简述 Windows 操作系统的发展史。

4

Office 2010 办公自动化软件应用

本章采用案例驱动方式介绍 Office 2010 三大组件（Word、Excel、PowerPoint）的使用方法及其协同办公应用。全章介绍五个案例，在"制作高考录取通知书"及"排版毕业设计论文"两个案例中介绍了 Word 中的基本排版、图文混排、邮件合并、样式、页眉页脚、目录和题注等内容；在"成绩管理"案例中介绍了 Excel 中的美化工作表、公式与函数、使用图表、分析数据等内容；在"制作毕业设计答辩演示文稿"案例中讲解了 PowerPoint 中的幻灯片制作规范、幻灯片美化、幻灯片多媒体效果设置以及幻灯片的放映设置。最后在"制作成绩分析报告"案例中讲解了 Word、Excel 及 PowerPoint 在日常办公中的协同办公操作，以提高办公效率。另外每部分均有相应的拓展练习供学生课下实践学习。

4.1 Word 2010 文字处理——案例 1：制作高考录取通知书

4.1.1 Word 2010 概述

Office 2010 是微软推出的新一代办公软件，其拥有的强大功能几乎涉及了电脑办公的各个领域，主要包括 Word、Excel、PowerPoint、Access 和 Outlook 等多个实用组件，用于制作具有专业水准的文档、电子表格、演示文稿以及进行数据库的管理和邮件的收发等操作。

Word 2010 是 Office 2010 组件之一，专注于文字处理，Word 2010 版本与以往的版本相比，不仅在功能上进行了改进，软件工作界面也发生了很大改变，其工作界面如图 4-1 所示。

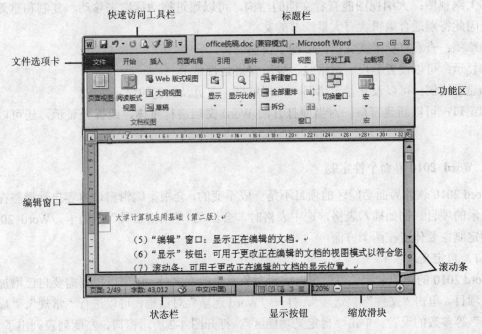

图 4-1　Word 2010 工作界面

1. Word 2010 工作界面

①标题栏：显示正在编辑的文档的文件名以及所使用的软件名。

②"文件"选项卡：基本命令，如"新建"、"打开"、"关闭"、"另存为..."和"打印"位于此处。

③快速访问工具栏：常用命令区域，例如"保存"和"撤消"。也可以添加或删除个人常用命令。

④功能区：工作时需要用到的命令区域。它与其他软件中的"菜单"或"工具栏"相同。

⑤"编辑"窗口：显示正在编辑的文档。

⑥"显示"按钮：可用于更改正在编辑的文档的视图模式以符合用户的要求。

⑦滚动条：可用于更改正在编辑的文档的显示位置。

⑧缩放滑块：可用于更改正在编辑的文档的显示比例设置。

⑨状态栏：显示正在编辑的文档的相关信息。

2. 文档的视图方式

单击"视图"选项卡，在视图功能区下可以查看文档视图、显示、显示比例、窗口等项目。Word 2010 提供了多种文档视图方式，用户可以用最适合自己的视图方式来显示文档。

①普通视图：在普通视图中可以输入、编辑和设置文本格式。

②Web 版式视图：Web 版式可以预览具有网页效果的文本。

③页面视图：页面视图适用于总览整个文章的总体效果。

④阅读版式：该视图方式最适合阅读长篇文章，阅读版式将原来的文章编辑区缩小，而文字大小保持不变。

⑤大纲视图：大纲视图能查看文档的结构，可以通过拖动标题来移动、复制和重新组织文本，因此特别适合编辑含有大量章节的文档。

⑥草稿：查看草稿形式文档，以便于快速编辑。

⑦显示：可以设置标尺、网格线、导航窗格是否显示。

⑧显示比例：可以设置显示比例，文档单页、双页及页宽的显示情况。

⑨窗口：可以新建窗口，对当前打开的 Word 文档进行重排，或拆分显示，还可以切换窗口。

3．Word 2010 界面个性定制

Word 2010 软件界面功能区的项目不是一成不变的，会根据编辑窗口内容自动调整在功能区中显示的项目。例如插入表格，选中表格时，会出现 "表格工具" 选项卡。Word 2010 界面个性定制主要体现在两个方面：

（1）自定义选项卡

Word 2010 的选项卡除了可以根据编辑对象发生改变之外，还可以根据需要自己增加或删除相关项目。单击 "文件" ｜ "选项"，打开 "Word 选项" 对话框，可以进行 "常规"、"显示"、"保存" 等参数的设置。单击 "自定义功能区"，打开图 4-2 所示窗口，左侧列表列出了 Word 2010 的所有命令项目，右侧为自定义功能区，可以进行的操作包括：通过勾选复选框确定主选项卡要显示的项目。通过 "新建选项卡" ｜ "新建组"，设计用户自定义的功能选项。如果认为选项卡功能区设置不合理，可以通过 "重置" 来恢复系统的初始功能选项卡项目。

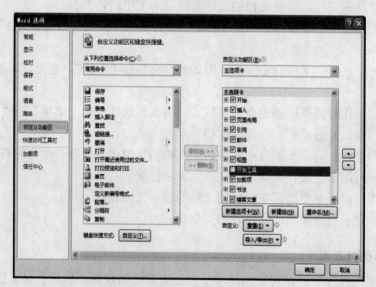

图 4-2　Word 自定义功能区设置

（2）自定义快速访问工具栏

在 "Word 选项" 对话框中单击 "快速访问工具栏"，弹出如图 4-3 所示对话框，左侧列表列出了 Word 2010 的所有命令项目，右侧为自定义快速访问工具栏项目，用户可以将左侧命令添加到右侧区域，也可以将右侧命令删除，已达到用户需求。设置好的命令将在 Word 2010 界面快速访问工具栏位置显示，方便用户快速操作。

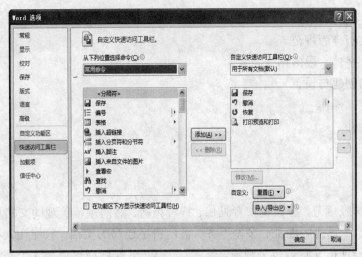

图 4-3　快速访问工具栏设置

4.1.2　案例说明与分析

高考录取通知书是经高校招生录取、省教育主管部门批准录取的考生，由高校统一发放表示同意该考生进入该校就读的一种通知文书。

当前的高考录取通知书一般具有海报样式的美观折页封皮，折页内部为通知书内容，通常有录取人的姓名、身份证号、录取专业、报到注册时间、加盖录取高校公章，还须注明"该校是教育部批准的具有高等学历教育招生资格的普通高等学校"字样。另外录取通知书内部会附有一份"报名须知"，对报名的时间、地点、携带资料、手续办理、注意事项等内容进行详细说明。录取通知书需要邮寄给被录取的众多考生。因此要发送多个邮件，此时可以把录取高考生信息列表导出制作成 Excel 或 Word 表格形式的数据源，然后利用 Word 邮件合并功能，一次生成所有邮件，提高工作效率。本案例的排版效果如图 4-4 所示。

图 4-4　"高考录取通知书"样图

本案例涉及主要知识点：

（1）常规文档排版规范

（2）页面、字体、段落格式设置

（3）表格的创建与设置

（4）图文混排操作

（5）邮件合并

4.1.3 排版规范

关于文档的排版规范，应该说仁者见仁、智者见智。然而规范美观的文档总能让读者感觉心情舒畅，相反当一篇排版混乱、参差不齐、甚至错字连篇的文档，只能让人心生反感。那么到底如何排版才能使得文章规范美观呢，笔者认为 Word 排版应该遵循 3 个基本原则：页面规范、格式齐整、颜色协调。

1．页面规范

不同类型的文档根据其功能及使用环境，都应该有相应的页面要求，因而排版规范的第一步就是要设置页面，包括纸张大小、页边距、页面方向以及每页要显示的行数，每行要显示的字数。这样做的好处是一方面保证文档的严谨性，另一方面避免排版好的文档，尤其是表格等元素，因为版面改变而造成整体混乱。

2．格式齐整

很多 Word 初学者，对于文档内容的对齐及缩进非常不重视，主要表现为：同一段落内（或者文本框段落内）字体不同、字号不一；段落左右缩进参差不齐；首行缩进 2 个字符可有可无，可多可少；加入没必要的空行等。诸如此类问题非常普遍，而这些内容又是基本的文档排版素养，也是学习文档排版的基本功，必须得到重视，否则排版出来的文档必然是不符合人们的审美习惯，不被大家接受。

3．颜色协调

Word 可以制作海报类图文混排作品。此时文档中的颜色使用尤其重要。初学者容易选取靓丽的图片作为背景，这样做的后果是背景喧宾夺主，造成页面文字看不清，非常影响视觉效果。通常在使用图片或色彩时，应该遵循背景浅淡，不影响主文档内容为宜，另外页面整体色彩要协调，不易过多过杂。

其实排版没有什么奥秘，重要的是养成良好的排版习惯，每次进行文档编辑排版时都要注意规范，久而久之排版技术一定会突飞猛进，文档排版素养的养成势必为以后的工作带来很多便利。

4.1.4 基本编辑

Word 基本操作，包括文档的创建、编辑、保存、打印和保护，另外还包括字体和段落格式设置、内容查找替换、调整页面布局等。目前高校入学新生都有一定的计算机操作基础，因此在本教材中，类似新建、文字录入、保存等基本操作不再占用篇幅赘述，而是以案例为主线向学生介绍办公软件的常用使用习惯，以及比较重要的、可以提高工作效率的高级操作。

1．案例操作步骤-1 基本编辑

（1）新建文档并输入文本

制作"入学须知"，首先需要新建一个 Word 文档，并且对其进行页面设置，包括纸张大小、方向、页边距等参数设置，然后再在其中输入"入学须知"的文本内容（除表格外），具体的操作方法如下。

Step1：新建文档。单击"开始"|"所有程序"|"Microsoft Office"|"Microsoft Word 2010"，新建一份默认名为"文档 1"的 Word 文档。

Step2：页面布局设置。单击"页面布局"|"页面设置"，快速设置页边距、纸张方向、纸张大小，如果有特殊页面设置需求，可以单击"页面设置"分组右下角的启动器"■"打开"页面设置对话框"进行相应的设置。此处对案例进行如下参数设置：A4 纸、纵向、上下左右页边距均为 2cm、装订线左侧 0.3cm。

Step3：设置页面背景。单击"页面布局"|"页面背景"|"水印"|"自定义水印"，弹出"水印"对话框，单击"文字水印"单选按钮，在"文字"位置填入"北华航天工业学院入学须知"，单击"确定"完成水印设置。

Step4：输入文本。根据"高考录取通知书"样文输入"入学须知"的文字内容。

Step5：保存。单击"新建"|"保存"，打开"保存"对话框，在"保存位置"选择保存路径，在"文件名"位置填入"高考录取通知书"，"保存类型"选择"word 文件（.docx）"文件。如果需要为文件设置密码，则单击左下角"工具"|"常规选项"设置文档的打开密码及编辑密码，进行文件保护。

（2）设置字体段落格式

编辑文档时，通常的做法是首先在编辑的过程中对相应的内容进行简单设置。比如首行缩进，文本对齐等。然后文档完成后可以进行总体格式的设置，包括各级标题、正文、图片等，力求文档排版规范、符合常规排版要求，外观整齐美观大方。当然根据文档的性质不同，排版的要求也要有所区别，在此不做过多介绍。本案例的字体段落格式设置步骤如下：

Step1：设置标题格式。选中标题文本"入学须知"，单击"开始"选项卡，在"字体"和"段落"功能区面板上设置标题文字为小二号、黑体、居中。

Step2：设置正文格式。对于常用的字体、段落格式设置可以在快捷面板上完成，但是对于复杂的格式就需要打开"字体"对话框和"段落"对话框进行设置。选择正文部分，单击"开始"|"字体"右下角的启动器，打开"字体"设置对话框。设置中文：宋体；西文：times new roman；字号：小四；颜色：黑色。

Step3：设置段落格式。单击"开始"|"段落"右下角的启动器打开"段落"设置对话框。段落设置：对齐方式为左对齐、大纲级别为正文，特殊格式为首行缩进 2 个字符、段前段后 0 行、行距为固定值 20 磅。

2．操作技能与要点

（1）页面布局

"页面布局"功能区可以进行页面设置、分栏、页面背景、段落缩进等内容设置。

1）页面设置

文档版面，通常有版心、页边距、页眉、页脚、装订线等项目组成，具体如图4-5所示。

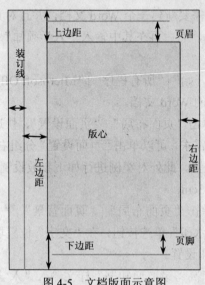

图4-5　文档版面示意图

版心：页面四周除去空白的区域。

上边距：版心到页面顶端的距离，又称为天头。

下边距：版心到页面底端的距离，又称为地脚。

页眉：位于上边距内，可插入文本和图片，常用于显示文档的附加信息，如公司徽标、文档标题、作者、时间、页码等。

页脚：位于下边距内，是文档中每个页面底部区域。同页眉一样，页脚常用于显示文档的页码等附加信息。

订口（装订线）：书籍装订处到页边距的空白。

①常规设置。常规页面设置，可以通过单击"页面布局"|"页面设置"功能区下的文字方向、页边距、纸张方向及纸张大小项目进行设置。

②自定义设置。对于页眉、页脚、装订线、版心行数、每行文字数等非常规项目的设置，需要单击"页面设置"分组右下角的启动器，打开"页面设置"对话框，如图4-6所示，在"页边距"选项卡下可以设置页边距、纸张方向、页码范围等项目；在"纸型"选项卡下可以设置纸型、纸张来源等项目；在"版式"选项卡下可以设置节开始位置、页眉页脚边距等项目；文档网格选项卡可以设置文字排列、网格、字符数、行数等项目。

③分栏。单击"页面布局"|"页面设置"|"分栏"可以在下拉列表中选择分栏样式，也可以单击"更多分栏"，弹出如图4-7所示对话框，进行自定义分栏样式设置。

2）页面背景

页面背景包含水印、页面颜色及页面边框的设置。

①水印。水印指在不影响阅读和观看的情况下置于文档底层的虚影，一般设置适当的文字或图片水印背景来提示文档的机密性或进行产权声明。比如我们常见标有"机密"字样的水印文档。具体操作方法为单击"页面布局"|"页面背景"|"水印"，可以在下拉菜单中选择一种内置"机密"水印样式，也可以单击"自定义水印"，打开"自定义水印"对话框，进行无水印、图片水印、文字水印等多种类型的水印设置。

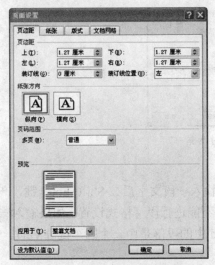

图 4-6　"页面设置"对话框

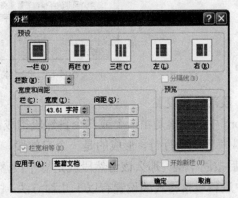

图 4-7　"分栏"对话框

②页面颜色。页面颜色项目可以为文档添加纯色背景，或无水印效果的图片背景。具体操作方法为单击"页面布局"|"页面背景"|"页面颜色"，可以在下拉列表中选择一种纯色作为背景，如果都不符合要求，可以单击"页面颜色"|"填充效果"，弹出"页面填充"对话框，对文档进行渐变、文理、图案、图片四种方式的页面背景设置。

③页面边框。页面边框即给文档的部分文字或整篇文档加边框或底纹。单击"页面边框"弹出"页面设置"对话框，"边框"选项卡可以设置选中文字或段落的边框；"页面边框"可以设置整篇文章或对应章节的页面边框样式。"底纹"设置选中文字或段落的底纹颜色。

（2）字体段落格式设置

1）字符格式设置

①字符格式设置的含义。字符格式设置是指用户对字符的屏幕显示和打印输出形式的设定，包括字符的字体、字号、字型，字符的颜色、下划线和着重号，字符的阴影、空心、上标和下标，字符间距和字符的动态效果等。

②设置字符格式。字符格式设置通常有三种方法：

方法一、单击"开始"|"字体"功能区，进行快捷设置。

方法二、单击"字体"功能区右下角的启动器按钮打开"字体"设置对话框，如图 4-8 所示。在"字体"选项卡下可以设置文字字体、字形、字号、字体颜色等基础效果设置。在"高级"选项卡下可以进行字符间距、缩放和位置等项目的设置。

方法三、用"格式刷"复制字符格式。当一段文本应用了多种格式（如字体、字号、颜色等）之后，如果其他文本也要设置同样的格式，最好的方法就是使用格式刷。单击或双击"开始"|"剪贴板"|"格式刷"按钮，可一次或多次使用格式刷。

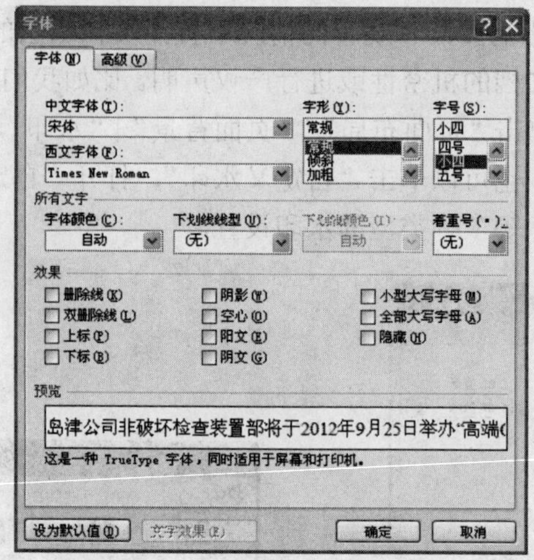

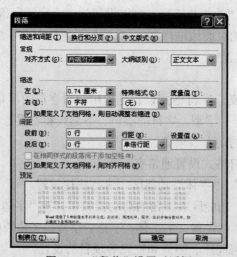

图 4-8 "字体"设置对话框

2）段落格式设置

Word 中的段落是由一个或几个自然段构成的。在输入一段文字后按 Shift+Enter 键，产生一个"↓"手动换行符，形成的是一个自然段，自然段不能进行段落格式设置。如果输入一个自然段后按回车键，那么该自然段就是一个段落。Word 中的段落是由一个回车键分割的。 在 Word 中进行段落格式的设置有以下几种方法：

方法一，在"段落"功能区进行快速设置。在"开始"选项卡中的"段落"功能区进行段落对齐方式、填充色、边框、增大缩小缩进量等常规操作。

方法二，对于段落的精确设置，单击"段落"功能区启动器按钮，打开"段落"设置对话框，如图 4-9 所示。"缩进和间距"选项卡设置对齐方式、大纲级别、缩进、特殊格式、段前段后间距、行距等项目；"换行和分页"选项卡设置分页及格式设置例外项；"中文版式"选项卡设置换行规则和字符间距规则。

图 4-9 "段落"设置对话框

方法三，使用"标尺"进行粗略设置。如图 4-10 所示，选中对应段落，利用鼠标拖动标尺上的滑块来进行段落的首行缩进、左缩进、右缩进、以及悬挂缩进设置。

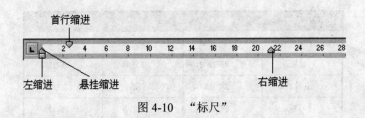

首行缩进

左缩进　　悬挂缩进　　　　　　　　　右缩进

图 4-10　"标尺"

方法四，用"格式刷"复制段落格式。当文档段落应用了多种格式（如对齐方式、行距等）之后，选中设置好格式的段落。单击或双击"开始"|"剪贴板"功能区的"格式刷"按钮，可一次或多次使用格式刷，进行段落格式设置。

4.1.5　表格操作

Word 2010 提供的强大的表格处理功能，包括创建编辑表格、表格文本转换、公式计算等内容，本案例中创建了一个"各系联系电话"的表格。

1．案例操作步骤−2　创建表格

Step1：新建表格。单击"插入"|"表格"，在下拉列表中选择 4×6 表格插入。

Step2：文字编辑。在表格中输入案例中的文字。要求：列标题为黑色小四号黑体，其余文字为小四号宋体。选中表格中所有文字，功能区位置出现"表格工具"选项卡，单击"表格工具"|"布局"|"对齐方式"|"水平居中"，则表格文字全部中部对齐（左右上下均居中）。

Step3：表格对齐。单击表格全选按钮"⊞"，然后单击"开始"|"段落"|"居中"，则表格居中对齐。

Step4：设置行高列宽。鼠标右击表格全选按钮"⊞"，在弹出式快捷菜单中单击"表格属性"，打开"表格属性"对话框，在"行"选项卡下设置各行行高固定值 0.8cm，在"列"选项卡下设置各列列宽 3.5cm。

Step5：边框底纹。选择整个表格，单击"表格工具"|"设计"|"表格样式选项"功能区，勾选"标题行"复选框，其余各项不勾选。在"表格样式"功能区选择"浅色列表-强调文字颜色 5"。然后单击"表格样式"|"边框"|"边框的底纹"，如图 4-11 所示。设置外边框为黑色双线，内边框为浅蓝色单线，最终表格设置效果如图 4-12 所示。

图 4-11　"边框和底纹"预览样式

学院	联系电话	学院	联系电话
学校招生办	2871253	会计系	2871266
机械系	2871262	文法系	2871235
计算机系	2871263	英语系	2871141
材料系	2871255	管理系	2871267
电子系	2871257	建工系	2871250

图 4-12　表格设置效果图

2．操作技能与要点

（1）创建表格

创建表格时，单击"插入"|"表格"，弹出如图 4-13 所示下拉列表。可以选择如下方式新建表格：

①在"插入表格"位置通过鼠标拖动，可以创建 M×N 列的表格。

②单击"插入表格"按钮，打开插入表格对话框，用户可以设置行列数进行表格创建。

③单击"绘制表格"，启动表格绘制笔""，用户可以自由绘制自己需要的不规则表格。

④选中一段文本，单击"文本转换成表格"来创建表格。

⑤单击"Excel 电子表格"，可以插入一个 Excel 对象表格。此时新建的表格在 Excel 环境中编辑，具有 Excel 表格的相关属性。方便于 Word 与 Excel 的协同办公。

图 4-13　插入表格

⑥单击"快速表格"可以创建一个系统默认样式的表格，后期可根据需要对其进行修改操作，以达到用户需求。

（2）表格基本编辑操作

1）选定表格

Word 2010 提供了多种表格对象选定方法，详细如表 4-1 所示。

表 4-1　表格对象选择方法

选定整个表格	单击表格右上角的⊞；或者单击"表格"|"布局"|"表"|"选择"|"选择表格"
选定一行	鼠标单击该行左侧外部空白选定区；或者单击对应行的某一单元格，然后单击"选择"|"选择该行"
选定一列	鼠标单击该列上边的列选标记"↓"；或者单击对应列的某一单元格，然后单击"选择"|"选择该列"
选择多个单元格、多行或多列	拖动鼠标选定多个单元格、行或列。注意选择行时，一定要选中表格外侧的回车键，否则仅仅选中表格文本，未选中整行或整列，部分表格操作无法进行，比如删除行等

2）插入或删除行、列、单元格

选定一个单元格，单击"表格工具"|"布局"|"行和列"，可以在选定单元格的上方或下

方插入一行；也可以在选定单元格的左侧或右侧插入一列。多行多列操作方法一致，只是要选择对应的多个单元格或者对应的多行多列即可。

选定整行或整列，鼠标右击在弹出的快捷菜单上可以删除行或列。选定一个或多个单元格，如果单击"表格工具"|"布局"|"行和列"|"删除"可以删除选定单元格对应的行、列、单元格或整个表格。

3）设置行高列宽

①使用表格中行、列边界线。使用表格中行、列边界线可以粗略调整行高、列宽。当鼠标移过单元格的左右边界线时，指针变为带有水平箭头的双竖线状，单击鼠标并左右拖动，会减小或增加列宽，并且同时调整相邻列的宽度；若先按下 Shift 键，再单击鼠标左右拖动，也会减小或增加列宽，但只会影响整个表格的宽度，对相邻单元格的宽度无影响。行高的操作方法与列宽的调整方法一致。

②使用"表格属性"对话框。表格中各行的行高、各列的列宽、单元格的边距等有关表格属性调整均可以通过"表格属性"对话框实现。方法是选中整个表格，鼠标右击弹出快捷菜单，单击"表格属性"，如图 4-14 所示，可以进行行高和列宽设置。

4）合并拆分单元格

不规则的表格，可以通过规则表格生成：将多个连续的单元格合并成一个大的单元格，即单元格的合并；将大的单元格分成若干个小的单元格，即单元格的拆分。

①单元格的合并。选择要合并的多个单元格，鼠标右击弹出快捷菜单，单击"合并单元格"命令，或单击"表格工具"|"布局"|"合并"|"合并单元格"按钮，如图 4-15 所示，即可将选定的单元格合并为一个单元格。

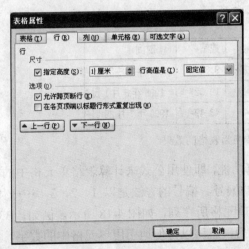

图 4-14　"表格属性"对话框　　　　　　　图 4-15　表格合并功能区

②单元格的拆分。选定需要拆分的单元格，鼠标右击弹出快捷菜单单击 "拆分单元格"命令，或单击"表格工具"|"布局"|"合并"|"拆分单元格"命令，实现单元格的拆分。

5）表格格式化

选中表格，单击"表格工具"|"设计"，可以在"表格样式"功能区选择一种内置的样式，如图 4-16 所示，然后根据需要修改底纹和边框已达到需要的表格样式。

①底纹。选中表格对应区域，单击图 4-16 中的"底纹"按钮，设置填充底纹颜色。

②边框。单击图 4-16 中的"边框"按钮可以设置表格边框。也可以鼠标右击表格，在弹出式快捷菜单中单击"边框和底纹"，弹出对话框，选择边框线样式、颜色、宽度等属性，然后在预览图中单击对应的边线位置完成边框设置。

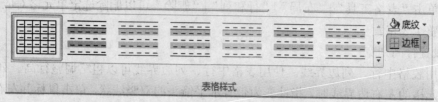

图 4-16　"表格样式"功能区

6）表格其他操作

①文本表格的相互转化。在 Word 中，文本可以转为表格，表格也可以转为文本，但转为表格的文本必须含有一种制表符（如逗号、空格、制表符等）。

【例】将用制表位分隔的文本转换为表格（同一行的各项间用制表符分隔）。

项目	姓名	国家	成绩	时间
100 米	贝利	加拿大	9.84	1996 年 7 月 27 日
200 米	迈克尔-约翰逊	美国	19.32	1996 年 8 月 1 日
400 米	迈克尔-约翰逊	美国	43.49	1996 年 7 月 29 日

操作方法如下：

选定待转换的文本，单击"插入"|"表格"|"文字转换成表格"命令，打开"将文字转换成表格"对话框。根据所选择的内容，系统自动指定相关参数，单击"确定"按钮，即可将上述文本转换成表格，转换后表格样式如图 4-17 所示。

项目	姓名	国家	成绩	时间
100 米	贝利	加拿大	9.84	1996 年 7 月 27 日
200 米	迈克尔-约翰逊	美国	19.32	1996 年 8 月 1 日
400 米	迈克尔-约翰逊	美国	43.49	1996 年 7 月 29 日

图 4-17　文本转换为表格的效果

②表格计算。Word 提供了简单的表格计算功能，即使用公式来计算表格单元格中的数值。Word 表格中的每个单元格都对应着一个唯一的编号。编号的方法是以 1，2，3，……代表单元格所在的行，以字母 A，B，C，D……代表单元格所在列，如图 4-18 所示。例如，B3 代表第三行第二列中的单元格。系统为单元格编号后，就可以方便地引用单元格中的数字。

Word 表格的计算功能可以由"插入"|"表格"|"布局"|"公式"命令实现。同时，Word 提供了一些常用函数可以在公式中引用，常用的函数有以下 4 个：

SUM——求和；　　　　　　MAX——求最大值；

MIN——求最小值；　　　　AVERAGE——求平均值。

常用的参数有：

ABOVE——插入点上方各数值单元格。

LEFT——插入点左侧各数值单元格。

例如：SUM(ABOVE)表示求插入点以上各数值之和。

图 4-18　Word 表格中单元格的默认编号

4.1.6　图文混排

　　Word 2010 图文混排适合于日常生活中制作海报、卡片、报纸等宣传、娱乐性的文稿。对于 Word 图文混排技巧缺乏或艺术设计美感欠缺的初学者来说，应用 Word 的图文操作，经常存在色彩泛滥、布局混乱的情况，也就是设计作品缺乏整体美感。此处简要说一下设计一份图文混排作品必需经过几个必要的步骤：

　　首先需要明确作品的主题。也就是说想要表现什么样的中心思想。

　　其次在主题明确的情况下，对作品的外观进行整体的布局设计。哪里需要图片、哪里需要文字、哪里需要艺术字，哪里需要表格等。并且把布局思想体现在书面上，呈现自己的设计思路。

　　再次是要搜集素材，通过网络、书籍寻求适应于主题和布局的素材。同时需要掌握简单的图片处理软件对相关素材进行处理。

　　最后所有的准备工作完成，将我们的设计思想落实到 Word 编辑环境当中。通过 Word 图文混排技巧完成一份完美的 Word 图文混排作品。

　　本案例完成了"高考录取通知书"的封面设计。案例作品为折页方式，左侧包含联系方式文本框、北华航天工业学院教八图片、信鸽图片，蕴含理想大学飞鸽传书传喜讯之意。右侧包含了学校校徽、学校中英文名称，以及校训石和通知书发放部门文本框。整体色彩科技蓝，清新淡雅沁人心脾。

1．案例操作步骤-3 图文混排

　　Step1：插入分节符。将光标定位于"入学须知"的尾部。单击"页面布局"|"分隔符"|"分节符"|"下一页"（注：插入分节符，将文档分割为不同的节，每一节可以设置不同的页面大小、不同的页眉页脚等）。页面出现新的一页用来设计封面，再插入一个分页分节符增加一页用来设计录取知书。

　　Step2：设置页面。重新设置"封面"的页面大小。纸张：高 21cm*宽 15cm、横向、上下左右页边距为 0cm。

　　Step3：背景图形设置。单击"插入"|"插图"|"形状"|"矩形"，在页面上拖出一个矩形，设置高 15cm，宽 21cm 覆盖整个页面。选定矩形，单击"绘图工具"|"格式"|"形状填充"|"渐变填充"|"其他渐变"，打开"设置形状格式"对话框，如图 4-19 所示（也可以鼠标右击图片，在快捷菜单上单击"设置图形格式"打开对话框），在对话框中单击"填充"|

"渐变填充"项目，"类型"选择射线，"方向"选择中心辐射，"渐变光圈"设置三个颜色卡，"颜色"分别为白色、浅蓝、蓝色。"亮度"均设置为 0%，"透明度"均设置为 0%，完成颜色填充设置。然后单击"线条颜色"按钮，设置为"无颜色"。接着单击"绘图工具"|"格式"|"排列"，将图片层次设置为"置于底层"。

图 4-19　渐变填充设置

Step4：插入编辑文本框。单击"插入"|"文本"|"文本框"|"绘制文本框"，在左上角拖出一个文本框，输入"联系方式"的相关文本。选中所有文字，单击 "绘图工具"|"格式"|"艺术字样式"，设置文本填充为白色，设置合适的"文本效果"，如阴影、映像、发光等。

Step5：插入编辑图片。单击"插入"|"插图"|"图片"选择"信鸽.png"插入。设置图片大小为 3.5cm*3.5cm，为图片选择合适的"映像效果"，拖动到合适的位置，将图片置为"浮于文本上层"。以此方法分别按照案例样图，将"教八.png"、"花边.png"及"校徽.png"插入到文档当中，并进行美化效果设置。

Step6：艺术字设置。单击"插入"|"文本"|"艺术字"，选择一种合适的艺术字样式，填入"北华航天工业学院"的中英名称，选中艺术字，单击"绘图工具"|"格式"|"艺术字样式"|"文本效果"，设置合适的文本效果，诸如背景、映像、发光等。另外此处设置文本的"转换"效果，使其具有一定的弧度。接下来用相同方法插入"录取通知书"艺术字，完成效果如图 4-20 所示。

Step7：自选图形设置。单击"插入"|"插图"|"形状"|"任意多边形"，鼠标变成鼠标笔，画一个不规则的多边形。设置多边形形状填充为图片"校训石"，形状边框为"无"，图片效果设置柔化边缘25磅，最终效果如图 4-21 所示，然后将图片拖动到合适位置。

图 4-20　艺术字设置效果

图 4-21　校训石图片处理效果

Step8：图文混排综合设置，单击"开始"|"选择"|"选择窗格"打开"选择和可见性"任务栏窗格，在此处可以通过单击上下三角按钮调整对象的层次、双击对象名称改名字，单击眼睛图形设置是否可见，本案例设置完成后，在"选择和可见性"任务栏中显示的效果如图 4-22 所示，另外进行图文混排操作过程中一般将"选择和可见性"任务栏一直处于打开状态，以便于多个图文对象的排版。

图 4-22　"选择和可见性"任务栏

2. 操作技能要点

Word 2010 图文混排操作，主要包含各种图文对象，如图片、剪贴画、自选图形、艺术字、文本框等对象的插入及格式设置，另外多个图形对象的对齐、层次调整、组合等操作也是本部分的重点。Word 2010 中"插入"功能区，实现各种图文对象的插入操作。"绘图工具"|"格式"功能区，进行各种图文对象的属性设置，不同对象此功能区项目大同小异。与 Word 以前版本不同在于图文操作增加了很多效果设置，比如图片增加了颜色、艺术效果、阴影、发光、映像、柔滑边缘、立体效果等艺术处理。读者可以动手尝试，能够设计出较为专业的艺术图片。

（1）图片的插入及编辑

设计一份 Word 图文混排作品，图片素材是必不可少的，图片素材一般来源于网络搜集，或者相机照片。常用的图片格式有.bmp、.jpg、.jif、.tiff、.cdr 及.png 等。在 Word 2010 中插入图片，并且可以对图片进行丰富的效果设置。

单击"插入"|"插图"|"图片"，打开"插入图片"对话框，选择需要的图片，单击"插入"按钮。选定插入的图片，功能区位置出现"图片工具"|"格式"功能区。如图 4-23 所示。

图 4-23　图片"格式"功能区

"调整"功能区主要完成图片颜色、艺术效果及亮度对比度的调整。

"图片样式"功能区主要完成图片边框、图片效果及图片版式的设置

"排列"功能区，用来设置图片位置、自动换行（版式）、层次、对齐方式、旋转角度、选择窗格。

"大小"功能区，用来调整图片大小，或者裁剪图片。

注意：插入图片时，一般先将图片的"自动换行"格式由"嵌入型"改为其他环绕方式，否则无法进行多个对象的组合操作。

（2）剪贴画的插入与编辑

将光标插入点移至需插入剪贴画的位置，单击"插入"|"插图"|"剪贴画"按钮，右侧出现"剪贴画"任务栏，在"搜索文字"位置填入要搜索资源的名称，然后将找到的剪贴画插入到页面即可。

剪贴画的属性设置方法与图片基本一致，此处不再赘述。

（3）文本框的插入与编辑

单击"插入"|"文本"|"文本框"，打开"文本框"的下拉列表，此处可以选择"内置"样式自动插入文本框，也可以选择"绘制文本框"绘制合适大小的文本框。输入文本内容设置文本的格式，选中文本框，单击"绘图工具栏"|"格式"进行文本框格式设置。

（4）艺术字的插入与编辑

单击"插入"|"文本"|"艺术字"，打开"艺术字"下拉列表，选择一种合适的艺术字样式进行插入。选中艺术字，出现与"文本框"相同的格式功能区。此处可以在"艺术字样库"位置设置"艺术字"的文本填充、文本轮廓、文本效果。

（5）自选图形的插入与编辑

单击"插入"|"插图"|"形状"，弹出自选图形下拉菜单，可以插入系统提供的规则图形，也可以选择"任意多边形"和"自由曲线"进行鼠标绘图，规则图形设置在此不再赘述，重点说一下不规则自选图形的设置。

1）渐变填充

单击任意多边形按钮"⬡"画一个不规则图形，鼠标右击该图形，在弹出快捷菜单中单击"设置图形格式"，打开"设置图形格式"对话框，单击"填充"|"渐变填充"，设置预设颜色、类型、方式、角度亮度、透明度等属性。渐变光圈是 Word 2010 新增功能，可以通过单击颜色滑尺某个位置，增加颜色滑块，也可以将颜色滑块拖出颜色滑尺删除颜色滑块，通过设置每个颜色滑块的颜色，来实现自选图形填充颜色的渐变规律。

2）制作不规则图形边框

单击任意多边形按钮"⬡"画一个不规则图形，打开"设置图形格式"对话框，单击"图片或文理填充"，插入一张图片，接下来可以在"图片工具"|"格式"功能区设置边框、阴影、发光、柔滑边缘、立体效果、艺术效果等，完成对图片的不规则形状的艺术设置，如案例中对"华航石"图片的处理。

3）编辑自选图形控制点

鼠标右击制作好的自选图形，在快捷菜单中单击"编辑顶点"，如图 4-24 所示。鼠标右击自选图形的边界，可以通过快捷菜单选择增加或减少顶点，调整边线弧度。在精细的自选图形修改中此功能经常用到。

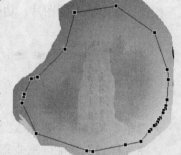

图 4-24　自选图形控制点

（6）SmartArt 图形的插入与编辑

SmartArt 是 Office 2007 版本以后新增加的一种图形对象，它的含义是图形对信息和观点的视觉表示形式。可以通过从多种不同布局中进行选择来创建 SmartArt 图形，从而快速、轻松、有效地传达信息。SmartArt 图形包括图形列表、流程图、以及组织结构图等对象。例如创建一个公司组织结构图的基本步骤为：

首先单击"插入"|"SmartArt"，在弹出"选择 SmartArt 图形"对话框中，单击"层次结构"|"组织结构图"，插入一个如图 4-25 所示的图形，选中图形功能区出现"SmartArt 工具"包含"设计"和"格式"两个选项卡，单击"设计"选项卡，可以设置图形布局格式及 SmartArt 图形的预置颜色样式。在"格式"选项卡下可以设置图形的形状填充、边框填充、形状效果选

项，还可以设置图中文本的艺术字样式，方法与其他图文对象的设置方法是一致的。完成后的样例效果如图 4-26 所示。

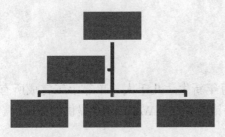

图 4-25　组织结构图

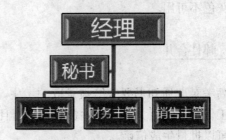

图 4-26　组织结构图样例

（7）多个图文对象的层次、对齐与组合

图文混排操作包括调整多个图文对象的层次、对齐方式及组合操作。

1）层次

Word 将文档分为 3 层：文本层、文本上层、文本下层。文本层，即页面编辑层，同一位置只能有一个文字或对象，利用文本上/下层可以实现图片和文本的层叠。

按照文档的层次，图片的层次位置则有 3 类选择：

与文本同层：嵌入型、四周型环绕、上下型环绕、紧密型环绕及穿越型环绕。其中嵌入型为插入图片的预设样式，具有与文字一致的属性，但是无法与其他对象进行组合操作，所以我们进行图文混排时一般将嵌入型根据需要改为其他环绕方式。

浮于文字上方：此时图片处于文本上层，可以实现文字和图形的环绕排列，利用这一特性，可以为图片、段落添加注解。

衬于文字下方：此时图片处于文字下层，可实现水印、背景的效果。

在 Word 2010 中设置多个图文对象的层次，通用方法是：单击"开始"|"选择"|"选择窗格"，在页面右侧出现"选择和可见性"任务栏，列出了文档中的所有图文对象，我们可以调整对象层次，也可以隐藏显示对象，操作非常方便。

2）旋转

选中图文对象，单击绿色圆圈旋转控制点，可以粗略旋转角度，单击"绘图工具"|"格式"|"排列"|"旋转"|"其他旋转选项"，打开"布局"对话框，在"大小"分组的"旋转"设置适当的参数，可以进行精确角度的旋转。

3）对齐、组合

对齐、组合的典型操作是插图和插图注释的对齐组合。

首先按住"Shift"键，选中多个对象，或者在"选择和可见性"任务栏下选择多个对象，然后单击"绘图工具"|"格式"|"排列"|"对齐"，弹出如图 4-27 所示的下拉菜单，选择一种对齐方式进行对齐操作。注意选中多个对象后的对齐是相对对齐，而不在是相对页面的对齐了。

对齐完成后，单击右键"组合"，或者单击"绘图工具"|"格式"|"排列"|"对齐"|"组合"完成组合操作。

图 4-27　对齐方式

组合后的选中组合对象，单击"绘图工具"|"格式"|"排列"|"自动换行"处设置组合体的环绕方式。注意不要选择组合体中的某个对象，否则"自动换行"下的设置环绕方式的按钮为灰色不可用。

4.1.7 邮件合并

高考录取通知书要寄给被录取的考生，学校每年新生达几千人，单靠手工完成所有的信函，工作量非常巨大，是一件费时费力而且容易出错的工作。Word 2010 提供的"邮件合并"功能可以批量生成信函。

1．案例操作步骤-4 邮件合并

Step1：设计函数据源。学校可以在省教育厅招生办获取被录取考生的学生信息。如经过简单编辑我们可以将其转换为 Word 格式或者 Excel 格式的规范二维表，此二维表称为数据源，数据源可以是 Word、Excel、Oracle、MySql、Access 等格式数据表。常见 Word 和 Excel 数据源表如图 4-28 和图 4-29 所示，要求数据源必须是标准二维表，不能加表标题。

序号	身份证	姓名	系名称	专业名称	高考成绩
01	105320370309101	王玉龙	机械工程	机械工程	562.1
02	105320620611467	庄佳琪	机械工程	机械工程	556.3
03	105320421110345	周胜	机械工程	机械工程	553.1
04	105320370309111	王小芳	机械工程	机械工程	552.4
05	105320321208054	穆文浩	机械工程	机械工程	551.9
06	105320441610797	李维逸	机械工程	机械工程	551.7
07	105320370309105	费敏	机械工程	机械工程	550
08	105320521111167	谢展	机械工程	机械工程	549.8
09	105320370609176	尹庆	机械工程	机械工程	548
10	105320370309122	许张义	机械工程	机械工程	547.5
28	105320000000251	曾雯	机械工程	车辆工程	506.9
29	105320421710415	聂文进	机械工程	车辆工程	506.7
30	105320231907958	何利华	机械工程	车辆工程	471.4
31	105320000000183	吴云兵	机械工程	车辆工程	467
32	105320000000227	宋翰	机械工程	车辆工程	437.8

图 4-28 Word 格式数据源

	A	B	C	D	E	F
1	序号	身份证	姓名	系名称	专业名称	高考成绩
2	1	105320370309101	王玉龙	机械工程	机械工程	562.1
3	2	105320620611467	庄佳琪	机械工程	机械工程	556.3
4	3	105320421110345	周胜	机械工程	机械工程	553.1
5	4	105320370309111	王小芳	机械工程	机械工程	552.4
6	5	105320321208054	穆文浩	机械工程	机械工程	551.9
7	6	105320441610797	李维逸	机械工程	机械工程	551.7
8	7	105320370309105	费敏	机械工程	机械工程	550
9	8	105320521111167	谢展	机械工程	机械工程	549.8
10	9	105320370609176	尹庆	机械工程	机械工程	548
11	10	105320370309122	许张义	机械工程	机械工程	547.5
12	28	105320000000251	曾雯	机械工程	车辆工程	506.9
13	29	105320421710415	聂文进	机械工程	车辆工程	506.7
14	30	105320231907958	何利华	机械工程	车辆工程	471.4
15	31	105320000000183	吴云兵	机械工程	车辆工程	467
16	32	105320000000227	宋翰	机械工程	车辆工程	437.8
17	33	105320411309829	王普璠	机械工程	车辆工程	435.6
18	34	105320370108920	陈銮	机械工程	车辆工程	429.6
19	35	105320140207496	刘源	机械工程	车辆工程	427.8
20	36	105320321108007	周伟	机械工程	车辆工程	425.7
21	37	105320430203684	欧阳武	机械工程	车辆工程	420.9

图 4-29 Excel 格式数据源

Step2：创建"录取通知书.docx"。设置页面：高 21cm*宽 15cm，横向，上、下页边距为 1cm，左右页边距为 3cm。插入"录取通知书背景.png"，将其"自动换行"格式设置为"沉于文字下方"作为背景。输入通知书内容，添加其余的页面元素，完成通知书，具体样式参看样例图。（读者可根据前边学习的内容自己动手尝试操作，不再赘述）

Step3：打开数据源。单击"邮件"|"开始邮件合并"|"选择收件人"|"使用现有列表"命令，在弹出的"选取数据源"对话框中选择"高考录取信息.docx"数据源文件，并打开。

Step4：设置插入域。打开数据源之后，将光标置于"同学"前的下划线处，单击"插入合并域"分组右侧下拉按钮，此时数据源中的列标题会出现在弹出菜单中，如图 4-30 所示。单击"姓名"字段域，在"系"前下划线处插入"系名称"字段，在"专业"前下划线处插入"专业名称"字段，完成后的效果如图 4-31 所示。

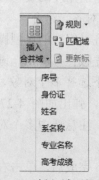

图 4-30 插入域下拉列表

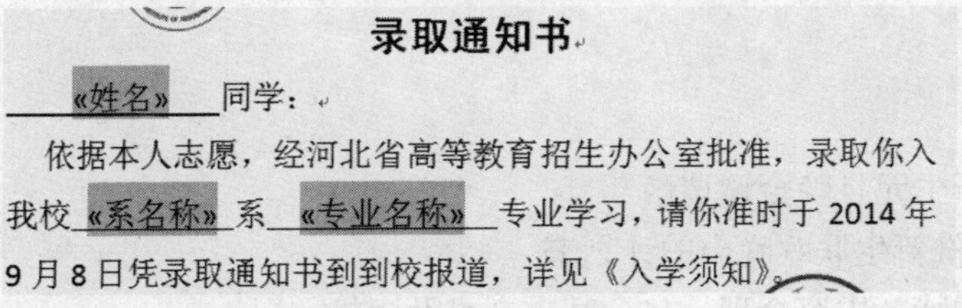

录取通知书

　　《姓名》　同学：

　　依据本人志愿，经河北省高等教育招生办公室批准，录取你入我校　《系名称》　系　《专业名称》　专业学习，请你准时于 2014 年 9 月 8 日凭录取通知书到到校报道，详见《入学须知》。

图 4-31　插入域效果

　　Step5：合并。单击"完成并合并"|"编辑单个文件"，在弹出的"合并到新文档"对话框中，选择全部记录，即可生成数据源对应个数的录取通知书。

2．操作技能要点

　　邮件合并操作用于批量处理信函操作，应用时需要选择创建数据源、设计信函外观、打开数据源插入域，完成合并操作。

　　（1）创建数据源

　　邮件合并的数据源，可以是 Word、Excel、Access、Oracle 等格式的规范二维表（即无表标题，规范 m 行×n 列的规范二维表）。

　　（2）设计邮件外观

　　一般我们常用的具有邮件格式的文档，包括信封、名片、邀请函、通知书等。读者可以自己设计样式，也可以单击"邮件"|"开始邮件合并"，在下拉列表中选择"信函"、"电子邮件"、"标签"等内置文档格式进行设计。

　　（3）开始邮件合并

　　设计好邮件文档，单击"邮件"|"开始邮件合并"|"选择收件人"命令，单击"使用现有列表"，在打开的"选择数据源"对话框中选择已经制作好的数据源。

　　（4）编写和插入域

　　打开数据源后，"邮件"功能区的"编写和插入域"分组中的各项按钮变为可用状态，单击"插入合并域"按钮，打开如图 4-32 所示的"插入合并域"对话框，用户可以选择"地址域"或者"数据库域"中的字段名插入。如果单击"插入邮件合并域"右边的下拉按钮，则可以在显示的数据源字段中选择对应的字段插入。工具栏上还提供了"突出显示合并域"、"地址块"、"问候语"、"规则"、"匹配域"等项目，读者可自己动手尝试相关的操作。

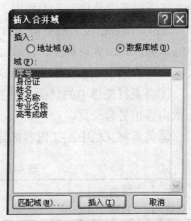

图 4-32　"插入合并域"对话框

　　（5）预览结果

　　单击"邮件"|"预览结果"按钮，可逐一预览生成的邮件，也可以通过"查找收件人"项查看某个人的邮件。

　　（6）完成邮件合并

　　单击"完成邮件合并"按钮，完成邮件合并操作，可同时打印或发送电子邮件。

4.1.8 拓展练习

主题：设计新生元旦晚会邀请函

（1）撰写一份新生联欢晚会的计划书

要求：创意独特，内容合理，包含基本文本及表格

进行基本排版操作及表格操作

（2）设计一份邀请函

要求：为新生元旦晚会制作海报样式图文混排邀请函

进行图文混排操作及邮件合并操作

附加：可以设计其他主题，如高中聚会邀请函、大学生社团活动邀请函、某主题夏令营邀请函等。

4.2 Word 2010 文字处理——案例 2：排版毕业设计论文

4.2.1 案例说明与分析

在我们的工作、生活中，经常需要制作书籍之类的长文档。例如，在大学里需要制作排版毕业论文，在单位要编写新产品的用户使用手册，在设计公司要编制项目说明书等。当然如果你准备在某杂志社或者出版社担任排版设计人员，那就更加离不开对长文档的编辑技能。

本部分以"毕业设计论文排版"为例介绍长文档排版的基本技能及步骤。不同的学校其论文排版的要求及规范各不相同，但是涉及的排版项目大同小异，主要包括对封面、目录、章节、段落、图表以及页眉页脚等内容的处理。对于类似毕业论文这样的长文档排版，要求我们熟练掌握样式、页眉页脚、目录提取、题注表注、交叉引用等相关知识点。

北华航天工业学院毕业设计论文排版规范：

①将素材文档中的封面、中文摘要、英文摘要、目录均另起一页；每章内容结束后，下一章内容也另起一页。

②将素材文档中正文内容部分按表 4-2 所示进行排版。

表 4-2 北华航天工业学院毕业论文撰写规范

层次名称	样式名称	示 例
章	一级标题	第 1 章 □□…□（小二号黑体、居中、段前 6 磅、段后 12 磅、单倍行距）
节	二级标题	1.1␣□□…□（小三号黑体、无缩进、段前段后 6 磅、单倍行距）
条	三级标题	1.1.1␣□□…□（四号黑体、首行缩进 2 字符、段前段后 6 磅、单倍行距）
款	四级标题	1.1.1.1␣□□…□（小四号黑体、首行缩进 2 字符、段前段后 6 磅、单倍行距）
项	正文	␣␣(1)□□…（小四号宋体、首行缩进 2 字符、段前段后 0 磅、行距固定值 20 磅）
表	表样式	0.5 磅单线边框、左右无边线，表格居中、表中文字小四号宋体、文本居中对齐
注释	图、表注	小五号、宋体、居中

③页眉和页脚。素材文档除封面外，各页均加页眉，页眉文字居中，为“北华航天工业学院毕业论文”。页眉的文字用华文行楷、五号字，距边界 1.5cm，设置黑色双线 0.5 磅下边框。

在中文摘要、英文摘要页脚处分别添加罗马数字页码“I”和“II”；在正文部分的页脚处插入阿拉伯数字页码，居中对齐。

④提取目录。提取正文部分的三级目录，放到目录页中，页码右对齐，页码和标题之间加前导符“……”。

北华航天工业学院毕业设计论文排版案例效果如图 4-33 所示（局部截图）。

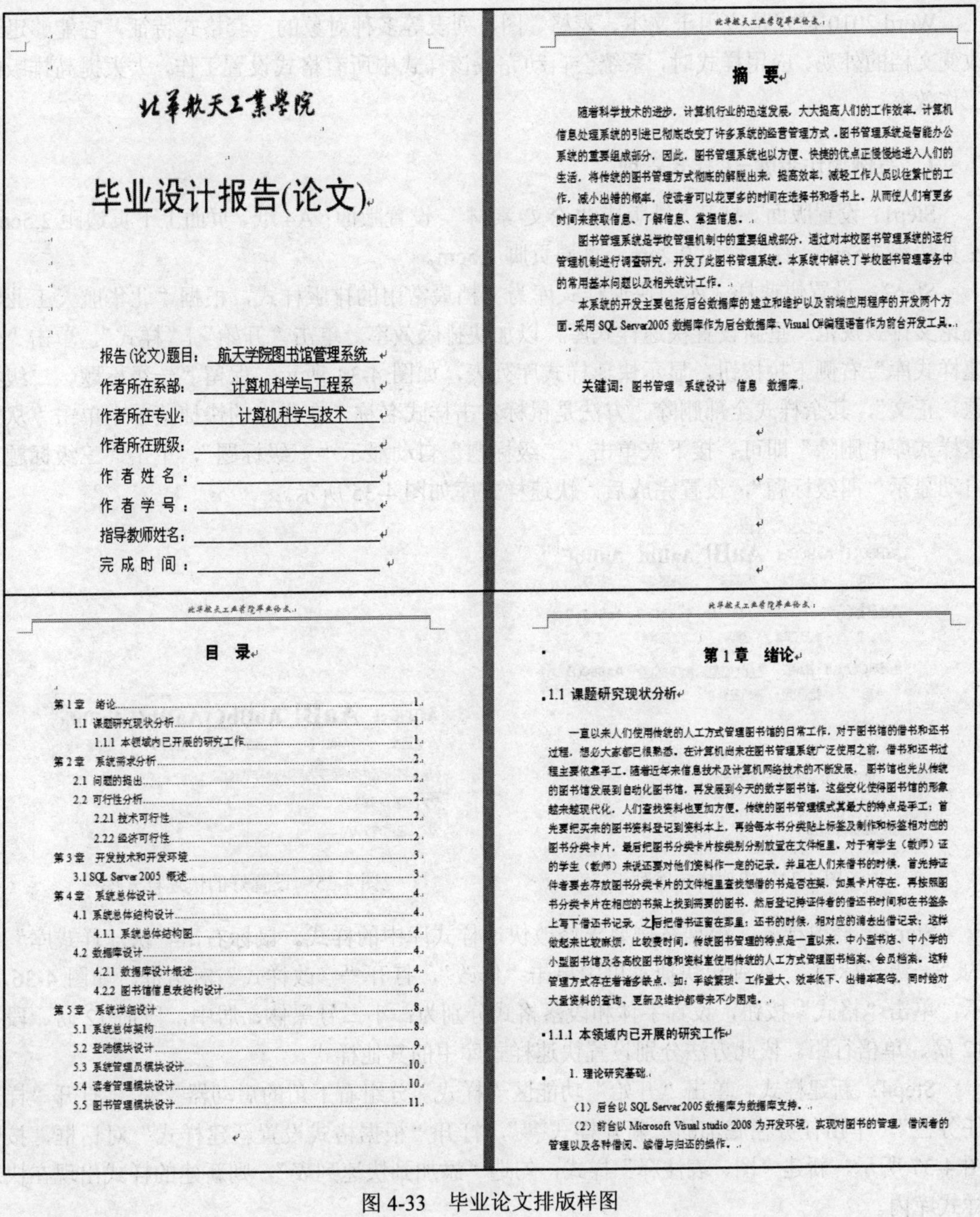
北华航天工業學院

毕业设计报告(论文)

报告(论文)题目：航天学院图书馆管理系统
作者所在系部：计算机科学与工程系
作者所在专业：计算机科学与技术
作者所在班级：
作 者 姓 名：
作 者 学 号：
指导教师姓名：
完 成 时 间：

北华航天工业学院毕业论文

摘 要

随着科学技术的进步，计算机行业的迅速发展，大大提高人们的工作效率，计算机信息处理系统的引进已彻底改变了许多系统的经营管理方式．图书管理系统是智能办公系统的重要组成部分，因此，图书管理系统也以方便、快捷的优点正慢慢地进入人们的生活，将传统的图书管理方式彻底的解脱出来，提高效率，减轻工作人员以往繁忙的工作，减小出错的概率，使读者可以花更多的时间在选择书和看书上，从而使人们有更多时间来获取信息、了解信息、掌握信息。

图书管理系统是学校管理机制中的重要组成部分，通过对本校图书管理系统的运行管理机制进行调查研究，开发了此图书管理系统。本系统中解决了学校图书管理事务中的常用基本问题以及相关统计工作。

本系统的开发主要包括后台数据库的建立和维护以及前端应用程序的开发两个方面。采用 SQL Server2005 数据库作为后台数据库、Visual C#编程语言作为前台开发工具。

关键词：图书管理 系统设计 信息 数据库

北华航天工业学院毕业论文

目 录

北华航天工业学院毕业论文

第 1 章 绪论

1.1 课题研究现状分析

一直以来人们使用传统的人工方式管理图书馆的日常工作，对于图书馆的借书和还书过程，想必大家都已很熟悉。在计算机尚未在图书管理系统广泛使用之前，借书和还书过程主要依靠手工。随着近年来信息技术及计算机网络技术的不断发展，图书馆也先从传统的图书馆发展到自动化图书馆，再发展到今天的数字图书馆，这些变化使得图书馆的形象越来越现代化，人们查找资料也更加方便。传统的图书管理模式其最大的特点是手工：首先要把买来的图书资料登记到资料本上，再给每本书分类贴上标签及制作和标签相对应的图书分类卡片，最后把图书分类卡片按类别分别放置在文件柜里。对于有学生（教师）证的学生（教师）来说还要对他们资料作一定的记录。并且在人们来借书的时候，首先持证件者要去存放图书分类卡片的文件柜里查找想借的书是否在架，如果卡片存在，再按照图书分类卡片在相应的书架上找到需要的图书，然后登记持证件者的借还书时间和在书签条上写下借还书记录，之后把借书证留在那里；还书的时候，相对应的消去出借记录；这样做起来比较麻烦，比较费时间。传统图书管理的特点是一直以来，中小型书店、中小学的小型图书馆及各高校图书馆和资料室使用传统的人工方式管理图书档案、会员档案。这种管理方式存在着诸多缺点，如：手续繁琐、工作量大、效率低下、出错率高等，同时给对大量资料的查询、更新及维护都带来不少困难。

1.1.1 本领域内已开展的研究工作

1. 理论研究基础

（1）后台以 SQL Server2005 数据库为数据库支持。

（2）前台以 Microsoft Visual studio 2008 为开发环境，实现对图书的管理，借阅者的管理以及各种借阅、续借与归还的操作。

图 4-33 毕业论文排版样图

本案例涉及知识点：
（1）样式管理
（2）设置页眉页脚
（3）设置目录
（4）题注、表注、交叉引用

4.2.2　样式管理

Word 2010 样式是应用于文本、表格、图、列表等多种对象的一套格式特征，它能够迅速改变文档的外观。应用样式时，系统会自动完成该样式中所有格式设置工作，大大提高排版的工作效率。

1. 案例操作步骤-1 样式管理

Step1：设置版面。打开"排版毕业论文-素材"，设置版面：A4 纸、页面上下页边距 2.5cm，左页边距 2.5cm，右页边距 2.2cm，页眉页脚 1.5cm。

Step2：设置快速样式库。快速样式库为文档最常用的排版样式，根据"北华航天工业学院论文排版规范"重新设置快速样式库，以加快排版效率。单击"开始"|"样式"，单击"快速样式库"右侧下拉按钮，显示快速样式库列表，如图 4-34 所示。保留"一级标题、二级标题、正文"，其余样式全部删除。方法是鼠标右击样式名称，在弹出的快捷菜单中单击"从快速样式库中删除"即可。接下来单击"二级标题"自动显示"三级标题"，单击"三级标题"自动显示"四级标题"，设置完成后，快速样式库如图 4-35 所示。

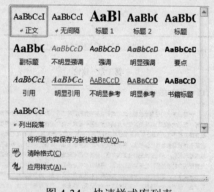

图 4-34　快速样式库列表

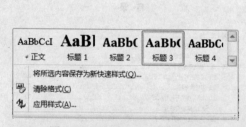

图 4-35　设置好的快速样式库

Step3：修改样式。根据案例要求修改快速样式库中的样式。鼠标右击"快速样式库"中的"一级子标题"，在弹出快捷菜单中单击"修改"，打开"修改样式"对话框，如图 4-36 所示，单击"格式"按钮，设置字体和段落格式分别为：小二号黑体、居中，段前 12 磅、段后 12 磅、单倍行距。依此方法分别设置快速样式库中的其他样式。

Step4：新建样式。单击"开始"功能区"样式"分组右下角的启动器"▣"。打开"样式任务栏"。单击任务栏底部的"新建样式▣"，打开"根据格式设置新建样式"对话框，按照图 4-37 所示，新建"图、表注释"样式，勾选"添加到快速列表"，则新建的样式出现在快速样式库内。

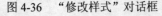

图 4-36　"修改样式"对话框　　　　　　图 4-37　新建样式

Step5：将所选样式保存为快速样式。选中"排版毕业论文-素材"案例中的"表 4-1 图书馆信息表 lib_info"，按照"毕业论文排版规范"中的"表样式"（0.5 磅单线边框、左右开口无边线，表格居中、表中文字小四号宋体、文本居中对齐）进行格式设置。设置完成后选中整个表格，单击"快速样式库"右侧的下拉按钮，如图 4-38 所示，单击"将所选内容保存为快速样式"，打开 "根据格式设置创建新样式"对话框（参见图 4-37），在"名称"位置输入"表样式"，单击"确定"按钮，在快速样式库内，增加了"表样式"的快速样式。至此案例的所有样式均设置完成，效果如图 4-39。

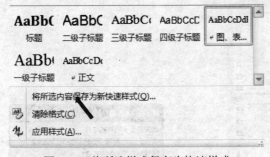

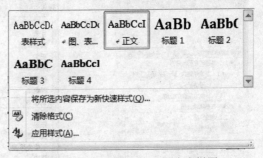

图 4-38　将所选样式保存为快速样式　　　　图 4-39　毕业论文快速样式库样图

Step6：设置全文样式。单击"视图"|"导航窗格"，左侧出现"导航"任务栏，用来查看文档结构。按照"北华航天工业学院毕业设计论文排版规范"（见表 4-2），例如选中"第 1 章绪论"，然后单击"快速样式库"中的"一级标题"完成设置。其他对象（二级标题、三级标题、四级标题、正文、图表注释、表样式）操作方法一致。设置完成之后，"导航"任务栏的效果如图 4-40 所示。

2．操作技能要点

（1）应用快速样式库

Word 2010 为用户提供了多种内置样式，例如"一级标题"、"二级标题"、"引用"、"强调"等，用户可以使用快速样式库或快速样式集中的样式来快速格式化文档，也可以在"样式"任务窗格中套用系统提供的样式。

1）快速样式库的定制

①删除不需要的样式：鼠标右击对应的样式，在快捷菜单中单击"从快速样式库中删除"即可。

②修改样式：鼠标右击对应样式，在快捷菜单中单击"修改"，打开"修改样式"对话框，根据需要修改即可。

③新建样式：单击"开始"功能区，单击"样式"分组右下角的启动器。打开如图 4-41 所示"样式"任务栏。单击任务栏底部的新建样式按钮"⬛"，打开"根据格式设置新建样式"对话框，根据要求设置样式规格，在对话框中底部有四个选项：

- 添加到快速样式集：新建的样式将在快速样式集处显示。
- 自动更新：应用了此样式的对象格式发生改变，则此样式随之自动更新，此功能慎用。正文不可以使用自动更新功能。
- 仅限此文档：所做设置仅限在此文档中使用
- 基于该模板的新文档：将当前样式文档存为模板。在基于该模板的新建文档中使用该样式。

④添加样式：在图 4-41 所示的"样式"任务栏中，鼠标右击"样式"任务栏中需要的样式，在快捷菜单中单击"添加到快速样式库"即可。如果当前"样式列表"中无需要的样式，则可以单击"样式"任务栏右下角的"选项"按钮，打开如图 4-42 所示的"样式窗格选项"对话框，根据需要进行对话框各个项目的设置，则符合设置条件的样式将显示在"样式"任务栏的样式列表位置，供用户选择应用。

图 4-40　"导航"结构图

图 4-41　"样式"任务窗格

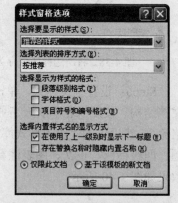

图 4-42　"样式窗格选项"对话框

2）快速样式库的应用

设置好快速样式库之后，进行文档排版，此时只需选中文档内容，单击"快速样式库"中的样式即可以实现样式的设置，大大提高排版效率。在进行长文档排版时，一般要打开"导航窗格"，以方便查看文档的整体结构。

3）快速样式库的保存

一份设置好样式的文档，可将其带有的样式保存到"样式集"中。单击"开始"|"样式"|"更改样式"|"样式集"|"另存为快样式集"，打开"保存快速样式集"对话框，在"文件名"位置输入"毕业论文样式集"，"保存类型"默认为"Word 模版（.dotx）"，单击"保存"完成。此时"样式集"列表中会出现"毕业论文样式集"供用户使用。

（2）样式管理

用户除了可以通过快速样式库设置文档内容样式，还可以打开"样式"任务栏进行更加全面的样式设置。

1）"样式"任务栏列表

"样式"任务栏中，样式列表区显示系统推荐的样式。列表中所有的样式都可以应用到文档中，也可以添加到"快速样式集"中。如果需要显示更多的样式，可以单击右下角的"选项"按钮进行其他样式列表显示方式的选择。

2）样式管理

单击"样式"任务栏底部的管理样式按钮"⦿"，打开"管理样式"对话框，如图 4-43 所示。

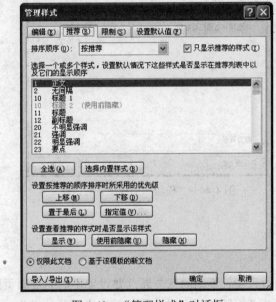

图 4-43　"管理样式"对话框

① "编辑"选项卡。此选项卡可以新建、删除、修改样式。

② "推荐"选项卡。此选项可以设置"样式任务栏"样式列表的排序规则，是否"只显示推荐的样式"、样式的显示顺序、样式是否显示等内容。

③ "限制"选项卡。设置文档在被保护的情况下，哪些样式可以进修更改。

④ "设置默认值"选项卡：设置默认字体段落格式。

（3）创建模版

长文档排版一般排版规则复杂，而且使用时具有重复性，如出版社排版书籍、毕业生排版论文、公司排版产品说明书等。因为一份排版好的长文档，它具备了一系列的样式规则，因此可以将排版好的文档保存为模板，以方便后续同类文档的排版应用。

1）创建模板

长文档排版完成后，单击"文件"|"另存为"，打开"另存为"对话框。在对话框的"保存类型"位置，选择"Word 模板（.dotx）"；"文件名"位置输入"毕业设计论文模板.dotx"，即完成模板的创建。

2）模板导入

新建一个 Word 文件，它的样式是基于"Normal.dotx"模板的。导入自定义模板的方法是：单击"新建"|"选项"|"自定义功能区"，勾选"自定义功能区"列表下的"开发工具"复选框，单击"确定"按钮，返回到 Word 页面，此时功能区位置出现"开发工具"选项卡，单击"开发工具"|"文档模版"，打开如图 4-44 所示对话框，单击"选用"找到需要导入的自定义模版（毕业设计论文模版.dotx），既可以将自己的模版导入当前的文档中使用。

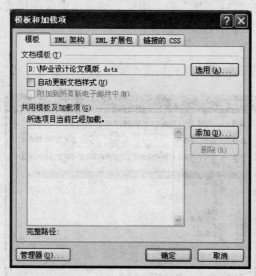

图 4-44　"模版和加载项"对话框

4.2.3　设置页眉页脚

书籍类长文档在使用过程中，不同的章节通常要设置不同的页眉页脚。在同一份 Word 文档中设置不同的页眉页脚或者不同的版面时，需要首先进行分节操作，然后再设置页眉页脚。

1．案例操作步骤-2　设置页眉页脚

将 step1 中的文字替换为"插入分节符。将鼠标定位在"排版毕业论文-素材"第一页封面"北华航天工业学院教务处制"的右侧。单击"页面布局"|"页面设置"|"分隔符"|"分节符"|"下一页"，插入分节符如图 4-45 所示。同样方法，在英文摘要、目录的后面各插入一个分节符。将整个文档分为四节。此处单击"开始|段落"下的"显示/隐藏编辑标记 ↯"按钮，可以查看分节符和分页符，否则插入的分节符和分页符在页面视图下是看不见的。"。

Step2：插入分页符。案例要求"封面、中文摘要、英文摘要、目录均另起一页；每章内容结束后，下一章内容也另起一页"。可以通过在每个需要分页位置插入一个分页符。例如将光标放置到英文摘要"Abstract"的左侧，单击"页面布局"|"页面设置"|"分隔符"|"分页

符"|"分页符",如图 4-46 所示,此时英文摘要另起一页。

注意"分节符"与"分页符"的区别。"分节符"具有对文章分节设置不同版式页眉页脚的功能,而"分页符"仅仅是简单的物理分割。不具备分节的功能。

图 4-45 插入分节符   图 4-46 插入分页符

Step3:设置页眉页脚。

①鼠标双击"第 1 页"封面的"页眉"位置启动"页眉页脚"编辑,此时"页眉页脚"功能区显示在 Word 页面上。因为第一页封面无页眉和页脚,所以不需设置。

②单击"页眉页脚工具"|"设计"|"导航"|"下一节",如图 4-47 所示,进行"第二节"设置。此时"导航"分组的"链接到前一条页眉"按钮为黄色选中状态,意味着第二节的页眉与"第 1 节"完全相同,不符合论文排版规范的要求,所以单击该按钮将其变为白色非选中状态。接下来在页眉处输入"北华航天工业学院毕业论文",选中文字,单击"开始"|"段落"|"边框"|"边框底纹"命令,在"边框底纹"对话框中,设置"双线"下边线,应用于"段落"。再设置其字体段落格式,完成页眉设置。单击"转至页脚按钮",此节页脚为罗马数字"I、II",与"第 1 节"不同,单击"链接到前一条页眉"按钮,将其改为白色非选中状态。然后单击"页眉页脚工具"|"页眉页脚"|"设计"|"页码"|"设置页码格式",处于选中状态不变。打开如图 4-48 所示的"页码格式"对话框,"编号格式"选择罗马数字"I、II...","页码编号"处单击"起始页码",起始页码选择数字为"I",单击"确定"按钮。接下来单击"页眉页脚工具"|"设计"|"页眉页脚"|"页码"|"页面底端"|"普通数字 2(第一种)",在页脚处插入页码,完成第二节页眉页脚的设置。

③单击"下一节",鼠标定位于第三节的页眉处,此处页眉与第二节相同。保留"链接到前一条页眉"为选中状态,单击"转至页脚"按钮,在页脚位置插入阿拉伯数字"1、2、3...",方法类似与"第二节"页码设置,读者参照完成。至此论文全部页眉页脚设置完成。单击"页眉和页脚工具"|"设计"中的"关闭页眉和页脚"按钮完成整篇文章的页眉页脚设置。

图 4-47 第二节页眉设计样图

图 4-48 "页码格式"对话框

2. 操作技能要点

(1)分节符与分页符

单击"页面布局"|"分隔符",弹出如图 4-49 所示下拉列表,列表中的分隔符分为两类:分节符和分页符。

①分节符：文档中插入分节符，意味着将文档分为不同的章节，不同的章节可以设置不同的页眉页脚和版面。长文档中最常用的是分隔符中的分页符。除此之外还有"连续"、"偶数页"、"奇数页"分节符，读者可以尝试其具体的应用。

②分页符：文档中插入分页符，它仅仅是对文档起物理分割功能，一般用于章节的分页或段落分栏，使用过程中，一定注意"分节符"|"下一页"与"分页符"|"分页符"两者的区别，虽然两者都可以实现另起一页的效果，但是前者属于对文章分节，可实现不同页眉页脚和版式设置，而后者仅仅是将内容物理分割到下一页。

（2）页眉页脚

1）插入相同的页眉页脚

一篇文档，如果不进行分节操作，则只能插入相同的页眉页脚。首先单击"页面布局"|"页面设置"右下角的启动器，打开"页面设置对话框"，单击"版式"选项卡，设置页眉页脚格式及距边界距离，如图4-50所示（如果不设置此步骤的话，则使用系统默认设置）。单击"确定"回到主文档。鼠标双击"页眉位置"，既可以激活"页眉页脚"设置，同时功能区显示"页眉页脚工具"|"设计"选项卡功能区，如图4-51所示。可进行相关页眉页脚设置。

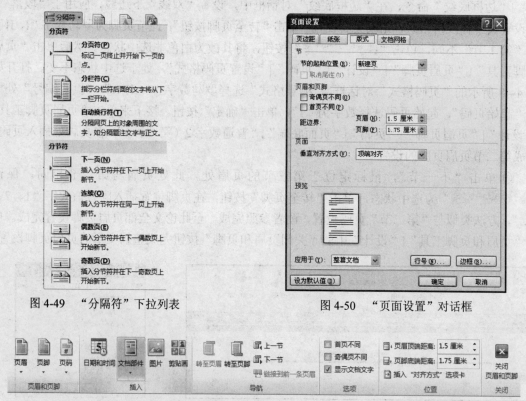

图4-49　"分隔符"下拉列表　　　　　图4-50　"页面设置"对话框

图4-51　页眉页脚功能区

①"页眉页脚"分组：

"页眉"下拉列表可以对页眉内容和格式进行设置、编辑和删除。

"页脚"下拉列表可以对页脚内容和格式进行设置、编辑和删除。

"页码"下拉列表可以设置页码的位置、页码的格式及删除页码。

②"插入"分组：允许用户设计多样式艺术型的页眉页脚，例如在页眉页脚位置插入"日

期和时间"、"图片"、"剪贴画"及"文档部件"等内容。

③"位置"分组：允许用户修改页眉页脚边距，以及在编辑过程中是否显示文档文字。

2）插入不同的页眉页脚

对于长文档一般要在文档中插入不同的页眉页脚。例如"排版毕业论文-素材"案例中，将文档分为三节，设置了不同的页眉页脚。设置不同的页眉页脚时必须熟练使用"页眉页脚"功能区的"导航分组"和"选项分组"。

①分节：首先根据需要对文章分节。

②"选项"分组：完成分节的文档，每一节可以再对"首页不同"及"奇偶页不同"进行设置，此时相当于对当前节再次分节，将首页和奇偶分成不同的部分，设置不同的页眉页脚。此部分的设置还可以在"页面布局"|"页面设置"|"版式"中进行设置（见图 4-50），同时匹配"节开始位置"来设计复杂的页眉页脚，此处不涉及，感兴趣的读者可以查找相关资料进行学习。

③"导航"分组：进行多页眉页脚设置，一定要保持思路清晰，如果此时技术马虎，思路混乱，则经常会出现前边设完后边变，后边设完前边乱。正确的做法是首先将文档准确分节、每节的页眉页脚内容设计清楚，然后开始操作。

第一步，双击第一节页眉位置，输入页眉内容。

第二步，单击"导航分组"中的"转至页脚"，输入页脚内容。

第三步，单击"导航分组"中的"下一节"，光标定位于第二节"页眉"位置，此时"导航"分组中的"链接到上一节页眉"处于黄色打开状态，意味着本节页眉与上一节相同，如果第二节页眉与第一节不同，此时一定要将此按钮点为白色关闭状态，重新输入第二节页眉。接下来再次单击"转至页脚"，根据实际情况确定"链接到上一节页眉"是否要打开，编辑页脚完成第二节页脚设置。

第四步：重复第三步的操作，完成后面所有章节的页眉页脚设置。

4.2.4　目录与引用

1．案例操作步骤-3 目录提取

设置了个章节样式后的文档可以自动提取目录，操作步骤为：

Step1：提取目录。将鼠标定位在"毕业设计论文排版"案例 "目录"的下一行，单击"引用"|"目录"|"插入目录"，打开"目录对话框"，保留默认设置，单击"确定"按钮完成。

Step2：更新目录。自动提取目录是具有超链接功能的，按住"Ctrl"键同时单击某一个目录项，就会定位当到对应的正文当中。当文章内容发生变化时。可以选中目录，鼠标右击在弹出的快捷菜单中单击"更新域"，打开"更新域"对话框，单击"更新整个目录"完成更新。

Step3：消除超级连接。目录提取确认无错后。为避免发生链接错误，或者想要修改目录，则需要去除超级连接。方法是，选中整个目录，在英文输入法状态下，按"Ctrl+6"键，此时目录如图 4-52 所示。选中整个目录，去掉下划线，设置文字为黑色。

Step4：目录修改。选中"目　录…………………………1"一行删除。最终完成目录设置，效果如图 4-53 所示。

图 4-52　去掉超级链接目录外观

图 4-53　目录终稿样图

2．案例操作步骤-4 题注

在毕业论文排版，一般要对文章中的图、表、引用等进行标注。在长文档中，表和图的数量是非常大的，多的要达到几十上百。这个时候对图、表进行标注和交叉引用，就变得非常关键，因为如果我们用普通文本框的方法进行标注的话，那么删除或者修改其中的一个对象，其他的对象全部要手动修改，工作量非常大，为了解决这个问题，Word 提供了自动插入图注的功能。用此种方法插入的图注可以自动编号，更改时也可以自动更新。

Step1："新建标签"。根据"排版毕业论文-素材"的章节情况新建标签。选中样文中"第 5 章第 1 幅"图片，单击"引用"|"题注"|"插入题注"，打开"题注"对话框单击"新建标签"，在弹出的 "新建标签"对话框中"标签"位置输入"图 5-"，单击"确定"返回"题注"对话框，此时即创建了"图 5-"这个标签，同时对话框题注位置默认显示"图 5-1"补全题注内容"图 5-1系统用例图"完成题注，效果如图 4-54。插入题注后文

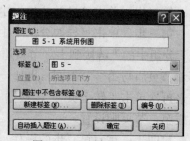

图 4-54　"题注"对话框

档效果如图 4-55 所示。以此方法分别新建标签"图 1-、图 2-、图 3-…"和"表 1-、表 2-、表 3-…"。并为"排版毕业论文-素材"中的所有图表插入题注（注意：此处可以创建带章节符号的题注，但操作起来容易出错，读者可尝试使用）。

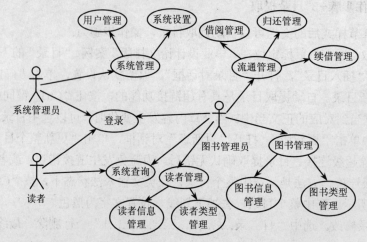

图 4-55　插入"题注"及"题注交叉引用"效果图

Step2：设置题注样式。选中题注"图 5-1 系统用例图"，单击"开始"|"样式"，单击快速样式库内的"图、表注释"，完成题注的格式设置。以相同方法插入其他各章节的图及表的题注，并设置正确样式。

Step3：交叉引用。插入图、表题注后，在文档正文可以交叉引用题注表注。单击"引用"|"题注"|"交叉引用"，弹出"交叉引用"对话框。选择"引用类型"、"引用内容"，在"引用哪一个题注"列表中选择对应的题注，单击"插入"，完成交叉引用。

Step4：自动更新。删除了文档中的一个表或图及对应的交叉引用时，剩余的图注、表注要自动更新。按 Ctrl+A 选中全文，然后按 F9，可全部对文中全部域进行自动更新。

3．操作技能与要点

（1）文档目录

Word 目录分为文档目录、图目录、表目录等多种类型。文档目录通常放在文章的最前面是文章各级标题及其页码的列表。下面重点讲解文档目录设置编辑的技能要点。

①新建目录。单击"引用"|"目录"|"目录"，在下拉列表中单击"插入目录"，打开"目录对话框"，设置各个参数，一般我们采用默认设置即可生成带有三级标题的目录，单击"确定"按钮完成目录插入。

②目录的更新。选中整个目录，鼠标右击，在弹出的快捷菜单上单击"更新域"，打开如图 4-56 所示"更新目录"对话框，根据需要选择"只更新页码"或"更新整个目录"，单击"确定"完成更新。

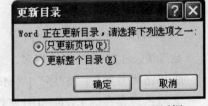

图 4-56　"更新目录"对话框

③目录编辑。编辑目录的前提是首先删除目录的超级链接，方法是选中整个目录，在英文输入发状态按住"Ctrl+6"组合键，删除超级链接。然后可以进行编辑修改操作。

注意：对于文档的图表目录，大家可以单击"引用"|"题注"|"插入表目录"命令，进行设置完成。此操作不太常用，不再赘述。

（2）题注

题注就是给图片、表格、图表、公式等项目添加的名称和编号。可以方便读者的查找和阅读。

使用题注功能可以保证长文档中图片、表格或图表等项目能够顺序地自动编号。如果移动、插入或删除带题注的项目时，Word 可以自动更新题注的编号。而且一旦某一项目带有题注，还可以对其进行交叉引用。

4.2.5　拓展练习

主题：排版安全手册

要求：

（1）排版要求见"安全手册"排版规范，排版效果见"安全手册样文"图片

（2）长文档排版操作要点

1）样式设置

2）分节操作

3）页眉页脚设置

4）目录提取

5）插入题注

附加：可选择其他长文档进行长文档排版操作训练，如项目说明书、投标书、产品说明书，相关素材大家可以到网络搜索。

4.3 使用 Excel 2010 处理数据——案例 3：学生成绩管理

4.3.1 Excel 2010 概述

Excel 2010 是 Office 2010 中的一个重要组件，是一种功能强大的表格处理软件，具有简单易学、功能强大、兼容性好、快捷方便等优点。Excel 2010 既可用于个人事务处理，也可广泛应用于财会、审计、统计和数据分析等领域。

1. 启动 Excel 2010

启动 Excel 2010 的方法很多，常用的有以下几种：

①单击"开始"|"程序"|"Microsoft Office"|"Microsoft Excel 2010"命令。

②双击已存在的 Excel 2010 文件。

③在桌面上双击 Excel 2010 快捷方式图标。

启动后的 Excel 2010 窗口如图 4-57 所示。

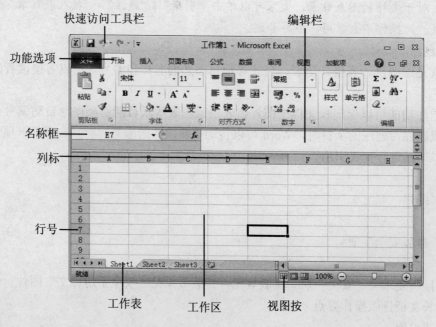

图 4-57　Excel 2010 窗口

①快速访问工具栏：快速访问工具栏在标题栏的左边，在默认情况下包括"保存"、"撤销"和"恢复"三个按钮，用户可以根据需要添加或者删除按钮。

②功能选项卡：功能选项卡由"文件"、"开始"、"插入"、"页面布局"、"数据"、"审阅"、"视图"、"加载项"等 7 个基本选项卡组成，此外，Excel 2010 还会根据用户选定的对象，显示该对象的专用选项卡，如选中图表对象，则会显示"图表工具"相关的"设计"、"布局"和"格式"选项卡。

③名称框：用于显示或定义多选单元格或者单元格区域的名称。

④编辑栏：用于显示或编辑所选择单元格中的内容。

⑤行号：用于显示工作表的行，以 1、2、3、4、5……等形式表示。

⑥列标：用于显示工作表的列，以 A、B、C、D、E……等形式表示。

⑦工作表标签：用于显示工作表的名称，单击工作表标签将激活相应的工作表。

⑧工作区：用于对工作表内容进行编辑。

⑨视图按钮：用于选择 Excel 的视图方式，包括"普通"、"页面布局"和"分页预览"三种。

2．Excel 2010 的基本概念

①单元格：工作表中行列交汇的方格，用于保存数据，它是 Excel 处理信息的最小单位。

②单元格地址（编号）：表示单元格在工作表上所处位置的坐标。例如，第 A 列和第 5 行交叉处的单元格，其编号为"A5"。行号范围 1～1048576，列标范围 A～Z，AA～AZ，BA～BZ，…XFA～XFD 共 16384 列。

③活动单元格：当鼠标移动到工作表内时变为空心十字✛，单击某单元格，这时该单元格四周框线变粗，该单元格又称为当前单元格。用户只能向活动单元格内写入信息，编辑栏的名称框显示的是当前单元格（或区域）的地址，编辑框显示的是当前单元格的内容（或公式）。

④工作表：用于存储和处理数据的主要文档，工作表由单元格组成。一个工作表最多含 1048576×16384 个单元格。工作表总是存储在工作簿中。Excel 2010 允许同时在多张工作表中输入并编辑数据，并且可以对多张工作表的数据进行汇总计算，用户可以对工作表进行重命名、添加和删除操作。

⑤单元格区域：工作表中的两个或多个单元格，这些单元格可以相邻或不相邻。通过对区域的引用实现工作表的主要操作，如计算、生成图表等。

⑥工作簿：包含一个或多个工作表的文件（扩展名.xlsx）。默认情况下一个工作簿包含 3 个工作表（默认名称 Sheet1、Sheet2、Sheet3）。

3．退出 Excel 2010

退出 Excel 2010 的方法也很多，常用的有以下几种。

①单击应用程序标题栏最右端的"关闭"按钮。

②选择"文件"选项卡中的"退出"命令。

如果退出前文件被修改过，系统将提示是否保存修改的内容，单击"是"按钮保存，单击"否"按钮则不保存。

4.3.2 案例说明与分析

期末考试完成后，一般需要对成绩进行一些分析工作，包括对成绩的录入、计算、排序、汇总、筛选等。

本案例在 Excel 2010 环境下，完成如下功能：

（1）基本数据的录入、填充

（2）使用公式和函数进行数据的计算和填充

（3）单元格、行、列格式的设置

（4）数据的排序、筛选和分类汇总

（5）制作图表

4.3.3 数据填充

Excel 数据填充包括：基本数据的录入、有规律数据的填充、通过公式和函数对单元格进行计算等。

1. 案例操作步骤—1 数据填充

本案例要求建立一个名为"学生成绩统计.xlsx"的工作簿，并在"Sheet1"工作表中输入和计算如图 4-58 所示的数据。

	A	B	C	D	E	F	G	H	I	J
1	学号	姓名	高等数学	英语	C语言	数字电路	总分	平均分	总评	排名
2	201430201	张大雷	86	96	81	89	352	88	良好	2
3	201430202	李晓明	90	95	86	96	367	91.75	优秀	1
4	201430203	吴美凤	75	94	79	80	328	82	良好	4
5	201430204	张成功	78	65	76	78	297	74.25	及格	7
6	201430205	孙小小	56	72	54	50	232	58	不及格	9
7	201430206	崔倩	70	87	90	75	322	80.5	良好	5
8	201430207	胡志猛	82	67	76	80	305	76.25	及格	6
9	201430208	赵登高	46	50	58	47	201	50.25	不及格	10
10	201430209	张子山	97	87	82	81	347	86.75	良好	3
11	201430210	刘毅	65	73	69	66	273	68.25	及格	8
12	最高分		97	96	90	96	367	91.75		
13	最低分		46	50	54	47	201	50.25		

图 4-58　Sheet1 工作表

然后将"学生成绩统计"Sheet1 中的数据复制到 Sheet2 工作表中，并在 Sheet3 工作表中对前两个工作表的数据进行统计，分别计算两个班中优秀、良好、及格和不及格的人数。

操作步骤如下：

Step1：新建工作簿。单击"开始"|"程序"|"Microsoft Office"|"Microsoft Excel 2010"命令，建立一个空白工作簿。

Step2：在当前的 Sheet1 工作表中，单击 A1 单元格，输入"学号"（不包括双引号，以下同），单击 B1 单元格，输入"姓名"，按照此步骤输入第一行其余的单元格中的文字。

Step3：填充学号，在 A2 单元格中输入"'201430201"，输入完成后按 Enter 键确认，单击选中 A2 单元格，鼠标指针指向该单元格的右下角，当指针变为黑色的"＋"字形状后，向下拖动鼠标，填充学号至 A11 单元格。

Step4：按照 Step2 的方法，输入姓名、高等数学、英语、C 语言、数字电路列中的数据。

Step5：计算并填充总分和平均分。单击 G2 单元格，在单元格中输入"=C2+D2+E2+F2"或者"=SUM(C2:F2)"，按 Enter 键确认，第一个学生的总分计算完成，选中 G2 单元格，鼠标指针指向该单元格右下角，当指针变为黑色的"＋"字形状后，向下拖动鼠标至 G11 单元格，填充所有学生的总分；单击 H2 单元格，在单元格中输入"=(C2+D2+E2+F2)/4"或者"=AVERAGE(C2:F2)"，按 Enter 确认，再以填充总分同样的方法填充平均分列。

Step6：计算并填充总评和排名列。在 I2 单元格中输入"=IF(H2>=90,"优秀",IF(H2>=80,"良好",IF(H2>=60,"及格","不及格")))"（"为半角英文状态下的双引号），在 J2 单元格中输入"=RANK(H2,H$2:H$11)"，分别填充两列到 I11 和 J11 单元格。

Step7：填充最高分和最低分。在 A12 单元格中输入"最高分"。在 A13 单元格中输入"最低分"，在 C12 单元格中输入"=MAX(C2:C11)"，在 C13 单元格中输入"=MIN(C2:C11)"，选中 C12 和 C13 两个单元格，鼠标指针指向选中区域的右下角，当指针变为黑色的"＋"字形状后向右拖动鼠标至 H 列。

Step8：单击"文件"|"打开"命令，在弹出的"打开"对话框中定位到素材文件夹中，并选中"学生成绩统计.xlsx"文件，单击"打开"命令。

在打开的"学生成绩统计.xlsx"工作簿中，在默认的 Sheet1 工作表中，单击工作表行号和列标交叉处的"全选"按钮，如图 4-59 所示。

图 4-59　全选按钮

选中工作表后，单击右键，在弹出的快捷菜单中单击"复制"命令；在"工作簿 1.xlsx"中单击 Sheet2 工作表，使其称为当前工作表，在 A1 单元格上单击右键，在弹出的快捷菜单中单击"粘贴选项"列表中的第一个"粘贴"命令，将数据复制到当前工作表。

关闭"学生成绩统计.xlsx"工作簿。

Step9：单击"工作簿 1.xlsx"中的 Sheet3 工作表，并在对应单元格中输入如图 4-60 所示的内容。

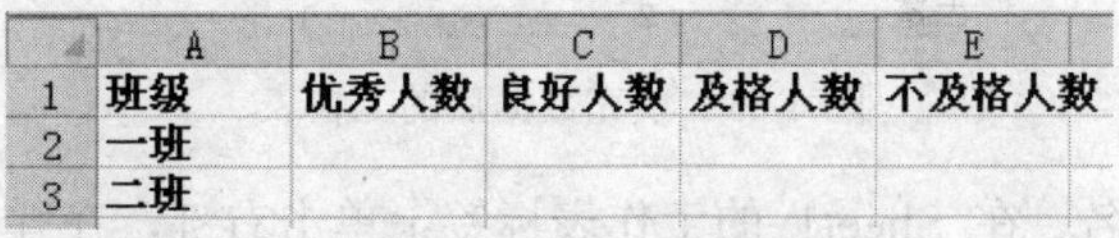

图 4-60　Sheet3 工作表

单击选中 B2 工作表，单击编辑栏上的"插入函数"按钮 *fx*，弹出如图 4-61 所示的"插入函数"对话框。

在"或选择类别"下拉列表框中选择"全部"，在"选择函数"列表中选择"COUNTIF"函数，单击"确定"按钮，打开如图 4-62 所示的"函数参数"对话框。

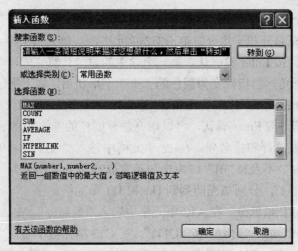

图 4-61 "插入函数"对话框

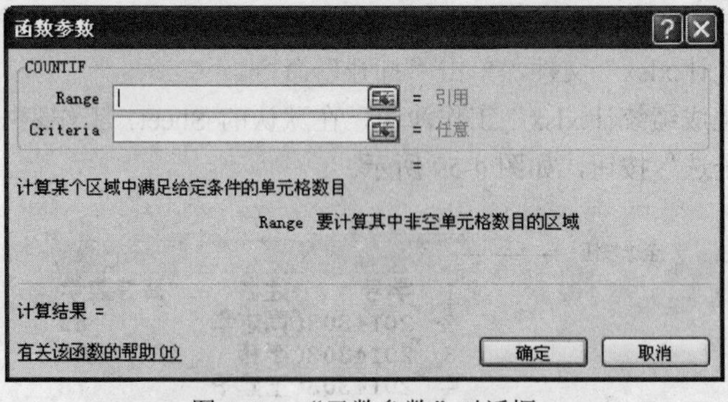

图 4-62 "函数参数"对话框

单击对话框中的"Range"文本框右侧的按钮隐藏该对话框的大部分，单击 Sheet1 工作表，选中 I2：I11 的 10 个单元格，单击文本框右侧的按钮，取消该对话框的隐藏，在"Criteria"文本框中输入"优秀"，单击"确定"按钮，Sheet1 中优秀的人数填充到 B2 单元格。

以相同的方法计算填充 Sheet1 中成绩为良好、及格和不及格的人数。

按照 Sheet2 中的数据填充 Sheet3 工作表中二班的各成绩等级的人数，填充后的工作表图 4-63 所示。

	A	B	C	D	E
1	班级	优秀人数	良好人数	及格人数	不及格人数
2	一班	1	4	3	2
3	二班	2	5	1	2

图 4-63 填充数据后的工作表

Step10：工作表改名。在 Sheet1 的工作表标签上单击右键，在弹出的菜单中单击"重命名"命令，此时 sheet1 的工作表标签为可编辑状态，输入"一班成绩统计"，按 Enter 键。

以同样的方法将 Sheet2 工作表改名为"二班成绩统计"，将 Sheet3 工作表改名为"人数统计"。

Step11：保存工作簿，单击"文件"|"保存"命令，弹出的如图 4-64 所示的"另存为"对话框。

图 4-64 "另存为"对话框

在"保存位置"区域中，单击"我的电脑"，在右侧的列表中单击"D:"，在"文件名"文本框中输入"学生成绩统计"，单击"保存"按钮，该工作簿以"学生成绩统计.xlsx"为文件名保存到 D 盘根目录下。

Step12：单击"文件"|"退出"命令，退出 Excel 2010。

2．数据填充技能要点

（1）Excel 2010 处理的数据类型

Excel 提供了多种数据类型（常规、数值、货币、分数、文本、时间、日期、特殊等），最常用的是文本、数值、时间、日期、逻辑类型的数据。

1）输入文本型数据

文本型是常见的数据类型，包括汉字、英文字母、数字、空格等，文本型数据默认对齐方式为左对齐。

单击要输入文本型数据的单元格，输入文本型数据即可。

如果输入的数据全部由数字组成，如邮政编码、身份证号、电话号码等，这些数据全部由数字组成，如果直接输入，则系统会默认为数值型，这样会对数据的显示造成一些影响，如邮政编码"065000"，按照数值型输入后会显示为"65000"，将前面的 0 自动去掉，再如身份证号的长度是 18 位，而数值型数据的有效位数是 15 位，如果按照数值型输入后三位只能显示为 000.，为了避免这种情况出现，可以使用以下三种方法解决：

①在输入数据前，先输入一个英文半角的的单引号"'"，再输入具体的数字，此时输入的数据被当做文本处理。

②在输入数据前，先输入一个等号"="，再用英文半角的双引号将数字括起来，如输入邮政编码 065000，应该输入"="065000""。

③在输入数据之前或者输入数据后，选中单元格，单击"开始"|"数字"|"数字格式"下拉列表，在列表中单击"文本"。

2）输入数值型数据

数值型也是常见的数据类型之一，包括数字、小数点、正负号、百分号、货币符号等，默认情况下，数值型数据的对齐方式为右对齐。

数值型数据直接在单元格中输入即可。

3）输入日期型数据

如果要在单元格中输入日期，可以输入完整的年、月、日，也可以只输入月和日，中间用"-"或者"/"隔开，如果只输入月和日，则年份为系统默认的当前年份，2014-6-2、6-2、2014年6月2日、2014/6/2等都是合法的日期格式。

Excel 2010中的时间用小时、分、秒表示，中间用"："隔开，可以采用24小时制或者12小时制，如果是12小时制，在时间后用AM或PM表示上午和下午。14：00、2：00PM都可以用来表示下午2点。

也可以在单元格内同时输入日期和时间，二者之间以空格隔开。

（2）数据填充

填充主要是指快速输入按规律变化的数据序列，如等差数列、等比数列、间隔相同的日期等，填充序列的方法包括以下几种。

1）填充相同的数据

①在要填充数据的区域的第一个单元格中输入要填充的数据。

②选中要填充的单元格区域，单击"开始"|"编辑"|"填充"按钮 ，在弹出的列表中选择填充的方向，包括"向上"、"向下"、"向左"和"向右"四个选项。

2）填充序列数据

如果填充的是等差数列、等比数列等有规律的数据，可以使用填充序列的方法。

①在要填充数据区域的第一个单元格中输入数列中的第一个数据。

②选中要填充的单元格区域，单击"开始"|"编辑"|"填充"按钮 ，在弹出的列表中单击"序列"命令，打开"序列"对话框，如图4-65所示。

③在"序列产生在"列表中，设置序列是产生在行还是列。

④在"类型"列表中，选择序列的类型。

⑤如果是日期型数据，在"日期单位"区域中选择日期单位，如果是非日期型数据，这部分将呈灰色显示为不可用。

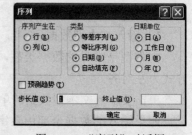

图4-65　"序列"对话框

⑥在"步长值"文本框中，设置等差、等比或者日期序列的步长。

⑦在"终止值"文本框中，输入序列填充到哪个值后停止填充，如果不输入该值，则填充完选定的区域后停止填充。

⑧单击"确定"按钮，完成数据的填充。

3）使用填充柄填充数据

选中某个单元格，在其右下角有一个独立的黑色方块，鼠标指针指向这个方块后，指针形状变为黑色的"＋"字形状，称为填充柄，此时拖动鼠标向上、下、左、右，均可以填充数据，填充数据的规则如下：

①如果选中的单元格中是数值型数据，无论向哪个方向拖动填充柄，均为复制数据；如果拖动的同时按住Ctrl键，向下或者向右拖动填充柄时，填充的是递增1的等差数列，如果向上或者向左拖动填充柄，则填充递减1的等差数列。

②如果选中的单元格中是文本型数据，当数据中没有任何数字时，如"ABC"，此时无论向哪个方向拖动填充柄，都将复制该数据；如果在数据中有一个或者多个数字，如"A3B4"，

向下或者向右拖动填充柄，按照数据中最右边的数字递增 1 填充，如果向上或者向左拖动填充柄，按照数据中最右边的数字的递减 1 填充，当填充的数字到 0 后，再递增 1 填充；如果拖动填充柄时按住 Ctrl 键，则无论向哪个方向填充均为复制填充。

③如果选中的单元格中是日期型数据，拖动填充柄向下或者向右拖动时，以"日"为单位递增 1 填充，向左或者向上拖动时，以"日"为单位递减 1 填充；如果拖动填充柄时按住 Ctrl 键，则无论向哪个方向填充均为复制填充。

④如果填充的是一个等差数列，且步长值不为 1，应在填充的区域中的相邻的两个单元格中输入该数列的前两个值，同时选中这两个单元格，拖动填充柄填充序列。

（3）公式和函数

Excel 2010 工作的核心是数据的管理和计算，在 Excel 中提供了大量的函数，通过函数与公式，用户可以对工作表进行各种计算，大大提高了工作效率。

1）公式的结构

一个完整的公式应该由以下几部分构成：

- 等号（=）：在输入公式时应该先输入等号，表示后面输入的是公式。
- 运算符：表示运算关系的符号，用来连接运算的数据。
- 函数：一组定义好的运算关系，可以实现特定的运算。
- 单元格引用：参与计算的单元格或者单元格区域。
- 常量：参与计算的常数。

2）公式的自动填充

在一个单元格中输入公式后，如果相邻的单元格中需要进行同类型的计算（如数据行合计），可以利用公式的自动填充功能。其操作步骤如下。

①单击公式所在的单元格。

②拖动填充柄，到达目标区域后释放鼠标左键，公式将自动填充至目标单元格。

3）运算符及其优先级

运算符用于对公式中的元素进行特定类型的运算。Excel 2010 包含 4 种类型的运算符：算术运算符、比较运算符、文本运算符和引用运算符。

①算术运算符。算术运算符可以完成基本的数学运算，在 Excel 2010 中可以使用的算术运算符如表 4-3 所示。

表 4-3　算术运算符

运算符	名称	举例
%	百分比	45%
^	乘幂	4^3（4 的 3 次方，结果为 64）
*	乘	3*7
/	除	3/5
+	加	12+15
-	减	78-3
-	负号	-9

②比较运算符。比较运算符可以比较两个数据的关系，比较后的结果是逻辑值：TRUE（真）或 FALSE（假），Excel 2010 中的比较运算符及其含义如表 4-4 所示。

表 4-4　比较运算符

运算符	名称	举例（假如 A1 单元格的值为 3，A2 单元格的值为 5）
=	等于	A1=A2（结果为 FALSE）
>	大于	A1>A2（结果为 FALSE）
<	小于	A1<A2（结果为 TRUE）
>=	大于等于	A1>=A2（结果为 FALSE）
<=	小于等于	A1<=A2（结果为 TRUE）
<>	不等于	A1<>A2（结果为 TRUE）

③连接运算符。连接运算符用来连接两个或者多个字符串，将这些字符串连接为一段文本，Excel 2010 中连接运算符及其含义如表 4-5 所示。

表 4-5　连接运算符

运算符	名称	举例
&	连接	"计算机基础" & "教程"（结果为 "计算机基础教程"）

④引用运算符。使用引用运算符可以对单元格区域进行合并计算，Excel 2010 中引用运算符及其含义如表 4-6 所示。

表 4-6　引用运算符

运算符	名称	举例
:	区域运算符，引用指定两个单元格之间所有单元格	A1:D5，引用 A1 到 D5 之间所有的单元格
,	联合运算符，引用指定的多个单元格	A1:C4,D2:E5，引用 A1 到 C4 之间所有单元格以及 D2 到 E5 之间所有单元格
(空格)	交叉运算符，引用同时属于两个个引用区域的单元格	A2:D4 C3:C5，引用两个区域的公共部分，即 C3 和 D3 两个单元格

⑤运算符的优先级别。如果一个公式中有多个运算符，Excel 将会按照运算符的优先级别从高到低进行计算，如果公式中的多个运算符优先级别相同，则按照从左到右的顺序执行。

各种运算符的优先级别如下：

"："（区域运算符）>"，"（交叉运算符）>"空格"（联合运算符）>"-"（负号）>"%"（百分比）>"^"（乘幂）>"*"　"/"（乘除）>"+"　"-"（加减）>"&"（连接）>比较运算符

4）引用单元格地址

引用是通过引用运算符标识工作表上的数据区域，来指明公式中所使用的数据的位置，通过引用，可以在公式中使用工作表不同部分的数据，或者在多个公式中使用同一区域的数据，还可以引用同一个工作簿中不同工作表上区域的数据。

引用主要有 4 种方式：相对引用、绝对引用、混合引用和三维引用。

①相对引用。公式中的相对单元格引用(例如 A1)是基于包含公式和单元格引用的单元格的相对位置。如果公式所在单元格的位置改变，引用也随之改变。如果多行或多列地复制公式，引用会自动调整。

②绝对引用。单元格中的绝对单元格引用，即在行号和列标前均加上绝对引用标志"$"（例如"$A$1"），如果多行或多列地复制公式，在公式中绝对引用将不做调整。

③混合引用。混合引用具有绝对列和相对行，或是绝对行和相对列。绝对引用列采用$A1、$B1 等形式。绝对引用行采用 A$1、B$1 等形式。如果公式所在单元格的位置改变，则相对引用改变，而绝对引用不变。如果多行或多列地复制公式，相对引用自动调整，而绝对引用不做调整。

④三维引用。公式中引用本工作表单元格地址，简单而应用广泛。其实，跨工作簿、跨工作表的单元格地址也可以引用，只需在单元格地址前进行一些限定。其格式是：

[工作簿名]工作表名！单元格地址

例如公式"=SUM(语文!A2,数学!B2)"表示当前工作簿中"语文"工作表的 A2 单元格与"数学"工作表的 B2 单元格中数据之和。公式"=[产品.xlsx] 单价！D2 * [销售.xlsx] 销售数量！D2"表示产品工作簿中"单价"工作表的 D2 单元格内容与销售工作簿中"销售数量"工作表的 D2 单元格内容之乘积。这些跨工作簿、跨工作表的公式同样支持自动复制功能。

5）使用函数

函数由函数名和参数组成，是一个预先定义好的内置公式。Excel 2010 中的函数通常分为：常用函数、工程函数、财务函数、数学与三角函数、统计函数、查寻与引用函数、数据库函数、文本函数、逻辑函数、信息函数等，每一类又包含若干个函数。恰当地使用函数可以大大提高表格计算的效率。

Excel 的公式和函数功能较强，其提供的函数较多。常见的函数包括：

SUM 函数

格式：SUM(A1, A2,…)

功能：计算一组参数的和。A1、A2 等参数可以是数值，也可以是单元格的引用，参数个数最多为 30 个，例如 SUM(A1:A12)的功能是计算 A1 到 A12 单元格区域的数字的和。

AVERAGE 函数

格式：AVERAGE(A1, A2,…)

功能：计算一组参数的平均值。A1、A2 等参数可以是数值，也可以是单元格的引用。

MAX 函数

格式：MAX(A1, A2,…)

功能：求一组参数中的最大值。

MIN 函数

格式：MIN(A1, A2,…)

功能：求一组参数中的最小值。

COUNT 函数

格式：COUNT(A1, A2,…)

功能：返回包含数字以及包含参数列表中数字的单元格个数。利用该函数可以计算单元格区域或数字数组中数字字段的输入项个数。

IF 函数

格式：IF(P, T, F)

功能：判断条件 P 是否满足，如果 P 为真，则取 T 表达式的值，否则取 F 表达式的值，例如 IF(3>2,8,10)的值为 8。

RANK 函数

格式：RANK(N,R,O)

功能：返回某一数据 N 在一组数据 R 中相对于其他数值的大小排名，O 为 0 或者省略时按照降序排名，非 0 值按照升序排名。

DATE 函数

格式：DATE(Y,M,D)

功能：返回指定的日期，Y、M、D 分别表示年、月、日。

COUNTIF 函数

格式：COUNTIF(range,criteria)

功能：统计某个区域内符合您指定的单个条件的单元格数量，其中 range 为单元格区域，criteria 为要计数的单元格的数字、表达式、单元格引用或文本字符串。

例如 COUNTIF(A1:A12,">60")的功能为计算 A1:A12 区域中值大于 60 的单元格个数。

函数的输入有两种方法：插入函数和直接输入。

① 通过插入函数对话框插入函数。对于初学者，可采用下面的方法进行函数的输入，以 IF 函数为例，判断 H2 单元格中的数字大于等于 60，则返回"及格"，否则返回"不及格"，操作步骤如下。

Step1：选中要插入函数的单元格。

Step2：单击常用工具栏中的"插入函数"按钮 f_x，这时单元格中自动出现"="，并弹出"插入函数"对话框，如图 4-66 所示。

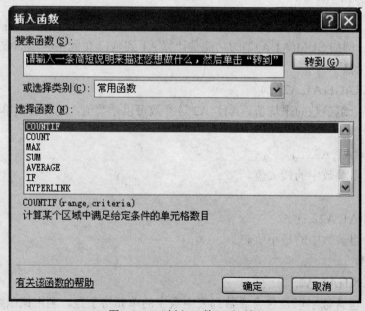

图 4-66　"插入函数"对话框

Step3：在"选择函数"列表框中选择所需的函数名，本例中单击 IF，单击"确定"按钮。

Step4：在弹出的如图 4-67 所示的"函数参数"对话框中，显示了该函数的函数名和它的每个参数，以及参数的描述和函数的功能，根据提示输入每个参数值。

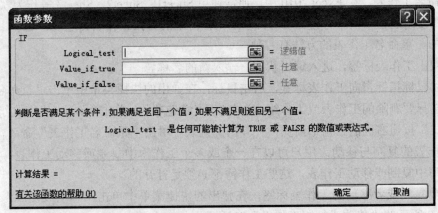

图 4-67　"函数参数"对话框

在第一个文本框中输入条件，如"H2>=60"，在第二个文本框中输入条件成立时的返回值"及格"，在第三个文本框中输入条件不成立时的返回值"不及格"。

如果要将单元格引用作为参数，可单击文本框右侧的"暂时隐藏对话框"按钮 🔳，则只在工作表上方显示参数编辑框。再从工作表上选定相应的单元格，然后再次单击 🔳 按钮，恢复原对话框。

Step5：单击"确定"按钮，完成函数的插入，此时在编辑栏中显示该公式"= IF(H2>=60, "及格","不及格")"。

IF 函数是一个很常用的函数，当根据不同的条件返回不同的计算结果时可以使用此函数，IF 函数还可以嵌套使用，可参考案例中总评的计算。

② 直接在单元格内输入函数。对于比较简单的函数，可以直接在单元格内输入函数名及其参数值。例如案例中使用 SUM 和 AVERAGE 函数计算平均值。

在"函数参数"对话框中，单击"有关该函数的帮助"超链接，可以打开该函数的帮助信息，这对于初学者掌握该函数有很大的帮助。

6）工作表的基本操作

①选取工作表。要选取多个连续的工作表，可以先单击第一个工作表，然后按下 Shift 键并单击最后一个工作表；要选取多个不连续的工作表，可以选单击第一个工作表，然后按下 Ctrl 键并单击其他工作表。

②插入工作表。插入工作表有以下三种方法：

● 单击窗口左下方工作表标签右侧的"插入工作表"按钮 📑。

● 在某个工作表标签上单击右键，在弹出的快捷菜单中单击"插入"命令。

● 按 Shift+F11 组合键。

③删除工作表。删除工作表有两种方法：

● 选择要删除的工作表或工作组，单击"开始"选项卡，单击"单元格"工具组中的"删除"按钮右侧的三角形箭头，在弹出的列表中单击"工作表"命令。

- 在要删除的工作表标签处单击右键，在弹出的快捷菜单中单击"删除"命令。

删除工作表时，如果工作表中有数据，则删除时会弹出"Microsoft Excel"对话框，单击"删除"按钮，删除该工作表，单击"取消"按钮则取消删除。

④重命名工作表。在 Excel 2010 中，通常使用 Sheet1、Sheet2、Sheet3 等作为默认的工作表名称，在使用过程中很不方便。用户可以给工作簿里的每张工作表另起一个名字，达到方便记忆的目的。重命名工作表的方法有三种：

- 双击工作表标签，进入编辑状态，输入新的名称。
- 将鼠标指针指向工作表标签，右击鼠标，在弹出的快捷菜单中单击"重命名"命令。
- 选择要删除的工作表或工作组，单击"开始"选项卡，单击"单元格"工具组中的"格式"按钮右侧的三角形箭头，在弹出的列表中单击"重命名工作表"命令。

⑤工作表的复制与移动。用户可以在一个或多个工作簿中复制或移动工作表，如果在不同的工作簿中复制或移动工作表，这些工作簿都必须是打开的。

右击要复制或者移动的工作表标签，在弹出的快捷菜单中单击"移动或复制"命令，弹出如图 4-68 所示的"移动或复制工作表"对话框。

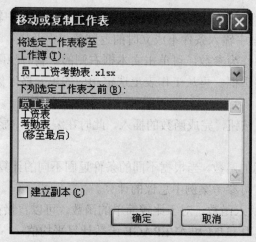

图 4-68　"移动或复制工作表"对话框

单击"工作簿"下拉列表，可以选择将当前工作表移动或者复制到哪个工作簿，默认为当前工作簿。在"下列选定工作表之前"列表框中，设置工作表移动或者复制后的位置。如果勾选选中"建立副本"复选框，则复制该工作表，否则为移动操作。设置完成后，单击"确定"按钮。

4.3.4　设置格式

1．案例操作步骤—2　设置格式

"学生成绩统计.xlsx"工作簿创建完成后，需要对工作表和单元格的格式进行设置，使表格美观、整洁。设置格式后的"一班成绩统计"如图 4-69 所示。

一班期末成绩统计表									
学号	姓名	高等数学	英语	C语言	数字电路	总分	平均分	总评	排名
201430201	张大雷	86	96	81	89	352	88	良好	2
201430202	李晓明	90	95	86	96	367	92	优秀	1
201430203	吴美凤	75	94	79	80	328	82	良好	4
201430204	张成功	78	65	76	78	297	74	及格	7
201430205	孙小小	56	72	54	50	232	58	不及格	9
201430206	崔倩	70	87	90	75	322	81	良好	5
201430207	胡志猛	82	67	76	80	305	76	及格	6
201430208	赵登高	46	50	58	47	201	50	不及格	10
201430209	张子山	97	87	82	81	347	87	良好	3
201430210	刘毅	65	73	69	66	273	68	及格	8
最高分		97	96	90	96	367	92		
最低分		46	50	54	47	201	50		

图 4-69　设置格式后的工作表

操作步骤如下：

Step1：打开工作簿"学生成绩统计.xlsx"，单击工作表标签"一班成绩统计"，将其设置为当前工作表。

Step2：单击第一行左侧的行号"1"，选中第一行，单击"开始"|"单元格"|"插入"按钮，如图 4-70 所示，在列表中单击"插入工作表行(R)"命令，在第一行上方插入一行。

Step3：选中第一行，单击"开始"|"单元格"|"格式"，弹出"格式"下拉列表，如图 4-71 所示。

单击"行高"命令，弹出"行高"对话框，如图 4-72 所示。在"行高"文本框中输入"25"。

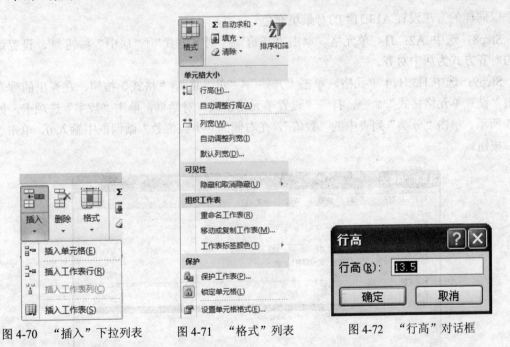

图 4-70　"插入"下拉列表　　图 4-71　"格式"列表　　图 4-72　"行高"对话框

以同样的方法设置第 2 行行高为 18，第 13、14 行行高为 15。

Step4：选中 A1:J1 单元格区域，单击"开始"|"对齐方式"|"合并后居中"按钮，将这些单元格合并为一个单元格。在此单元格中输入"一班期末成绩统计表"。

Step5：再次选中 A1 单元格，在"开始"|"字体"功能区中设置文字格式为"隶书"、24磅，红色。

以同样的方法设置 A2：J2 单元格的文字格式为"黑体"、12 磅。

Step6：选中 A2：J14 单元格，单击"开始"|"单元格"|"格式"按钮，在弹出的列表中单击"设置单元格格式"命令，打开"设置单元格格式"对话框，单击"边框"选项卡，如图 4-73 所示。在"预置"区域中单击"外边框"和"内部"按钮，将选中的区域设置边框。

Step7：选中 A2：J2 单元格，单击"开始"|"单元格"|"格式"按钮，在弹出的列表中单击"设置单元格格式"命令，打开"设置单元格格式"对话框，单击"填充"选项卡，如图 4-74 所示。在"背景色"区域中，选择合适的背景色，单击"确定"按钮。

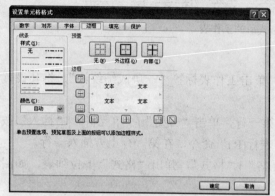 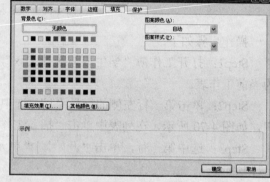

图 4-73　"设置单元格格式"之"边框"选项卡　　　图 4-74　"设置单元格格式"之"填充"选项卡

以同样的方法设置 A13:J14 的背景填充色。

Step8：选中 A2：J14 单元格，单击"开始"|"对齐方式"|"居中"按钮，设置单元格的对齐方式为居中对齐。

Step9：选中 H3:H14 单元格，单击"开始"|"单元格"|"格式"按钮，在弹出的列表中单击"设置单元格格式"命令，打开"设置单元格格式"对话框，单击"数字"选项卡，如图 4-75 所示。单击"分类"列表中的"数值"，在右侧的"小数位数"微调框中输入 0，单击"确定"按钮。

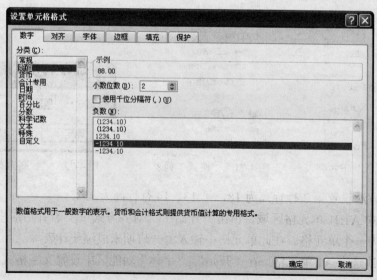

图 4-75　"设置单元格格式"之"数字"选项卡

Step10：选中 A~J 列，单击"开始"|"单元格"|"格式"按钮，在弹出的列表中单击"自动调整列宽"命令。将列宽调整为最合适的列宽。

Step11：保存工作簿，退出 Excel 2010。

2．格式设置技能要点

（1）调整工作表布局

在对工作表编辑的过程中，有时会根据需要插入行和列、调整行高列宽、合并单元格等操作。

1）插入行和列

单击要插入行或者列的位置，单击"开始"|"单元格"|"插入"按钮，在弹出的列表中选择插入的对象。

2）删除行和列

选中要删除的行或者列，单击"开始"|"单元格"|"删除"按钮，在弹出的列表中选择删除的对象。

3）合并单元格

在调整表格布局时，有时需要将几个相邻的单元格合并为一个单元格，使其能适应工作表的内容。

选中要合并的单元格，单击"开始"|"对齐方式"|"合并后居中"按钮，选中的单元格合并为一个单元格，如果选中的单元格中只有一个有数据，则合并后的单元格只保留这个数据；如果有多个单元格有数据，合并后只保留最左上角的数据。

4）调整行高与列宽

默认情况下，工作表中的所有的行的高度相同、所有列的宽度相同，在编辑工作表时，需要对行高和列宽进行调整，以适应内容。

①调整行高。鼠标指向要调整高度的行的行号和下一行的行号的分隔线上，当鼠标变为 ✛ 形状时，按住鼠标左键上下拖动，到达合适的位置后松开鼠标即可。

选中要调整高度的行，单击"开始"|"单元格"|"格式"按钮，在弹出的列表中选择"行高"命令，弹出"行高"对话框，在对话框中输入行高值，单击"确定"按钮，可以精确设置行高。

②调整列宽。鼠标指向要调整宽度的列的列标和右边列的列标的分隔线上，当鼠标变为 ✛ 形状时，按住鼠标左键左右拖动，到达合适的位置后松开鼠标即可。

选中要调整宽度的列，单击"开始"|"单元格"|"格式"按钮，在弹出的列表中选择"列宽"命令，弹出"列宽"对话框，在对话框中输入列宽值，单击"确定"按钮，可以精确设置列宽。

（2）设置单元格格式

设置单元格格式是美化工作表的一个重要的操作，包括数字格式、字体、对齐、边框和底纹等。

1）设置数字格式

①选择要设置格式的单元格或单元格区域。

②单击"开始"|"单元格"|"格式"按钮，在打开的列表中单击"设置单元格格式"对话框，单击对话框中的"数字"选项卡。

③在左侧的"分类"列表框中选择数字格式的类型，右侧显示该类型的格式，在"示例"框中可以预览设置效果。

2）设置对齐方式

在默认情况下，Excel 根据输入的数据自动调节数据的对齐格式，如文本型数据左对齐、数值型数据内容右对齐等，在编辑工作表时需要对单元格中数据的对齐方式进行调整。

①选择要设置对齐方式的单元格或单元格区域。

②单击"开始"|"单元格"|"格式"按钮，在打开的列表中单击"设置单元格格式"对话框，单击对话框中的"对齐"选项卡。

③在"水平对齐"下拉列表框中选取对齐方式，"水平对齐"方式包括：常规、左缩进、居中、靠左、填充、两端对齐、跨列居中和分散对齐。

④在"垂直对齐"下拉列表框中选取对齐方式。"垂直对齐"方式包括：靠上、居中、靠下、两端对齐和分散对齐。

⑤"文本控制"选项组是针对单元格中的文字较长时的解决方案。

- "自动换行"：选中该复选框，输入的数据根据单元格列宽自动换行。
- "缩小字体填充"：选中该复选框，将缩小单元格中字符的大小，使数据的宽度与列宽相同。
- "合并单元格"：选中该复选框，将多个单元格合并为一个单元格，与"水平对齐"方式中的"居中"方式结合使用可以实现标题居中，相当于格式工具栏中"合并居中"按钮的功能。
- "方向"选项组可用来改变单元格中文本旋转的角度，角度范围为-90°～90°。

3）设置字体

选择要设置字体的单元格或者单元格区域，打开"设置单元格格式"对话框，单击"字体"选项卡"，在对话框中对字体进行设置。

选中单元格区域，单击"开始"选项卡，在"字体"工具组中也可以对字体格式进行设置。

4）设置边框线

默认情况下，Excel 的表格线都是统一的淡虚线。这种边线在打印表格时不会被打印，用户可以给它加上其他类型的边框线。

①选择要设置边框的单元格或者单元格区域

②打开"设置单元格格式"对话框，单击对话框中的"边框"选项卡。

③在"样式"列表中选择边框线的样式；在"颜色"下拉列表中设置边框线的颜色；在"设置"区域中设置边框线应用的范围；在"预览"区域中单击对应的按钮设置某个位置的边框线。

5）设置填充色

填充色是指区域的颜色和阴影。设置合适的填充色可以使工作表显得更为生动活泼、错落有致。

①选择要设置边框的单元格或者单元格区域。

②打开"设置单元格格式"对话框，单击对话框中的"填充"选项卡。

③在"背景色"列表中设置背景颜色，单击"填充效果"和"其他颜色"按钮可以设置

更多的背景效果；在"图案颜色"下拉列表框中设置单元格图案的颜色；在"图案样式"列表中设置单元格图案的样式。

4.3.5　数据管理

1．案例操作步骤—3　数据管理

在日常办公过程中，对于工作表除了要对数据进行收集整理和计算外，还要对数据进行各种分析与统计，合理的数据分析，可以让数据表更加简洁有效，还能帮助用户准确的汇总数据。

在本案例中，对学生成绩表中的数据进行排序、筛选和分类汇总的操作。

操作步骤如下：

Step1：打开素材文件"学生成绩统计.xlsx"。

Step2：数据排序，将所有学生按照总分的降序排列。

单击"排序"工作表，使之成为当前工作表，单击工作表数据区的任意一个单元格，单击"数据"|"排序和筛选"|"排序"按钮，打开"排序"对话框，如图 4-76 所示。

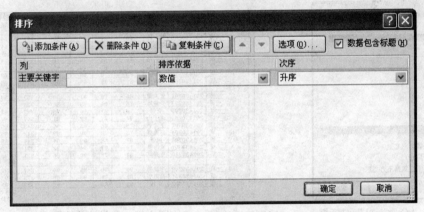

图 4-76　"排序"对话框

在"主要关键字"下拉列表中选择"总分"，在"次序"下拉列表中选择"降序"，单击"确定"按钮。

Step3：数据筛选，筛选工作表中所有平均分大于等于 90 的学生。

①单击"筛选"工作表，使之成为当前工作表，单击工作表数据区的任意一个单元格，单击"数据"|"排序和筛选"|"筛选"按钮，此时标题行中每个字段名右侧有一个 ▼ 标记。

②单击"平均分"右侧的 ▼ ，在弹出的列表中单击"数字筛选"|"大于或等于"命令，弹出"自定义自动筛选方式"对话框，如图 4-77 所示。

③在"大于或等于"右侧的下拉列表中输入 90，单击"确定"按钮，当前工作表只显示平均分大于等于 90 的记录，如图 4-78 所示。

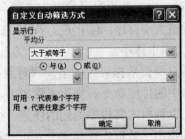

图 4-77　"自定义自动筛选方式"对话框

班级	学号	姓名	高等数学	英语	C语言	数字电路	总分	平均分	总评
一、二班期末成绩汇总表									
一班	201430202	李晓明	90	95	86	96	367	92	优秀
二班	201430301	高志华	89	91	95	98	373	93	优秀
二班	201430302	李伟	93	88	97	95	373	93	优秀

图 4-78　筛选结果

Step4： 数据分类汇总，汇总所有学生总评为优秀、良好、及格和不及格的人数。

①单击"分类汇总"工作表，使之成为当前工作表，单击工作表数据区的任意一个单元格，参照 Step2 的方法按照"总评"字段的升序或者降序排列。

②单击"数据"|"分级显示"|"分类汇总"命令，打开"分类汇总"对话框，如图 4-79 所示。

③在对话框的"分类字段"下拉列表中选择"总评"，在"汇总方式"下拉列表中选择"计数"，在"选定汇总项"列表中选中"总评"。

④单击"确定"按钮，工作表按照总评汇总优秀、良好、及格和不及格的人数，如图 4-80 所示。

图 4-79　"分类汇总"对话框

班级	学号	姓名	高等数学	英语	C语言	数字电路	总分	平均分	总评
一、二班期末成绩汇总表									
一班	201430205	孙个小	56	72	54	50	232	58	不及格
一班	201430208	赵登高	46	50	58	47	201	50	不及格
二班	201430305	林一玲	60	37	46	56	199	50	不及格
二班	201430309	徐丽珍	75	35	45	60	215	54	不及格
						不及格 计			4
一班	201430204	张成功	78	65	76	78	297	74	及格
一班	201430207	胡志猛	82	67	76	80	305	76	及格
一班	201430210	刘毅	65	73	69	66	273	68	及格
二班	201430308	宋毅刚	67	78	69	56	270	68	及格
						及格 计数			4
一班	201430201	张大雷	86	96	81	89	352	88	良好
一班	201430203	吴美凤	75	94	79	80	328	82	良好
一班	201430206	崔倩	70	87	90	75	322	81	良好
一班	201430303	张子山	97	87	82	81	347	87	良好
二班	201430304	赵美英	78	86	83	96	343	86	良好
二班	201430306	顾强	87	88	85	84	344	86	良好
二班	201430307	黄梅英	78	67	94	92	331	83	良好
二班	201430310	张秀英	67	78	90	86	321	80	良好
						良好 计数			9
一班	201430202	李晓明	90	95	86	96	367	92	优秀
二班	201430301	高志华	89	91	95	98	373	93	优秀
二班	201430302	李伟	93	88	97	95	373	93	优秀
						优秀 计数			3
						总计数			20

图 4-80　分类汇总结果

1．数据管理技术要点

（1）排序

用户输入数据表中的数据时，一般是随机录入的，为了使工作表中的数据排列更加直观有序，便于浏览和分析数据，应该对数据进行排序。

Excel 中的数据可以按照数字和字母顺序进行升序和降序排列；对于数值型数据，系统会按照数值大小排序；对于英文字母，按照字母顺序排列；对于汉字，可以按照拼音和笔划排序。

1）简单排序

若只需按数据表中的某一列对数据表中的数据进行排序，最简单的方法是使用"数据"选项卡中的排序命令。操作步骤如下。

①鼠标单击要排序的列的任意一个单元格。

②单击"数据"选项卡，单击"排序和筛选"工具组中的"升序"按钮或"降序"按钮。

2）高级排序

当排序的字段出现重复值时，可以使用 Excel 提供的高级排序功能，将重复数据的行按照其他关键字再次进行排序，操作步骤如下。

①在需要排序的数据表中，单击任一单元格。

②单击"数据"|"排序和筛选"|"排序"按钮，打开"排序"对话框，如图 4-81 所示。

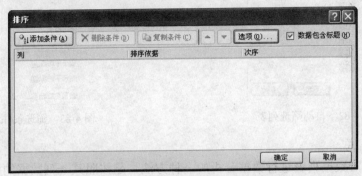

图 4-81　"排序"对话框

③单击"添加条件"按钮，在对话框中设置"主要关键字"，在"主要关键字"下拉列表中设置主要关键字；在"排序依据"下拉列表中选择排序依据，包括"数值"、"单元格颜色"、"字体颜色"和"单元格图案"等四个选项，一般情况下默认为"数值"；在"次序"下拉列表中选择排序的方式，包括"升序"、"降序"和"自定义序列"三个选项。

④再次单击"添加条件"按钮，可以设置次要关键字，且次要关键字可以添加多个。

⑤单击"确定"按钮完成排序操作。

在"排序"对话框中，单击"删除条件"按钮，可以将当前的排序关键字删除；单击"复制条件"按钮，可以复制当前的排序关键字到对话框中。

（2）筛选

Excel 的筛选功能可以在工作表中只显示符合条件的记录，而将不符合条件的记录隐藏起来。

鼠标单击要筛选的数据区域中的任意一个单元格，单击"数据"|"排序与筛选"|"筛选"按钮，数据区域的每个列标题右侧显示▾标记。

单击要筛选列右侧的▾标记，弹出列表框，如图 4-82 所示。

在列表中，单击"升序"、"降序"和"按颜色排序"命令，可以将数据区域按照该字段的指定方式排序。

在列表下方显示的是该列所有出现的值，选中前面的复选框则显示包含该值的所有的行，取消复选框的选中，则包含该值的数据行不再显示。

如果筛选的不是某个确定的值，单击列表中的"数字筛选"命令，弹出列表，如图 4-83 所示。

单击列表中的某个命令可以设置筛选的条件，例如单击"等于"命令，打开"自定义自动筛选方式"对话框，如图 4-77 所示。

在对话框中设置用于筛选的一个或者两个条件，设置完成后，单击"确定"按钮，完成筛选。

图 4-82　自动筛选列表

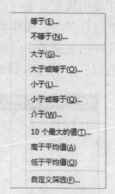
图 4-83　筛选条件

（3）分类汇总

分类汇总是对数据列表进行数据分析的一种方法，是按照某一列数据的类别对其他数据进行汇总，使用分类汇总，可以快速获知特定类型数据的分布以及汇总结果。

1）创建分类汇总

创建分类汇总之前，必须先对分类字段进行排序，其作用是将具有相同关键字的记录被集中在一起，以便进行分类汇总。

鼠标单击要汇总的数据区的任意一个单元格，单击"数据"|"分级显示"|"分类汇总"按钮，打开"分类汇总"对话框。

在"分类字段"下拉列表框中选中分类排序字段，在"汇总方式"下拉列表框中选中汇总计算方式，在"选定汇总项"列表框中选择需要汇总的项，可以选择多项。

在本例中，"分类字段"设置为"班级"；"汇总方式"为"平均值"；"选定汇总项"为"高数"、"马哲"、"英语"和"计算机"。

单击"确定"按钮，分类汇总完成。

2）分级查看数据

对数据表进行分类汇总之后，在行号左侧将显示分类汇总的控制区域，通过单击区域中的 1 2 3 和 ➖ 按钮，可以按级别展开或者折叠汇总结果，以便更加直观的查看汇总结果。

单击按钮 1，将在数据表中显示最高级汇总结果，如图 4-84 所示；单击按钮 2，在数据表中显示第二级汇总数据，如图 4-85 所示；单击按钮 3，显示第三级汇总数据。

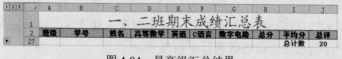
图 4-84　最高级汇总结果

图 4-85　第二级汇总结果

4.3.6　插入图表

1．案例操作步骤—4 插入图表

将单元格中的数据以各种统计图表的形式显示，可使繁杂的数据更加生动，可以直观、清晰地显示不同数据间的差异。当工作表中的数据发生变化时，图表中对应项的数据也自动更新。Excel 中图表分为内嵌图表和图表工作表两种。内嵌图表与数据源放置在同一张工作表中，是工作表中的一个图表对象，可以放置在工作表中的任意位置，与工作表一起保存和打印；图表工作表是以独立的工作表存放图标，打印时与数据分开打印。

本案例创建两个图表：一班各科成绩统计表。

操作步骤如下。

Step1：打开工作簿"学生成绩统计.xlsx"。

Step2：创建一班各科成绩统计表。

①单击"一班成绩统计"工作表，使之成为当前工作表，选中 B2:F12 单元格。

②单击"插入"|"图表"|"柱形图"，弹出柱形图的列表，如图 4-86 所示。

③单击列表中的第一个图表类型（"簇状柱形图"），此类型的图表插入到当前工作表中，如图 4-87 所示。

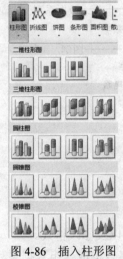

图 4-86　插入柱形图

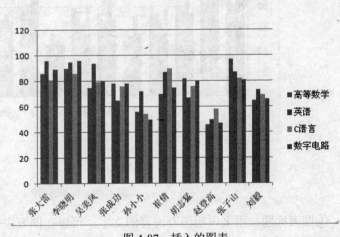

图 4-87　插入的图表

Step3：编辑图表。

①选中插入的图表，单击"图表工具"|"设计"|"图表样式"，在列表中选择合适的图表样式。

②单击"图表工具"|"布局"|"标签"|"图表标题"按钮，在弹出的列表中单击"图表上方"命令，在图表上方显示图表标题文本框，在文本框中输入"一班各科成绩统计表"。

③单击"图表工具"|"设计"|"移动图表"，弹出如图 4-88 所示的"移动图表"对话框。

④单击对话框中的"新工作表"单选钮，在右侧的文本框中输入"一班成绩汇总图"，单击"确定"按钮，此图表移动到工作表"一班成绩汇总图"中。

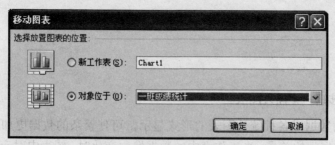

图 4-88 "移动图表"对话框

2. 插入图表技术要点

（1）图表的组成

在 Excel 2010 中有 11 种标准图表类型，每个类型中又分为多个子类型，虽然图表类型不同，但是每种图表的组成是类似的，包括图表标题、数值轴、分类轴、数据系列和图例等，如图 4-89 所示。

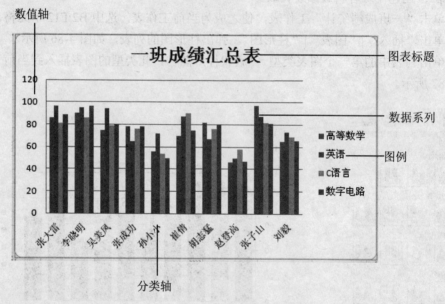

图 4-89 图表示例

①图表标题：用来说明图表内容的文字，可以在图表中任意移动以及修改格式。

②数据系列：在数据区域中，同一列（或同一行）数值数据的集合构成一组数据系列，也是图表中相关数据点的集合，图表中可以有一组或者多组数据系列，多组数据系列之间通常用不同的图案、颜色或者符号来区分。

③数值轴：用来表示数据系列的数值大小，可以根据需要为数值轴添加标题。

④分类轴：用来表示数据的分类，在图 4-89 所示的图表中，分类轴为姓名，可以根据需要为分类轴添加标题。

⑤图例：用来指出图表中系列的颜色、符号或者图案代表的内容。

（2）创建图表

在 Excel 2010 中，取消了以往版本的图表向导，只需选择图表类型、图表布局和样式就能创建专业的图表效果。

1）选择数据区域

在创建图表前，应先选择数据区域，即图表中数值轴和分类轴的数据以及图例中显示的数据。

2）选择图表类型

选择数据区域后，单击"插入"|"图表"工具组，在列表中单击指定的图表类型（如"柱形图"）按钮，弹出该类型图表子类型列表。单击列表中的某个类型，该类型的图表插入到当前工作表中。

3）更改图表布局

图表创建后，并不显示图表标题、数值轴标题、分类轴标题等元素，可以通过更改图表布局来显示这些元素。

①添加标题。选中图表，单击"布局"|"标签"|"图表标题"按钮，弹出列表，在列表中有三个选项："无"、"居中覆盖标题"和"图表上方"，单击后两个按钮，在图表中显示标题，单击标题，在标题文本框中输入文字。

② 添加坐标轴标题。选中图表，单击"布局"|"标签"|"坐标轴标题"按钮，弹出列表："主要横坐标轴标题"和"主要纵坐标轴标题"，单击对应的标题，在弹出的列表中选择坐标轴标题的位置和选项。添加坐标轴标题后，单击标题文本框，在其中输入坐标轴标题文字。

③ 图例位置。图例的位置默认为在图表右侧，可以通过设置修改图例的位置。选中图表，单击"布局"|"标签"|"图例"按钮，弹出列表，在列表中设置图例的位置，包括："无"、"在右侧显示图例"、"在顶部显示图例"、"在左侧显示图例"、"在底部显示图例"、"在右侧覆盖图例"以及"左侧覆盖图例"等选项。

4）更改图表样式

选中图表，单击"设计"|"图表样式"工具组右下角的 ▼ 按钮，打开图表样式列表，如图 4-90 所示。在列表中单击一种样式，该样式即应用到当前图表上。

图 4-90　图表样式列表

（3）编辑图表

当图表建立好之后，有时需要修改图表的源数据。在 Excel 中，工作表中的图表源数据与图表之间存在着链接关系，修改任何一方的数据，另一方也将随之改变。因此，当修改了工作表中的数据后，不必重新创建图表，图表会随之调整以反映源数据的变化。

1）图表的移动和缩放

刚建立好的图表，边框上有 8 个黑色控制块。将鼠标定位在图表上，通过拖动鼠标，可以将图表移动到需要的位置。将鼠标定位在控制点，拖动鼠标可以调整图表的大小。

2）图表中数据的修改

创建图表时，图表与图表源数据区域之间建立了联系。当源数据区域中的单元格数据发生变化时，图表中对应的数据将会自动更新。

在图表上同样可以修改数据点的值。在图表上单击要更改的数据点标志，拖动标志在数值轴方向移动，拖动时会有一个小窗口指示当前拖动位置的值，拖动到所需位置后放开鼠标。

3）更改图表类型

如果对当前图表类型不满意，可以更改图表的类型。选中图表，单击"设计"|"类型"|"更改图表类型"按钮，弹出"更改图表类型"对话框，如图 4-91 所示。

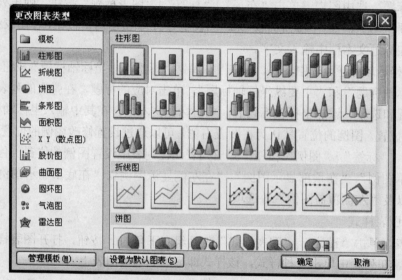

图 4-91   "更改图表类型"对话框

在对话框中选择某种图表类型，单击"确定"按钮。

4）设置图表元素的格式

在图表中双击任何图表元素都会打开相应的格式对话框，在该对话框中可以设置该图表元素的格式。

4.3.7   拓展练习

打开素材文件 teacher.xlsx，在 Sheet1 中做如下操作：

①如图 4-92 所示，插入标题行并设置工作表的格式。

②填充奖金列，其中教授奖金为 2000；副教授为 1800，讲师为 1500，助教为 1000（注：使用 if 函数填充），计算应发和实发列，应发列的公式为：应发=基本工资+津贴+奖金；实发列的公式为：实发=基本工资+津贴+奖金-个人税-水电费。

	A	B	C	D	E	F	G	H	I	J	K	L
1	教师基本情况表											
2	单位名称	姓名	性别	出生年月	职称	基本工资	津贴	奖金	应发	个人税	水电费	实发
3	理学院	潘成文	男	1965-10-9	讲师	950	402			1050	90	
4	工学院	邢易	女	1981-2-25	助教	600	325			300	90	
5	商学院	谢枭豪	女	1950-11-18	教授	1350	516			200	90	
6	工学院	胡洪静	女	1952-6-24	教授	1350	277			100	86	
7	工学院	李云飞	男	1969-5-4	讲师	960	729			56	89	
8	商学院	张奇	女	1970-5-28	讲师	960	331			69	89	
9	理学院	夏小波	女	1968-8-1	讲师	960	482			89	45	
10	工学院	王玮	女	1972-11-5	讲师	960	340			98	79	
11	理学院	张帝	女	1950-3-26	教授	1300	335			124	90	
12	商学院	孙帅	男	1966-5-24	讲师	900	748			326	79	
13	工学院	卜辉娟	女	1960-5-23	教授	960	481			651	78	
14	工学院	李辉玲	女	1978-9-9	助教	630	379			400	77	
15	理学院	刘亚静	男	1969-8-9	副教授	890	377			23	66	
16	工学院	尹娴	女	1958-6-9	教授	1050	955			59	65	
17	商学院	马春英	男	1964-12-6	讲师	850	387			78	69	
18	工学院	孟梦	女	1965-8-9	副教授	850	753			485.6	93	
19	工学院	梁晓萌	女	1975-6-9	助教	650	551			136.5	99	
20	理学院	张然	女	1973-3-3	讲师	800	761			203.1	100	
21	工学院	彭雁南	男	1978-5-9	助教	650	200			200	90	

图 4-92　工作表样张

③将 Sheet1 改名为“教师工资一览表”，将此工作表中的全部内容复制到 Sheet2 和 Sheet3 中，并将 Sheet2 命名为“汇总”，将 Sheet3 命名为“教授”。

④在”教师工资一览表”中，以单位名称为主关键字，职称为次要关键字对表格排序，其中单位名称为升序，职称为降序。

⑤在“教授”表中，对工作表数据进行自动筛选，筛选出所有职称为“教授”的职工。

⑥在“汇总”表中，对所有职工按照“职称”列汇总实发的平均值。

⑦以“教师工资一览表”中的数据为数据源，创建图表：

图表类型：簇状柱形图

图表数据源：所有的工学院的职工

数据系列：实发工资

分类轴标志：姓名

图例：靠下

图表位置：将图表创建到新工作表中，名称为“工学院教师工资情况表”

4.4　PowerPoint 2010 演示文稿制作——案例 4：毕业设计答辩演示文稿

4.4.1　PowerPoint 2010 概述

1．PowerPoint 2010 简介

PowerPoint 是 Microsoft 公司推出的 Office 办公软件系列产品之一，专门用来设计、制作信息展示的各种演示文稿，广泛应用于会议、培训、教育及商务领域，PowerPoint 2010 相比以前的版本，在功能上有了较大的改进和提升，增强了通过 Web 对演示文稿的共享和协作功能，此外他还改进了表格、绘图、图片、文本以及输出方式，从而使演示文稿的编制和演示更加容易。目前 PowerPoint 已被广泛应用于课堂教学、专家培训、产品发布、广告宣传、商业演示和远程会议当中。

PowerPoint 2010 工作界面是由标题栏、"文件"选项卡、功能选项卡、快速访问工具栏、功能区、"幻灯片/大纲"窗格、幻灯片编辑区、备注窗格和状态栏等部分组成，如图 4-93 所示。界面内多数项目与 Word 2010 对应项目相同，下面重点介绍不同于 Word 的面板区域。

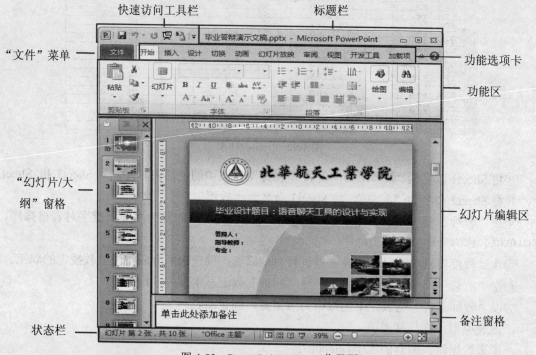

图 4-93　PowerPoint 2010 工作界面

"幻灯片/大纲"窗格：用于显示演示文稿的幻灯片数量及位置，通过它可更加方便地掌握整个演示文稿的结构。在"幻灯片"窗格下，将显示整个演示文稿中幻灯片的编号及缩略图，在"大纲"窗格下列出了当前演示文稿中各张幻灯片的文本内容。

幻灯片编辑区：是整个工作界面的核心区域，用于显示和编辑幻灯片，在其中可输入文字内容、插入图片和设置动画效果等，是使用 PowerPoint 制作演示文稿的操作平台。

备注窗格：位于幻灯片编辑区下方，可供幻灯片制作者或幻灯片演讲者查阅该幻灯片信息、在播放演示文稿时对需要的幻灯片添加说明和注释。

状态栏：位于工作界面最下方，用于显示演示文稿中所选的当前幻灯片以及幻灯片总张数、幻灯片采用的模板类型、视图切换按钮以及页面显示比例等。

2．PowerPoint 幻灯片策划

优秀 PPT 的定义有很多种，但制作 PPT 的终极目标就是让人了解你的思想、吸引别人的眼球。为了达到这个目的，要设计丰富详实的内容、光彩夺目的模板、精妙绝伦的动画，当然还有演讲者的演说水平和与观众互动等。以上的几点，无需面面俱到，但某一点做的很糟的话，那就是失败的 PPT，可以说是"一票否决"。所以，一个优秀 PPT 不一定是每个部分都做到最好，而是每个部分都不搞砸，有几个部分比较突出即可。

（1）PPT 的设计原则

根据应用主题、内容、目的以及要求的不同，通常将 PPT 分为工作报告、企业宣传、项

目宣讲、培训课件、咨询方案、竞职演说等类别。不同类别的幻灯片其设计原则各有不同，但是我们可以归纳出一些共性的特点来和大家分享。

1）内容不在多，贵在精当

不要把什么内容都写上去，只留重点，因为一张 PPT 的空间有限，不但要有文字和图片，适当的留白也是十分必要的，这样人的视线才不会疲劳。"精"就是你要精挑细选，"当"就是页面上面的东西要恰当，能反应你的中心思想或观点。

2）色彩不在多，贵在和谐

初学者往往会犯的通病：一是乱用颜色，结果就是给人一种页面杂乱无章的感觉；二是不用颜色，一张黑脸到底。这都是错误的。颜色使用一定和谐，切忌背景喧宾夺主。当然合理的颜色搭配技巧需要不断的尝试和训练，另外还可以选用系统的设计模版来进行幻灯片颜色处理，只是缺乏一些创意性。

3）动画不在多，贵在需要

动画效果的添加体现胶片幻灯片和多媒体 PPT 的区别，适当而又精美的动画无疑是夺人眼球的利器。但可想而知，不恰当或过多的动画，也会同样令人反感。将简单动画进行巧妙组合会使这些动画演变出多样的效果。

4）三要：文字要少，公式要少，字体要大

有多少人可以看着满屏的文字不睡觉？有多少人可以看到满屏的公式不头痛？有多少人可以看着满屏蚂蚁样的字不头晕？这些都是设计时的大忌。

（2）PPT 制作流程

当制作 PPT 时，先要对 PPT 进行构思，一般应从以下几个方面进行考虑。首先，制作 PPT 的目的是什么，要传达的中心思想是什么；其次，如何演示 PPT 的素材，是否需要用到多媒体元素或链接；最后，在哪种场合放映最合适。制作 PPT 时一般要按照以下流程。

1）设计阶段

设计阶段主要有两个任务，一是要对自己掌握的资料进行分析与归纳，找到一条清晰的逻辑主线，构建 PPT 的整体框架，确定 PPT 各部分的顺序安排；二是根据 PPT 使用场合确定整个 PPT 的风格，确定主题字体和主题颜色，完成模板和导航系统的设计。

在内容制作之前，可以先在纸上画出每一页的设计样稿。这样做的目的是：可以确定自己还需要什么素材；能否通过绘画激发更多的灵感；可以淘汰过于复杂的设计思路，筛选出比较简单的实现方式。

2）素材准备阶段

PPT 的主题确定以后，另外一个重要的工作是准备素材。首先利用各种方式获取合适的图片、声音、视频等多媒体素材，然后通过常用的素材处理软件对原始素材进行加工。素材整理完成为制作阶段做好准备。

3）制作阶段

制作阶段的任务是将 PPT 的内容视觉化，将表格中的数据信息转变成直观的饼图、条形图或折线图等，将文字删减、提炼，制作成相应的幻灯片，尝试将复杂的原理或观点通过表、图等直观元素表达出来。

4）预演阶段

对于演示型 PPT，预演阶段是需要重视的。如果对 PPT 的内容还不熟练，记不清动画的先后顺序，甚至准备上台即兴发挥，那么 PPT 再好也帮不了你。因此，在 PPT 制作完成之后，演讲者应该花大量时间在每页 PPT 的备注窗格下写详细的讲稿。然后多次排练和计时，修改讲稿，直到能够熟练且自然地复述每一张讲稿。此外还需要注意自己演讲的态度、声音和语调，提醒自己的仪态仪表，设想可能发生的突发状况，充分准备是演讲成功的前提。

（3）素材搜集

制作一份优秀的 PPT，最基础的工作是准备素材。

1）素材的种类

幻灯片制作常见的素材文件包括幻灯片模板、图表、图片、视频、声音等。

2）经典 PPT 素材网站

锐普 PPT：www.rapidppt.com、无忧 PPT：www.51ppt.com.cn、拓扑网：www.pooban.com、站长素材：sc.chinaz.com、德国：www.presentationload.com、美国：www.animationfactory.com/en、韩国：www.pptkorea.com、www.themegallery.com/english。用户可以登录这些网站下载素材、观看经典的 PowerPoint 设计案例。

3）常用素材编辑软件

通常情况下，在网络上获取的素材无法完全切合幻灯片的实际需要，所以多数情况下要对素材文件进行处理，例如图片处理、声音剪辑、幻灯片模板的调整。因而对于幻灯片设计者而言，掌握一些常见的素材处理软件是十分必要的。

- 图片处理软件：Adobe Photoshop、美图秀秀
- 声音处理软件：Adobe Audition、Cool Edit Pro、Goldwave 等
- 视频处理软件：Ulead Video Studio（会声会影）、Adobe Premiere

4.4.2 案例说明与分析

PowerPoint 广泛应用于各类演讲活动当中，在大学里，大学毕业生必须经历毕业答辩环节，此环节一般采取 PPT 辅助答辩方式。因而一份出色的答辩 PPT 不仅为答辩过程增色不少，而且可以赢得答辩老师的好感，为答辩成功增加砝码。

本节以"毕业设计答辩演示文稿"为案例开展 PPT 知识的讲解。答辩 PPT 演示文稿应用于学术活动当中，因此在风格上要选色严谨，本案例主色调为科技蓝色。幻灯片整体设计独具匠心，小细节也能够体现作者的设计思想。另外演示文稿的内容必须遵循论文答辩的基本要求，常规内容包括课题标题、答辩人、课题执行时间、课题指导教师、课题的归属、致谢等，课题研究内容包括研究目的、方案设计（流程图）、运行过程、研究结果、创新性、应用价值、有关课题延续的新看法等。整个答辩幻灯片一般控制在十五页左右，不宜过多。图 4-94 是本节案例"毕业设计答辩演示文稿"的部分截图。

本案例设计主要知识点：

（1）幻灯片母版

（2）幻灯片设计

（3）幻灯片动画设计及切换

（4）幻灯片超级链接

（5）幻灯片放映

图 4-94　"毕业设计答辩演示文稿"的部分截图

4.4.3　设计母版

一份优秀的幻灯片演示文稿需要认真的设计筹划，充分做好前期的准备工作，包括主题的确定、素材的处理、每张幻灯片的结构设计、预演安排等。如果盲目的直接开始幻灯片的制作，一定是事倍功半、返工重修，浪费功夫不少，至少很难做出精品幻灯片。所以我们必须重视制作前的准备工作，本案例作者做了大量的前期工作，并且准备了大量的素材，下面直接讲解幻灯片制作的相关技术操作。

1．案例操作步骤-1　设计母版

制作幻灯片应具备统一的风格，在 PowerPoint 2010 中可通过设计模版、母版及配色方案来实现幻灯片风格的一致性。下面介绍本案例母版的设计方法。

Step1：新建"毕业设计答辩演示文稿.pptx"。单击"开始"|"microsoft office"|"microsoft PowerPoint 2010"，启动 PowerPoint 2010，新建一个默认文件名为"演示文稿 1"的 PPT 文档，单击"文件"|"保存"，打开文件保存对话框，在"文件名"位置输入"毕业设计答辩演示文稿.pptx"，在"文件类型"位置选择"PowerPoint 演示文稿.pptx"文件，单击"保存"按钮，完成新建操作。

Step2：打开"幻灯片母版"视图模式。单击"视图"|"母版视图"|"幻灯片母版"，打开幻灯片母版制作界面，如图 4-95 所示，此时出现"幻灯片母版"功能区，可以进行幻灯片母版的设计。

Step3："Office 主题幻灯片母版"设计。单击"第 1 张 Office 主题幻灯片母版"，单击"插

入"|"插图"|"图片",打开"插入图片"对话框,选择"…/书稿/PPT/背景2",调整图片大小,覆盖整个设计页面。然后利用相同方法,插入图片"校徽"和"校名",调整图片大小,并按照"毕业答辩演示文稿-案例样文"调整他们的位置。

Step4:"标题幻灯片母版"设计。单击第2张"标题幻灯片母版页",在编辑区鼠标右击弹出快捷菜单,单击"背景格式"打开"设置背景格式"对话框,单击"填充"选项卡,选择"图片或纹理填充",勾选"隐藏背景图形"复选按钮,然后单击"插入"按钮,选择"背景1.jpg",最后单击"关闭"完成了背景设置。接下来选中"单击此处编辑母版标题样式"占位符,将其字体设置为32号微软雅黑,选中"单击此处编辑母版副标题样式",设置其字体为微软雅黑24号字,调整两个文本框占位符的大小及位置,完成设置。最终左侧"幻灯片/大纲"窗格效果如图4-96所示。

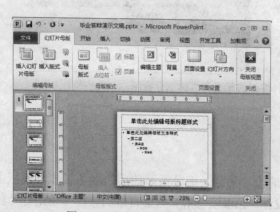

图4-95　幻灯片母版设计视图　　　　　　图4-96　母版设置效果

Step5:单击"幻灯片母版"|"关闭母版视图"完成案例的母版设计。

2．操作技能与要点

在演示文稿制作时,用户可以利用母版、设计模版、幻灯片版式、配色方案来设计幻灯片,使幻灯片具有一致的外观和统一的风格,增强其可视性、实用性和美观性。

（1）版式

幻灯片版式是指幻灯片的布局格式。通过应用幻灯片版式,可以使幻灯片的制作更加整齐和简洁。PowerPoint为用户提供了"标题"、"标题和内容"、"空白"等11种版式。幻灯片版式的应用方法主要有3种。

1）通过"新建幻灯片"命令应用

将光标定位在需要插入新幻灯片的位置,单击"开始"|"幻灯片"|"新建幻灯片"命令,在下拉列表中选择某一项即可。

2）通过"版式"命令应用

选择需要应用版式的幻灯片,单击"开始"|"幻灯片"|"版式",在其下拉菜单中选择某一项即可。

3）通过鼠标右击应用

在幻灯片窗格中，选择幻灯片并鼠标右击，在弹出的快捷菜单中选择"版式"级联菜单中某一项即可。

（2）母版

幻灯片母版用来控制所有幻灯片的格式，当用户更改母版格式时，则应用了对应母版的所有幻灯片都将发生改变，在幻灯片母版中，可以设置背景、字体、颜色等内容，同时还可以插入单位的徽标、演示报告的标题、页码、日期等通用项目。

一份演示文稿可以应用多个幻灯片母版方案，每个幻灯片母版方案中可以包含多个版式的母版页，如图 4-97 所示，包含"1"和"2"两个幻灯片母版方案。"1"为系统默认幻灯片母版方案"Office 主题幻灯片母版"，不可删除。另外用户还可以自定义设计方案，如方案"2"，自定义方案可删除。一般情况下，一份演示文稿，应用系统内置"Office 主题幻灯片母版"即可。这里需要注意的是在幻灯片母版方案中第 1 页为一级主版式母版，在此页面上设计背景、徽标、页码、日期等项目会自动沿用其他版式母版页中。

图 4-97　多方案母版

幻灯片母版的操作包括：

1）插入、删除幻灯片母版方案

如果幻灯片需要多个幻灯片母版方案，则可以单击"幻灯片母版"|"编辑母版"|"插入幻灯片母版"，即可增加自定义母版方案；如果要删除不需要的自定义幻灯片母版方案（如图 4-97 中的方案"2"），则可以鼠标右击方案"2"中的第一张母版页，在弹出的快捷菜单中单击"删除幻灯片母版"即可将其删除。

2）插入、删除、复制、重命名版式

一个幻灯片母版方案，可以包含多个版式母版页。可以对这些版式的母版页进行各种编辑操作。选中对应版式母版页，单击"幻灯片母版"|"编辑母版"|"插入版式（或者删除、复制、保留）"，可实现相应操作。另外鼠标右击对应版式母版页，在弹出的快捷菜单中，也可以进行相应的操作。

3）母版页编辑

在图 4-97 右侧编辑区，可以进行母版页的设计。一般我们主要设计幻灯片母版方案中的第 1 页，在其中设计背景、公司徽标、幻灯片标题或者页码等内容，以此来统一幻灯片的风格。第 1 页母版页内容自动沿用到其他版式页面中。如有需要可以编辑其他版式页面。

4）母版的应用

母版设计完成后，单击"幻灯片母版"|"关闭幻灯片母版"，回到演示文稿编辑状态。创建第一张幻灯片，在幻灯片编辑区，鼠标右击，在弹出的快捷菜单中，单击"版式"，即可选择设计好的"Office 主题幻灯片母版"的任意版式进行应用。

（3）幻灯片模板

幻灯片模板是 PPT 的骨架性组成部分。传统上的 PPT 模板包括封面、内页两张背景，供添加 PPT 内容。近年来国内外的专业 PPT 设计公司对 PPT 模板进行了提升和发展，内含：片头动画、封面、目录、过渡页、内页、封底、片尾动画等页面，使 PPT 文稿更美观、清晰、动人。幻灯片模版一般是扩展名为 potx 的模版文件。现在网络流行的幻灯片模版经常是包含几张框架幻灯片的 pptx 文件。

1）幻灯片模板的获取方法

目前，幻灯片模板的获取一般有两种方式：一种是通过网络获取，目前国内国外许多幻灯片设计网站提供了大量的幻灯片模板素材，有收费的也有免费的，用户可甄别选取；另外一种方式就是自己设计幻灯片母版，设计完成后，保存为.potx 幻灯片模板文件，例如"毕业设计答辩演示文稿-案例.pptx"，设计了母版后将文稿另存为"毕业设计答辩演示文稿.potx"，其对应母版即可作为模版使用。

2）幻灯片模板的应用

如果是普通的包含几张框架幻灯片的 pptx 文件形式幻灯片模版，则可以直接打开，进行编辑制作即可。如果是自定义母版样式的.potx 模版文件，则可以通过单击"设计"|"主题"，单击"主题"分组的下拉按钮打开"所有主题"下拉列表，单击"浏览主题"打开"主题或主题文档对话框"，选择对应的 potx 幻灯片模板文件打开，此时幻灯片模板中的母版版式就可以被使用了。

（4）幻灯片主题

幻灯片主题是指对幻灯片背景、版式、字符格式以及颜色搭配等方案的预先定义，一般保存为.thmx 文件。PowerPoint 提供了多种主题，为了满足用户设计需要。

用户根据实际需求，选择某一主题的应用方法是：打开要编辑的演示文稿，然后单击"设计"选项卡，在"主题"|"主题样式库"中选择某个主题方案即可。选择主题方案后，还可以通过"设计"|"主题"下的"颜色"、"字体"、"效果"对当前主题进行修改，通过"设计"|"背影"|"背影样式"改变主题的背景。

4.4.4　幻灯片版式设计

"毕业论文答辩演示文稿"包括课题标题、答辩人、课题指导教师、课题研究内容、方案设计（流程图）、研究结果、致谢等，本节介绍几张主要幻灯片的设计过程，同时讲解不同类别元素在幻灯片制作中的使用方法。

1. 案例操作步骤-2　主要幻灯片设计

Step1：制作第一张幻灯片。打开"毕业设计答辩演示文稿.pptx"，编辑默认的第一张幻灯片，版式为"标题幻灯片"，单击"标题"文本框占位符输入"毕业设计题目：语音聊天工具的设计与实现"，单击"副标题"文本框占位符输入"答辩人：×××、指导教师：×××、专业：×××"。单击"插入" | "图片"，选择"校徽.jpg"插入到幻灯片中，调整图片到合适大小及位置。单击"插入" | "艺术字"，选择第 4 行第 3 列艺术字样式，输入"北华航天工业学院"，设置艺术字的字体样式为"楷体 GB2312"，设置艺术字的填充色、边框颜色及样式，使其美观大方，最终效果如图 4-99（1）所示。

Step2：制作第二张幻灯片。

①插入新幻灯片。将光标定位于左侧幻灯片浏览窗格的第一张幻灯片之后，单击"开始" | "插入新幻灯片"，在下拉列表中选择"标题和内容"版式，插入一张新的幻灯片。

②设置标题占位符。单击右侧编辑区的"单击此处添加标题"占位符，输入"语音聊天工具的设计与实现"，设置其字体为 36 号微软雅黑加粗字体，调整文本占位符到合适位置。

③设置图形列表。删除"单击此处添加文本"占位符。单击"插入" | "插图" | "形状"，在下拉列表中选择立方体，插入一个 1.6cm*1.6cm 的立方体，填充色设置为渐变填充，填充参数如图 4-98 所示，"类型"选择线性，"方向"为线性对角-左上到右下，"渐变光圈"设置为两个颜色卡，"颜色"分别为浅红、深红。"角度"为 45°，"亮度"设置为 40%，"透明度"均设置为 0%，然后单击"线条颜色"按钮，设置为"无颜色"完成颜色填充设置。单击"插入" | "插图" | "形状"，在下拉列表中选择"直线"，插入一条直线，设置为 1.5 磅圆点虚线。在立方体上插入一个无边框无填充色的文本框，输入数字"1"，设置字体格式为微软雅黑 20磅加粗。将立方体、虚线和文本框调整到合适位置组合成一个列表项。将此列表项进行复制粘贴，整齐排列于幻灯片编辑区内，同时改变其他几个列表图形的颜色。

图 4-98　设置填充参数

④输入列表文字。在列表第一项上，插入一个无边框、无填充色的文本框，输入"系统研究的背景和意义"，设置为 28 号楷体 GB2312 加粗。以同样方法输入列表其他各项的文字，完成第二张幻灯片的设计，完成后效果如图 4-99（2）所示。

Step3：制作第三张幻灯片。鼠标定位于第 2 张幻灯片之后，新建一张"标题内容"版式幻灯片，在"标题"占位符输入"系统研究的背景和意义"，设置为 36 号黑体加粗。在"内容"占位符输入文字"1.方便用户之间的信息交流。2. 有效节省了沟通双方的时间与经济成本。3. 提高工作效率"，设置为 24 号微软雅黑字体。单击"插入"|"插图"|"图片"，选择"小人.jpg"。调整各个对象的大小和位置。完成效果如图 4-99（3）所示。

Step4：制作第四张幻灯片。新建一张"两栏内容"版式幻灯片，在"标题"占位符处输入"服务器功能模块"，在"左侧文本"占位符处输入对应文字。在"右侧文本"占位符单击"smart 图形"，出现"插入 smart 图形"对话框，选择"层次结构"|"组织结构图"，设置组织结构图样式，同时输入组织结构图各文本框文字。完成效果如图 4-99（4）所示。

Step5：制作第五张幻灯片。新建一张"标题内容"版式幻灯片，在"标题"占位符处输入"语音聊天工具开发成果演示"，设置为 36 号黑体加粗。单击"内容"占位符处的视频图标，打开"插入视频"对话框，选择"语音聊天工具.avi"插入到幻灯片中。选中视频对象，单击"视频工具"|"播放"|"编辑"|"视频剪辑"，截图视频"00:50～01:16"。调整各对象大小及位置，完成效果如图 4-99（5）所示。

Step6：制作最后一张幻灯片。新建一张"空白版式"幻灯片。单击"插入"|"插图"|"图片"，在打开的"插入图片对话框"中选择图片"尾片"插入。单击"插入"|"插图"|"形状"，在下拉列表中选择"椭圆"，按住 shift 键拖出一个正圆形，将此圆形填充图片"运动会"。用同样方法插入另外两个圆形，分别填充图片"校训石"和"图书馆"。调整三个圆形的大小和位置。插入一个文本框，输入"请老师批评指正！"，设置为 54 号楷体 GB2312。完成最后结尾幻灯片的设计。完成效果如图 4-99（6）所示。

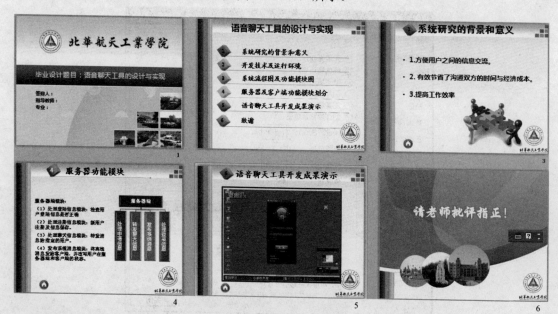

图 4-99　案例幻灯片样图

2．操作技能与要点

PowerPoint 2010 可以归类于多媒体制作软件，它不仅提供了文本、表格、图片、剪贴画、艺术字等基本图文元素，还提供了视频、声音、动画等多媒体元素。丰富多彩的制作工具为用户充分表达自己的设计和创意提供了有力的条件。在 Word 2010 关于对图片、剪贴画、表格、Smart 图形和艺术字等基本图文元素的使用方法在 PowerPoint 2010 中可以通用，此处不再赘述，音频放在后面的章节详细介绍。本部分简单介绍 PowerPoint 2010 的视频使用方法。

PowerPoint 允许用户插入播放视频对象。视频素材可以用户自己录制，也可以根据需要在网络上进行素材搜集，一般情况下需要将素材下载或复制到演示文稿的文件目录之下，视频要与演示文稿文件夹一起移动，否则视频会无法播放。视频素材的编辑需要用户掌握以下内容。

（1）插入视频

单击"插入"|"媒体"|"视频"命令，用户可以选择"文件中的视频"、"来自网站的视频"和"剪贴画视频"进行插入操作。

（2）视频格式设置

单击"视频工具"|"格式"，显示"视频格式"功能区，在此功能区内视频可以具备图片处理的相关属性，如设置视频的颜色、亮度、形状、边框、效果、裁剪、对齐、组合及旋转等多种属性。

（3）视频播放设置

单击"视频工具"|"播放"，显示如图 4-100 所示的功能区。在此功能区内通过"剪辑视频"裁剪视频的播放起止时间；通过"淡化持续时间"设置视频的淡入淡出效果；通过"音量"按钮控制音量；在"视频选项"组中可以设置"开始"方式、是否"全屏播放"、是否"未播放时隐藏"、是否"循环播放直到停止"、是否"播完返回开头"。

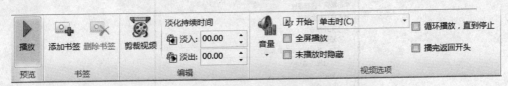

图 4-100　视频工具播放设置功能区

4.4.5　幻灯片中的超级链接

1．案例操作步骤-3　插入超级链接

使用超级连接可以改变幻灯片的播放顺序。

Step1：插入超链接。选择第 2 张幻灯片，单击"系统研究的背景与意义"文本框，单击"插入"|"链接"|"超链接"，打开"插入超链接"对话框，如图 4-101 所示，单击"本文档中的位置"中的第 3 张幻灯片，单击"确定"按钮完成超链接设置，用同样的方法将第 2 张幻灯片中其余的五个文本框设置对应的超级链接。

Step2：设置返回链接。在第 3-9 张幻灯片中分别插入图片"返回.jpg"，为图片设置插入指向第 2 页幻灯片的超级链接即可。

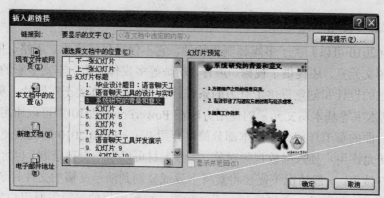

图 4-101　"插入超链接"对话框

2．操作技能与要点

超级链接用来改变幻灯片播放顺序，可根据需要自由跳转。在 PowerPoint 2010 中超级链接操作包括"超链接"和"动作"两种方式。

（1）超链接

单击"插入"|"链接"|"超链接"，打开 "插入超链接"对话框，用户可以根据需要设置"现有文件或网页"、"本文件中的位置"、"新文档"及"电子邮件地址"方式的超链接。

（2）动作

单击"插入"|"链接"|"动作"，打开"动作设置"对话框，如图 4-102 所示，对话框内有"单击鼠标"和"鼠标移过"两个选项卡，均可以实现相关超级链接操作。

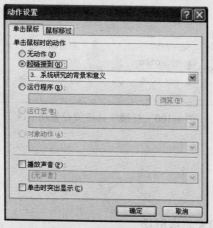

图 4-102　"动作设置"对话框

4.4.6　幻灯片动画设计

1．案例操作步骤-4　动画设计

一般学术性的幻灯片应用动画比较谨慎，因为不合适的动画会破坏演示文稿的严肃性。"毕业设计答辩演示文稿"案例增加一张片头动画来讲解 PowerPoint 2010 的动画使用方法。

Step1：插入幻灯片。将光标定位于第一张幻灯片的前面，单击"开始"|"幻灯片"|"新建幻灯片"，在下拉列表版式中选择"空白"版式插入一张新的幻灯片。鼠标右击编辑区域弹出快捷菜单，选择"设置背景格式"，在"填充"项目中，单击"图形或纹理填充"，勾选"隐藏背景图形"，单击"插入"打开"插入图形"对话框，选择"背景 3.jpg"插入。

Step2：打开辅助设计窗格。单击"开始"|"编辑"|"选择"|"编辑窗格"，打开如图 4-103 所示"选择和可见性"窗格，可以方便用户进行对象的安放。单击"动画"|"高级动画"|"动画窗格"，显示图 4-104 所示的"动画窗格"，方便用户进行动画的设计。两个窗格在窗口右侧显示。

图 4-103　"选择和可见性"窗格

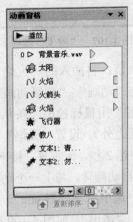

图 4-104　"动画窗格"

Step3：插入幻灯片中的所有元素，包括图片："地球"、"教八"、"太阳"、"飞行器"、"火箭"、"火焰"；包括文本框："青春梦前行"、"勿忘母校情"文本框。按照图 4-105 调整所有对象的大小及位置。在"选择和可见性"窗格更改每个对象的名字及所处的层次（具体见图 4-103）。（注意：暂时不包括"背景音乐.wav"音频对象）

Step4：设置动画。

太阳：选中"太阳对象"，单击"动画"|"高级动画"|"添加动画"，在下拉列表中选择"强调"|"放大缩小"动画方案。此时在"动画窗格"列表中增加一条对"太阳"设置的强调动画，如图 4-106 所示，单击动画右侧的"下拉按钮"，在列表中单击"效果选项"，打开"放大缩小"动画设置对话框，"效果"和"计时"选项卡分别进行如图 4-107 和图 4-108 所示的设置。

图 4-105　"片头"幻灯片样图

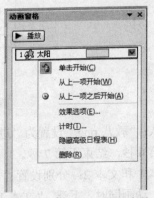

图 4-106　"太阳"强调动画

| 图 4-107 "效果"选项卡 | 图 4-108 "计时"选项卡 |

火焰和火箭：将插入的"火焰"和"火箭头"拼接成火箭样式，拖动到编辑区之外的左下角处。单击"动画"|"高级动画"|"添加动画"，在下拉列表中选择"路径"|"动作路径"|"自定义路径"用鼠标拉出一条从左下角到右上角的路经动画线（注意此路径线的开始和结尾都在编辑区之外）。设置"火焰"和"火箭头"的路径动画效果选项为：与上一个动画同时，延迟2秒，中速2秒，无重复。接下来选中"火焰"添加强调动画"放大缩小"，设置效果：尺寸为120%，自动翻转，与上一个动画同时，延迟2秒，非常快（0.5秒），重复至幻灯片结尾。

飞行器：选中"飞行器.png"，单击"动画"|"高级动画"|"添加动画"，在下拉列表中选择"出现"|"淡出"，如图 4-109 所示。"动画窗格"中每行动画的橙色块大致标注了动画的起始时间及播放时间。这个区域称为"高级日程表"，类似于时间帧，用户可以通过高级日程表粗略设置动画播放选项。例如，首先将"飞行器"动画设置为与上一个动画同时。然后将鼠标置于"飞行器"动画的橙色滑块上，鼠标显示"↔"状态时，可以左右拖动橙色滑块设置动画的开始时间。当鼠标定位于橙色滑块边缘时，鼠标显示"◀▶"形式时，可以拖宽或拖窄滑块长度，设置动画播放时间长度。大致设置"飞行器"动画开始时间为4秒，结束时间为6秒。设置时，日程表上会有浮动文本显示相关信息。

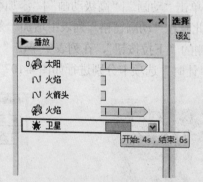

图 4-109 动画窗格高级日程表

教八："教八.png"设置为"进入"|"浮入"动画，效果选项为：与上一动画同时，上浮，开始于第6秒，结束于第7秒。

文本1和文本2：分别设置"文本1"和"文本2"为"进入"|"浮入"动画，效果选项为与上一动画同时，下浮，"文本1"开始于第7秒，结束为第8秒；"文本2"开始于第8秒，

结束于第 9 秒。

  动画设置结束，最终"动画窗格"设置效果如图 4-110 所示。读者若想提高动画设计水平，务必熟练使用"动画窗格"高级日程表的设置方法。

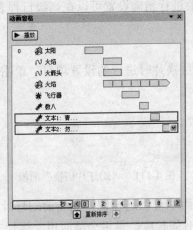

图 4-110 "动画窗格"设置效果

2．操作技能及要点

  PowerPoint 动画设计是多媒体类演示文稿的灵魂所在。灵活的应用 PPT 动画方案，可以设计出绚丽精美的动画效果。在 PowerPoint 2010 中提供了进入、强调、退出及路径四种动画形式，每种形式中又包含了多种动作，可以满足用户的多种需求。这里需要注意动画不可以滥用乱用，否则画蛇添足影响幻灯片效果。设计动画的原则是自然、和谐、不突兀、符合事物的运行规律。对于比较复杂的动画，一个对象就会复合设置进入、强调、退出等多个动作，读者需要多尝试、多观看网络上的经典案例来提高自身的 PPT 动画设计水平。

  （1）动画方案

  单击"动画"功能区"动画"右侧的下拉按钮，显示"动画方案"下拉列表。列表中提供了常用的动画方案，同时可以单击"更多…"来选择更多的动画方案。

  单击"动画方案"右侧的"效果选项"可以进行简单的效果设置。在"高级动画"分组内也可以添加动画方案，同时可以设置是否开启"动画窗格"、"动画触发"项目及使用"动画刷"操作。

  在"计时"分组内可以设置动画"开始"方式、"持续"时间、"延迟"时间及动画在动画窗格中的排列顺序。

  （2）动画效果设置

  "动画"功能区提供的动画设计的基本项目，能够达到用户的简单需求，但是如果要进行详细参数设置，需要打开"效果选项"对话框进行操作。方法是：在动画窗格中，选中某个动作，单击右侧的下拉按钮，在下拉列表中打开"效果选项"对话框。不同的动画方案其"效果选项"的内容不尽相同，用户可根据需要进行设置。

  （3）高级日程表

  高级日程表类似于导演可以综合控制幻灯片所有动作的入场时间、表演时间及表演动作。如果一张幻灯片内动作过多，通过高级日程表来辅助编排整体效果会非常方便。用户可以鼠标右击"动画窗格"中的任意一个动作，在弹出的快捷菜单中选择"显示高级日程表"或"隐藏高级日程表"。将鼠标置于动画方案之上，当鼠标显示"↔"，可以拖动"动画滑块"设置动画的开始时间；当鼠标显示"◀▮▶"，可以拖动鼠标设置动画的持续时间，设置时会有浮动信息显示动画的起止时间。如果要进行精确设置可以在高级日程表上启动对应动画方案的"效果选项"对话框进行设置。

（4）幻灯片的切换

幻灯片的切换即幻灯片播放换片时进行的设置项目。单击"切换"显示切换功能区如图4-111 所示。

图 4-111　"幻灯片切换"面板

在"切换到此幻灯片"分组中可以选择切换到当前幻灯片的动画效果。在"计时"分组可以设置切换声音、切换持续时间长度、是否全部应用、换片方式等项目。

幻灯片切换是比较简单的动画设置。需要注意的是在一些演示文稿中，幻灯片切换需要无缝连接切换，保证不同幻灯片中动画动作的连贯性。

4.4.7　幻灯片中插入声音

一份幻灯片没有声音，那么就会缺乏生命力。即使设计了精美的动画效果，但是如果没有声音与之协调搭配，也会让人觉得索然乏味、昏昏欲睡。本案例为第一张片头动画添加声音效果。

1．案例操作步骤－5 插入声音

Step1：插入背景音乐。单击"插入"|"媒体"|"音频"|"文件中的音频"，选择"背景音乐.wav"。插入的声音对象显示为一个带播放控制的小喇叭，选中"动画窗格"增加的一条"背景音乐"动画项目，单击右侧下拉按钮，选择"效果选项"，进行如下设置，效果：开始播放位置为从头播放，结束位置为当前幻灯片之后；计时：与上一动画同时，延迟 0 秒，无重复。背景音乐播放时间过长与当前幻灯片不匹配，选中"背景音乐.wav"，单击"音频工具"|"播放"|"剪辑音频"，裁剪开始于 00:20 秒，结束于 00:30 秒。设置淡入持续时间 3 秒，淡出持续时间为 4 秒，勾选"放映时隐藏"复选框。

Step2：设置火箭配音。单击"动画窗格"中的"火箭头"路径动画，单击右侧下拉按钮选择"效果选项"，打开"自定义路径"对话框，在"效果"选项卡下的"增强"|"声音"下拉列表中选择"其他声音"，打开"声音选择"对话框，选择"火箭.wav"插入，完成声音设置。

2．操作技能与要点

音频在 PPT 设计中扮演了非常重要的角色，音频赋予了幻灯片生命和活力。对于多媒体类的幻灯片，音频的使用尤其重要。

（1）音频格式

音频数据以文件形式保存在计算机中。常见的音频格式有 WAV、MP3、WMA、MID、AIS、RA 和 RU 等格式，大多数音频格式均可在 PPT 中使用。但是需要注意所有音频格式一般只有 WAV 可以嵌入到幻灯片文件中，其他的音频文件必须复制到幻灯片文件夹内一起移动，否则无法播放。

（2）PPT 音频使用方式

在 PPT 设计中，音频使用分两种方式，一类以动画方式为插入音频，另一类嵌入到动画动作中。

1）插入音频

单击"插入"|"媒体"|"音频"，选择一个音频文件插入到幻灯片当中，此时幻灯片内会增加一个带播放器的小喇叭图标，即为插入的音频对象。选中声音对象，单击"音频工具"|"播放"，显示如图 4-112 所示音频播放设置功能区。在此功能区内可以通过"剪辑音频"进行音频剪辑。通过"淡化持续时间"设置音频的淡入淡出效果；通过"音量"按钮控制音量；在"音频选项"组中可以设置"开始"方式、是否"放映时隐藏"、是否"循环播放直到停止"、是否"播完返回开头"。

图 4-112　音频播放设置功能区

在"动画窗格"选中插入的音频文件，如图 4-113 所示的"背景音乐.wav"，单击右侧的下拉按钮选择"效果设置"，打开"播放音频"对话框，如图 4-114 所示。在"效果"选项卡下设置音频开始播放的位置及停止播放的位置。在"计时"选项卡下设置音频的开始时间、持续时间及重复次数。在"音频设置"选项卡查看音频是否包含在当前文件中等信息。

图 4-113　"动画窗格"的音频

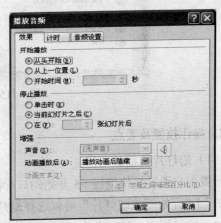

图 4-114　"播放音频"对话框

2）嵌入音频

PPT 演示文稿除了可以插入音频文件，还可以将声音嵌入到"动画动作"当中。单击"动画窗格"里的"火箭头"路径动画，单击右侧的下拉按钮，选则"效果设置"，在"效果"选

项卡下单击"增强" | "声音",选择"火箭.wav"完成设置。此时播放幻灯片,在背景音乐的衬托下,火箭升空时会有火箭发射的声音来渲染。如此一来,幻灯片立刻变得具体而有生命力。

4.4.8　幻灯片放映

幻灯片放映主要针对演示文稿的使用环境进行幻灯片放映方式、排练计时、录制旁白等内容的设置。

1.案例操作步骤−6 排练计时

"毕业设计答辩演示文稿"设计完成后,答辩之前不可或缺的环节就是预答辩,此时"幻灯片放映"可以帮助答辩者完成这个任务。

Step1:排练计时项目设置。勾选"播放旁白"、"使用计时"及"显示媒体控件"。

Step2:单击"排练计时",幻灯片播放开始计时,演讲者排练讲解结束时会显示如图 4-115 所示每张幻灯片的播放时间。根据实际情况可以再次排练直到演讲者满意为止。

图 4-115　排练计时效果

2.操作技能及要点

(1)幻灯片的播放与停止

一般用户通过按快捷键 F5 开始幻灯片播放,按 Esc 键退出幻灯片播放。另外单击"幻灯片放映" | "开始幻放映灯片"可以选择幻灯片"从头开始"或"从当前位置开始"进行播放。幻灯片编辑过程中,进行当前幻灯片播放测试时,可以单击编辑区右下角的"🖳"图标,幻灯片从当前位置开始播放。

(2)幻灯片放映设置

①设置幻灯片放映。单击"幻灯片放映" | "设置" | "设置幻灯片放映",打开如图 4-116 所示的"设置放映方式"对话框。用户可以设置"放映类型"、"放映选项"、"放映幻灯片"范

围、"换片方式"等项目。

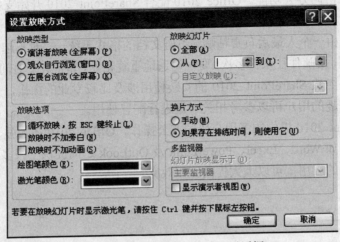

图 4-116 "设置放映方式"对话框

②选中幻灯片，单击"幻灯片放映"|"设置"|"隐藏幻灯片"设置幻灯片隐藏，播放时不会被播放。

③排练计时。单击"幻灯片放映"|"设置"|"排练计时"，演讲者开始模拟演示过程，系统会自动记录每张幻灯片的排练时间。同时可开启"使用旁白"、"使用计时"及"显示媒体控件"项目来辅助排练，获得最精彩的演讲效果。

4.4.9 拓展练习

主题：制作一份"华航校园宣传演示文稿"。

要求：

①认真策划，准备素材，对幻灯片的全局进行完整构思。

②主要介绍学校的历史、专业设置、招生规模、机构设置、特色等内容，可根据需要调整。

③灵活运用图片、图表、表格、Smart 图形、声音、视频等多种元素。

④灵活运动多媒体效果，如动画方案、幻灯片切换、视频及声音的设置。

附加：可以选取其他主题，如学校社团宣传、某种产品介绍、宿舍风采大赛成果展示、有声电子相册等。

4.5 Office 2010 协同办公——案例 5：制作成绩分析报告

4.5.1 协同办公概述

Microsoft Office 办公软件发展 20 余年，它的应用已经遍及人们日常生活的每个角落。尤其在社会网络信息日渐发达的今天，人与人之间的交流协作显得尤为重要。Office 2010 的新亮点之一即加强了协同办公功能。Office 2010 配合 SharePoint 2010 开始支持多人对同一文档的同时编写，大大加强了协作的功能。比如 Word 2010，以前写标书，往往是每一个人写自己的部分，然后统一由一个人最后负责粘贴。不但文档的格式不统一，对不起大公司的形象；而且由于修改的原因，要邮件往来很多次，要一遍遍地重复粘贴，非常耗费时间。采用 Office 2010 后效率要高多了。当然 SharePoint 2010 的安装使用涉及比较专业的操作，另外需要比较高的计算机配置。感兴趣的用户可以参考相关书籍进行配置使用。

除了 SharePoint 2010 提供的多用户协同办公操作，Office 2010 还加强了各个组件之间的协同办公能力。例如 Word、Excel、PowerPoint 及 OutLook 之间提供了很多协同操作的接口，熟练掌握它们之间的应用，可以大大提高工作效率。

4.5.2　案例说明与分析

"制作成绩分析报告"案例拟含三个文档，分别为"成绩分析报告.docx"、"成绩分析数据表格.xlsx"及"成绩分析报告演示文稿.pptx"。

案例设计主要知识点：

（1）在 Word 文档中调用 Excel 数据

（2）Word 文档与 PPT 文档间的相互转换

（3）在 PowerPoint 文档中调用 Excel 数据

4.5.3　Word 与 Excel 的协同应用

1．案例操作步骤-1　Word 文档插入 Excel 数据

Step1：打开"成绩分析数据表格.xlsx"|"机械系总体考试情况"工作表，选中"各班总成绩"表格区域，按 Ctrl+C 复制，打开"成绩分析报告.docx"，将光标定位于"表 1 专业各班总成绩情况表"下边，单击"开始"|"剪贴板"|"粘贴"，在粘贴下拉列表中选择"链接和使用源格式"，获得可自动更新的表格数据，进行简单格式排版，完成插入操作。

Step2：依次插入"表 2 各班奖学金获取情况"、"表 3 挂科情况表"、"表 4 各科成绩分布情况"、"表 5 各科最高分最低分及平均分统计表"，插入过程可根据需要应用不同的粘贴格式，如"保留源格式"、"使用目标格式"、"链接和使用源格式"、"链接和使用目标格式"、"图片"或"只保留文本"。

Step3：将光标定位在"成绩分析报告.docx"的"图 1 各科各分数段比率柱形图"上边，单击"插入"|"插图"|"图表"，在打开的"插入图表"对话框中选择"簇装圆柱图"，单击"确定"，在当前位置插入一张簇装圆柱图，同时打开图表数据源，如图 4-117 所示。

此时可以自己输入数据源数据，也可以打开"成绩分析数据表格.xlsx"进行数据复制，完成插图。（此种方法较繁琐，如果有完整的数据源，一般在 Excel 中绘制好图表，直接复制到 Word 文件即可，同时带有可编辑和自动更新功能。）

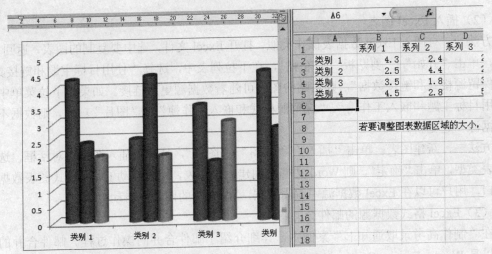

图 4-117　Word 文档插入图表

Step4：保存。将完成的文档以"成绩分析报告.docx"文件名保存。

2．操作技能和要点

目前在 Word 文档中应用 Excel 数据主要有三种方式：

（1）插入 Excel 数据表

方法一，在 Word 文档中单击"插入"|"文本"|"对象"打开"对象"对话框，单击"由文件创建"选项卡，单击"浏览"找到需要的 Excel 文件，对话框右侧有复选框"链接到文件"，如果勾选则插入表格可以随着 Excel 数据源自动更新。如果不勾选就无法更新数据了。注意此种方法插入的对象为图片形式，并且默认插入 Excel 工作簿中处于激活编辑状态的那张工作表，双击图片对象可在 Word 中启动 Excel 菜单工具进行编辑，另外如果 Excel 对象文件过大，则会运行缓慢。本方法过于繁琐不建议常使用。

方法二，打开 Excel 文件，选中需要复制的数据，按 Ctrl+C（或鼠标右击在快捷菜单中选择"复制"），返回 Word 文档，单击"开始"|"剪贴板"|"粘贴"，在如图 4-118 所示的下拉列表中单击"链接与保存原格式"或"链接使用目标格式"，这两种方法粘贴的数据为 Word 表格样式，并且可用鼠标右击对象选择"更新链接"、使目标数据与原数据保持一致。除此之外用户还可以根据需要选择"保留源格式"、"使用目标格式"、"图片"或"只保留文本"，只是后边的几种情况无法更新链接。

图 4-118　粘贴选项

注意：如果要保证 Word 数据的自动更新功能，则作为数据源的 Excel 文件必须与 Word 文件一起移动，并且相对目录保持不变。

（2）插入 Excel 图表

方法一，与插入 Excel 数据表操作类似，打开 Excel 文件，选中要复制的图表，返回 Word 文档，单击"开始"|"剪贴板"|"粘贴"，在下拉列表中，选择"使用目标主题和链接数据"或"保留源格式和链接数据"，则粘贴的图表可随着数据源更新链接。如果在下拉菜单中选择"使用目标主题和嵌入工作簿"、"保留源格式和嵌入工作簿"或"图片"项目，则数据不可以随数据源一起更新。

方法二，新建图表。单击"插入"|"插图"|"图表"，打开"插入图表"对话框，选择一种图表类型，单击"确定"，则 Word 文档中创建一张图表，同时启动 Excel 格式图表数据源编辑窗口，用户可以在 Excel 数据源中编辑数据，Word 中的图表会自动更新。

（3）Excel 格式数据源的邮件合并

在"制作高考录取通知书"案例中，详细介绍了邮件合并的操作过程。邮件合并的数据源可以是 Word、Excel、Oracle、MySql、Access 等格式数据表（规范二维表），其中 Excel 表格作为数据源进行邮件合并是 Word 与 Excel 协同操作的典型案例。例如某单位每月要发放工资条，以方便职工查看自己的工资项目，财务处的工资数据一般为 Excel 格式数据，如图 4-119 所示，如果以 Excel 格式打印，切割相当不方便，此时可以通过邮件合并功能给每个职工制作一张工资条，发邮件或打印时都是非常方便的。

职员编号	部门名称	职员姓名	基本工资	浮动奖金	核定工资总额	交通/通讯等补助	迟到/旷工等扣减	养老/医疗/失业保险	合计应发	应纳税额	个人所得税	实发工资
C001	行销企划部	黄建强	2,000.00	1,290.00	3,290.00	150.00	0.00	-80.36	3,359.64	2,159.64	-198.95	3,160.69
C002	行销企划部	司马项	2,000.00	990.00	2,990.00	0.00	0.00	-80.36	2,909.64	1,709.64	-145.96	2,763.68
C003	人力资源部	黄平	2,000.00	2,780.00	4,780.00	150.00	0.00	-81.90	4,848.10	3,648.10	-422.22	4,425.89
C004	系统集成部	贾申平	2,000.00	870.00	2,870.00	0.00	0.00	-80.36	2,789.64	1,589.64	-133.96	2,655.68
C005	系统集成部	涂咏鹰	1,800.00	3,480.00	5,280.00	0.00	-30.00	-80.36	5,169.64	3,969.64	-470.45	4,699.19

图 4-119　Excel 数据源

4.5.4　Word 与 PowerPoint 的协同应用

Office 2010 为 Word 文档与 PowerPoint 文档的相互转换提供了可行通道，但是若要成功转换，并且得到美观大方符合用户要求的文档，还是需要进行许多前期准备和后期编辑。

1．案例操作步骤-2　Word 转为 PPT

Step1：设置样式。打开"成绩分析报告.doc"，将需要转为 PPT 的内容按级别设置为"标题 1、标题 2…"将不需要添加到 PPT 的文字内容设置为"正文"。（注意每个"标题 1"向下包含的内容会显示在一张幻灯片内。）

Step2：设置"发送到 Microsoft PowerPoint"按钮。单击"文件"|"选项"|"快速访问工具栏"，将"发送到 Microsoft PowerPoint"命令添加到"快速访问工具栏"即可。

Step3：转换为 PPT 文档。在"成绩分析报告.doc"上单击"发送到 Microsoft PowerPoint"按钮，稍等一会便生成一份 PPT 演示文稿。

Step4：编辑演示文稿。生成的演示文稿有很多空白页，需将其删除。另外有的内容需要分页、将它们分开放在不同的幻灯片上。结果如图 4-120 所示。

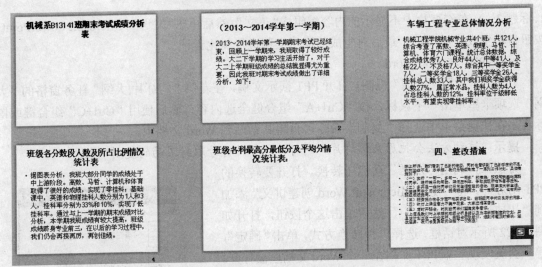

图 4-120　转换后幻灯片效果图

Step4：美化幻灯片。对幻灯片进行模板、艺术字、图片、文字格式等内容的美化操作。可以适当加入动画、声音等要素。案例美化后效果如图 4-121 所示。

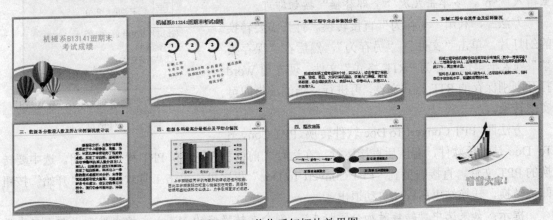

图 4-121　美化后幻灯片效果图

Step5：保存"成绩分析报告.pptx"。

2．操作技能与要点

（1）Word 转换为 PPT

方法一，启动 PowerPoint，新建演示文稿，选择"普通"视图，单击"大纲"标签，将光标定位到第一张幻灯片处。打开 Word 文档，全部选中，单击"复制"命令。切换到 PowerPoint，单击"粘贴"命令，则将 Word 文档中的全部内容插入到了大纲视图对应的第一张幻灯片中。根据需要对文本格式进行设置，如字体、字号、字型、文字颜色和对齐方式等。接下来将光标定位到需要划分为下一张幻灯片处，直接按回车键，重复此步骤，即可根据需要划分出多张幻灯片。最后一步，可以对生成的演示文稿进一步美化。通过"格式"|"幻灯片设计"为该幻灯片添加相应的模板。

方法二，首先对 Word 文档的调整。将需要制成幻灯的内容设置成"标题"（标题 1、标题

2、标题 3...），在幻灯片中不显示的内容编辑成"正文"，然后单击"发送到 Microsoft PowerPoint"按钮自动生成演示文稿，最后对生成的演示文稿进行美化设计。

（2）PPT 转换为 Word

方法一，利用"大纲"视图。打开 PPT 演示文稿，在左侧"幻灯片/大纲"任务窗格的"大纲"选项卡里单击一下鼠标，按"Ctrl+A"组合健全选内容，然后使用"Ctrl+C"组合键或鼠标右击在快捷菜单中选择"复制"命令，再将其粘贴到 Word 文档中。

提示：这种方法会把原来幻灯片中的行标、各种符号原封不动的复制下来。

方法二，利用"发送"功能巧转换。打开要转换的
PPT 幻灯片，将"使用 Micorosoft Word 创建讲义"添加
到"快速访问工具栏"中，然后单击这个按钮，打开如
图 4-122 所示对话框，选择一种转换方式，单击"确定"，
等一会就发现整篇 PPT 文档在一个 Word 文档里被打开。

提示：在转换后会发现 Word 有很多空行。在 Word
里用替换功能全部删除空行可按"Ctrl+H"打开"替换"
对话框，在"查找内容"里输入"^p^p"，在"替换为"
里输入"^p"，多单击几次"全部替换"按钮即可。

方法三，利用"另存为"直接转换。打开需要转换
的幻灯片，单击"文件" | "另存为"，然后在"保存类
型"列表框里选择存为"RTF 格式"文件。现在用 Word
打开刚刚保存的 RTF 格式文件，再进行适当的编辑即可
实现转换。

图 4-122   "发送到 Microsoft Word"
对话框

方法四，PPT Convert To Doc 软件转换。PPT Convert
To Doc 是绿色软件，解压后直接运行，在运行之前请将 Word 和 PPT 程序都关闭。选中要转
换的 PPT 文件，直接拖曳到"PPT Convert To Doc"程序里。单击工具软件里的"开始"按钮
即可转换，转换结束后程序自动退出。

提示：如果选中"转换时加分隔标志"，则会在转换好的 Word 文档中显示当前内容在原
幻灯片的哪一页。转换完成后即可自动新建一个 Word 文档，显示该 PPT 文件中的所有文字。

注意：无论是 Word 转为 PPT，还是 PPT 转为 Word，调整文档是关键。

4.5.5　PowerPoint 与 Excel 的协同应用

1. 案例操作步骤−3 PPT 文档插入 Excel 数据

PPT 演示文稿属于冲击视觉、听觉等多感官的媒体文件，因而创建 PPT 的通用原则是：
能用图不用表、能用表不用文字。幻灯片用来辅助演讲，因此切忌幻灯片单调无味、大篇"蚂
蚁"般的文字。现在为案例"成绩分析报告演示文稿.pptx"添加图表。此部分操作的方法与
Word 中插入 Excel 数据的方法基本相同，因而只介绍步骤，不再赘述具体方法。

Step1：打开"成绩分析报告演示文稿.pptx"。

Step2：分别在第 3、4、5、6 张幻灯片内插入"表 1 专业各班总成绩情况表"、"表 2 各

班奖学金获取情况"、"表 3 挂科情况表"、"表 4 各科成绩分布情况"、"表 5 各科最高分最低分及平均分统计表"（注：表 2 和表 3 均插入到幻灯片 4 中），进行格式设置。

Step3：保存。最终效果见"成绩分析报告演示文稿.pptx"文件。

2. 操作技能与要点

（1）在 PPT 幻灯片中插入 Excel 数据表

方法一，复制粘贴。打开 Excel 文档，选择需要插入的数据区域，按 Ctrl+C 复制，返回 PPT 文档，单击"开始"|"剪贴板"|"粘贴"，打开下拉列表。单击前两项"使用源格式"、"使用目标格式"，得到的结果均为数据表格。单击"嵌入"插入的表格数据可自动更新、双击数据表格可启动 Excel 编辑环境进行修改。单击"图片"，会复制得到一张数据图片，单击"只保留文本"，则只粘贴文字数据。

方法二、插入对象。选择要插入 Excel 数据的幻灯片，单击"插入"|"文本"|"对象"，打开"对象"对话框，单击"由文件创建"选项卡，选择 Excel 文件，对话框中的"链接"复选框用来设置插入的数据是否可以自动更新。

（2）在 PPT 幻灯片中插入 Excel 图表

在制作 PPT 幻灯片时，经常需要在其中插入 Excel 图表，以通过图形化的方式展现数据的走势和统计分析的结果。在幻灯片中插入 Excel 图表有以下几种方法。

方法一，利用 PowerPoint 内置的工具制作图表。如果需要在幻灯片中添加一个新图表的话，可以利用 PowerPoint 中自带的图表工具在幻灯片中添加图表。单击"插入"|"插图"|"图表"，会在幻灯片中插入一个"柱形图"。双击柱形图可以启动 Excel 编辑环境，编辑方法与 Excel 中的图表编辑相同。

方法二，利用"复制"、"粘贴"插入图表。如果需要将 Excel 文档中现有的图表添加到 PowerPoint 演示文稿中，可以直接使用复制粘贴的方法进行操作。打开 Excel 文件将图表选中，按 Ctrl+C 复制，然后打开需要插入图表的幻灯片页面，单击"开始"|"剪切板"|"粘贴"，显示如图 4-123 所示的下拉列表，选择"使用目标主题和链接数据"或"保留源格式和链接数据"，则粘贴的图表可随着数据源改变进行自动更新。如果在下拉菜单中选择"使用目标主题和嵌入工作簿"、"保留源格式和嵌入工作簿"或"图片"项目，则数据不随数据源一起更新。

图 4-123　"粘贴选项"

方法三，利用插入对象的方法插入图表。首先将光标定位到 Excel 文件中图表页面中保存并关闭，单击"插入"|"文本"|"对象"打开"对象"对话框，单击"由文件创建"选项卡，通过"浏览"找到 Excel 文件。在"插入对象"选项卡中的"链接"选项为：如果选择"链接"是指演示文稿中的图表与 Excel 中图表建立的链接，如果一方发生改变，那么对方也会进行改变；如果"链接"选项为空，那么指只将 Excel 中的图表复制到了演示文稿中，两个文件不会联动。

4.5.6　拓展练习

主题：制作一份"个人本月消费统计情况"文档

①制作"个人消费统计表格.xlsx"。首先表格要包括所有消费明细，然后分类统计消费情况（如学习费用、餐饮费、购物费用、交友费用等），按需要制作相关图表。

②制作"个人本月消费情况分析报告.docx"，将本月的消费情况做统计分析，引用"个人消费统计表格.xlsx"的相关数据，提出改进意见。

③制作"个人本月消费情况演示文稿"，可以应用"个人本月消费情况分析报告.docx"的相关文字内容，以及"个人消费统计表格.xlsx"中的数据，辅以 PPT 的多媒体设计功能，完成演示文稿。

要求：

①认真构思，搜集素材，制作一份完整的设计方案。

②充分利用 Office 软件之间的协同办公功能。

附加：可利用其他主题完成本部分的能力拓展练习。

习题四

一、选择题

1. 在 Word 2010 中，默认保存后的文档格式扩展名为（　　）。

　　A．*.doc　　　　　　B．*.docx　　　　　C．*.do　　　　　　D．*.txt

2. 给每位家长发送一份《期末成绩通知单》，用（　　）命令最简便。

　　A．复制　　　　　　B．信封　　　　　　C．标签　　　　　　D．邮件合并

3. "自定义功能区"和"自定义快速工具栏"中的其他工具，可以通过（　　）进行添加设置。

　　A．"文件"—"选项"　　　　　　　　B．"文件"—"帮助"

　　C．"文件"—"信息"　　　　　　　　D．"文件"—"新建"

4. 将 Word 文档转为 PowerPoint 文档时，需要直接显示在幻灯片上的内容要设置为（　　）。

　　A．标题样式　　　B．正文样式　　　C．表格样式　　　D．图片样式

5. 在 PowerPoint 2010 中为了方便排列对象的层次及位置，可以打开（　　）进行辅助设计。

　　A．"选择和可见性"任务栏　　　　　B．"动画窗格"任务栏

　　C．"导航视图"任务栏　　　　　　　D．"样式"任务栏

6. 将 Excel 文档中复制的表格数据粘贴到 Word 文档中，（　　）粘贴方式具有自动更新数据功能。

　　A．"链接使用目标格式"　　　　　　B．"保留源格式"

　　C．"使用目标格式"　　　　　　　　D．"只保留文本"

7. "样式"的管理一般在哪种文档排版时应用，可以大大提高排版的效率，并且能够提

取目录。（　　　）

　　　A．书籍类文档　　　B．海报类文档　　　C．邮件合并类文档　D．表格类文档

8．在 Excel 2010 中，数值型数据在单元格中的默认对齐方式是（　　　）。

　　　A．左对齐　　　　　B．右对齐　　　　　C．居中　　　　　　　D．以上全不对

9．在 Excel 2010 中，下列运算符优先级别最高的是（　　　）。

　　　A．*　　　　　　　B．+　　　　　　　C．NOT　　　　　　　D．>

10．在 Excel 2010 中，输入公式前应该先输入（　　　）。

　　　A．+　　　　　　　B．=　　　　　　　C．" "　　　　　　　D．什么都不用输入

11．在 Excel 2010 中，进行分类汇总前应先对分类字段（　　　）。

　　　A．排序　　　　　　B．筛选　　　　　　C．分类　　　　　　　D．计算

二、填空题

1．在 Office 2010 中，Word 文档的默认扩展名为＿＿＿＿＿＿，Excel 文档的默认扩展名为＿＿＿＿＿＿，PowerPoint 文档的默认扩展名为＿＿＿＿＿＿。

2．在 Word 2010 中，想对文档进行字数统计或者修订操作，可以通过＿＿＿＿＿＿功能区来实现。

3．在 Word 2010 中，需要查看文档的"三级大纲"，应该使用＿＿＿＿＿＿视图。

4．Office 2010 配合＿＿＿＿＿＿支持多人对同一文档的同时编写，大大加强了协作的功能。

5．在 Excel 2010 中，对单元格的引用方式包括相对引用、＿＿＿＿＿＿、＿＿＿＿＿＿和四种。

6．在 Excel 2010 中，求和的函数是＿＿＿＿＿＿、计算平均值的函数是＿＿＿＿＿＿、条件计数函数是＿＿＿＿＿＿。

7．在 Excel 2010 中，图表分为内嵌图表和＿＿＿＿＿＿两种。

8．在 PowerPoint 2010 中对幻灯片进行"排练计时"操作，应在＿＿＿＿＿＿选项卡中进行操作。

9．在 PowerPoint 2010 中包含进入、＿＿＿＿＿＿、＿＿＿＿＿＿、＿＿＿＿＿＿四种动画方案。

三、简答题

1．Office 2010 对图片对象提供了哪些特效操作？

2．进行长文档排版，一般需要几个步骤，主要完成哪些工作？

3．PowerPoint 2010 音频的使用一般分为几种方式，如何协调配合应用？

4．简述 Word 文档与 PowerPoint 文档相互转换的方法。

5．Excel 2010 中公式主要由哪几部分组成？

6．简述在 Excel 2010 中分类汇总的步骤。

7．简述 PowerPoint 2010 文档的制作流程，你认为那个步骤最重要，为什么？（注：没有固定答案，谈自己的使用体会）

8．Word 2010 中"分隔符"|"分页符"|"分页符"与"分隔符"|"分节符"|"分页符"有何区别？

9．PowerPoint 2010 "动画窗格"中的"高级日程表"如何使用？

10．PowerPoint 2010 演示文稿素材包括哪些类别？

5

计算机网络基础与应用

　　我们的学习和生活都离不开计算机网络。本章首先介绍了计算机网络的发展历史和基本概念，然后探讨了计算机网络的组成和网络体系结构，帮助读者理解计算机网络的工作原理和过程，最后介绍了互联网常见的应用。这些知识有助于大家更好的利用网络来学习、工作和生活。

5.1　概述

5.1.1　计算机网络的发展历史

　　20 世纪 60 年代，计算机网络起源于美国，最初用于军事通讯，后来逐渐转为商用和民用。经过短短几十年的不断发展和完善，计算机网络已经广泛应用于社会的各个领域并正高速向前迈进。以前，在我国很少有人接触过网络，而现在，计算机通信网络以及 Internet 已经成为社会结构的一个基本组成部分。计算机网络被应用于工商业的各个方面，电子银行、电子商务、现代化的企业管理、信息服务业等都以计算机网络系统为基础。从学校日常教学到政府日常办公，乃至现在的电子社区都离不开计算机网络。毫不夸张地说，网络无处不在。计算机网络的发展历程大致可划分为四个阶段。

　　第一阶段：诞生阶段

　　20 世纪 60 年代中期之前的第一代计算机网络是以单个计算机为中心的远程联机系统。典型的应用是由一台计算机和全美国范围内 2000 多个终端组成的飞机定票系统。终端是一台计算机的外部设备包括显示器和键盘，没有 CPU 和内存，可见终端设备没有自主处理的功能，只能在键盘上输入命令，通过通信线路传输给中心计算机，然后计算机将处理结果再传给终端。这是最初的"计算机与通信线路的协同工作网"。当时，人们把计算机网络定义为"以传输信息为目的而连接起来，实现远程信息处理或进一步达到资源共享的系统"。

第二阶段：形成阶段

20 世纪 60 年代中期至 70 年代的第二代计算机网络是由多个主机通过通信线路互联起来为用户提供服务。典型代表是美国国防部高级研究计划局协助开发的 ARPANET。主机之间不是直接用线路相连，而是由接口报文处理机（IMP）转接后互联的。IMP 和它们之间互联的通信线路一起负责主机间的通信任务，构成了通信子网。通信子网互联的主机负责运行程序，提供资源共享，组成了资源子网。这个时期，网络的概念是"以能够相互共享资源为目的互联起来的具有独立功能的计算机之集合体"。

第三阶段：互联阶段

20 世纪 70 年代末至 90 年代的第三代计算机网络是具有统一的网络体系结构并遵循国际标准的开放式和标准化的网络。ARPANET 兴起后，计算机网络发展迅猛，各大计算机公司相继推出自己的网络体系结构及实现这些结构的软硬件产品。由于没有统一的标准，不同厂商的产品之间互联很困难，人们迫切需要一种开放性的、标准化的实用网络环境，这样应运而生了两种国际通用的最重要的网络体系结构，即 TCP/IP 体系结构和国际标准化组织的 OSI 体系结构。所有的厂商在生产用于网络的产品时，无论是硬件产品还是软件产品，都遵循统一的国际标准，这样就实现了网络与网络之间的互联。

第四阶段：高速发展阶段

20 世纪 90 年代末至今是第四代计算机网络的高速发展时期，局域网技术、光纤及高速网络技术、多媒体网络、智能网络等逐步发展并日趋成熟，整个网络就像一个对用户透明的、大的计算机系统。此时计算机网络定义为"将多个具有独立工作能力的计算机系统通过通信设备和线路由功能完善的网络软件实现资源共享和数据通信的系统"。事实上，对于计算机网络也从未有过一个标准的定义。

互联网在中国的发展历程大致可以划分为三个阶段：

第一阶段：1986 年 6 月至 1993 年 3 月，这是研究试验阶段。在此期间中国一些科研部门和高等院校开始研究 Internet 联网技术，并开展了科研课题和科技合作工作。这个阶段的网络应用仅限于小范围内的电子邮件服务，而且仅为少数高等院校、研究机构提供电子邮件服务。

第二阶段：1994 年 4 月至 1996 年，这是起步阶段。1994 年 4 月，中关村地区教育与科研示范网络工程进入互联网，实现和 Internet 的 TCP/IP 连接，从而开通了 Internet 全功能服务。从此中国被国际上正式承认为有互联网的国家。之后，ChinaNet、CERnet、CSTnet、ChinaGBnet 等多个互联网络项目在全国范围相继启动，互联网开始进入公众生活，并在中国得到了迅速的发展。1996 年底，中国互联网用户数已达 20 万，利用互联网开展的业务与应用逐步增多。

第三阶段：1997 年至今，这是快速增长阶段。国内互联网用户数在 1997 年以后基本保持每半年翻一番的增长速度。截至 2013 年 12 月，我国网民规模达 6.18 亿，互联网普及率为 45.8%。

5.1.2　计算机网络的相关概念

1．计算机网络

众所周知，当今社会是一个以网络为核心的信息时代。我们每天都在使用的网络有：电信网络、有线电视网络和计算机网络，即所谓的"三网"。这三种网络向我们提供的服务是不同的，电信网络使我们可以打电话、发传真；有线电视网络使我们能够收看到丰富多彩的电视节目；计算机网络使我们的生活和工作方式发生了翻天覆地的变化，我们使用计算机网络在线聊天、网上购物、收发邮件和文件、检索资料、在线听歌或收看影视剧等等。在"三网"中，发展最快并起到核心作用的是计算机网络。随着技术的发展，电信网络和有线电视网络都逐渐融入了现代计算机网络的技术，这就产生了"三网合一"的构想。

关于计算机网络，从未有过国际公认的标准的定义，实际上也没有哪一句话能够准确定义当今的计算机网络。随着网络技术的不断发展，计算机网络这个词汇不断融入新的内涵。如今，网络已无处不在，手机在网络上、办公设备在网络上、汽车在网络上、家里的电气设备在网络上、摄像监控设备在网络上、探测地质资源与环境的传感器在网络上、探测敌军动向的传感器也在网络上。

2．互联网与因特网

我们需要明确的是网络和网络可以通过路由器互联起来，构成一个覆盖范围更大的网络（网络的网络），即互联网（或互连网）。而当今世界最大的、覆盖范围最广的互联网是Internet，所以用一句话概括就是：网络把许多计算机连接在一起，而 Internet 把许多网络连接在一起。

Internet 的前身是 ARPAnet，最初的 ARPAnet 是一个独立的网络。20 世纪 70 年代中期，包括美国在内的全世界很多组织机构先后建立了许多独立的计算机网络，如 Telenet（美国 BBN 公司的包交换网络）、SNA（IBM 的一个包交换网络）。然而，这些网络之间无法互通互联。世界需要相互沟通，需要将一个网络连接另一个网络，甚至一个网络包含另一个网络（网络的网络即互联网）。网络的互联互通成了当时世界的迫切需求。

互联网的关键是 TCP/IP 协议，它较好地解决了一系列异种机、异构网互连的理论与技术问题，所产生的关于分组交换、网络协议分层等思想，成为当代计算机网络的关键标准。1983 年 TCP/IP 协议成为 ARPAnet 上的标准协议，因此人们把 1983 年作为因特网的诞生时间。

20 世纪 90 年代，Internet 的重大事件之一是开发出了 Web 服务，它使得 Internet 走进了家庭，应用于各行各业。WWW（World Wide Web）包含四大关键部件：超文本标签语言（HTML）、超文本传输协议（HTTP）、Web 服务器和浏览器。虽然经过了多年的演进，但核心概念仍然沿用至今，成百上千的应用在此平台上开发出来。例如：在线证券、在线银行、多媒体应用、信息检索、在线教育等。许多公司在 Internet 上从事商务活动并获得巨大收益。

如今，人们已离不开 Internet。在生活、医疗、银行、采购、出行、学习中，甚至脑海里一点小小的问题，第一个想到的是到网上寻求答案。网络技术和各种应用还在高速发展，网络将深度改变人类的生活。

3．局域网

20 世纪 80 年代后，以 IBM PC 为代表的个人计算机（简称 PC 机）得到了蓬勃发展和迅速普及。随着 PC 机性能的提高、价格的下降，其数量急剧增加，应用范围迅速扩展到社会的各个领域。基于信息交换、资源共享的需求，一些部门开始建立连接本部门有限区域内 PC 机的计算机网络，由于网络的覆盖范围有限，一般是一个办公室或一栋办公楼连接，因此将其称为局域网。由于局域网数据传输速度快、结构简单灵活、安装使用方便、工程造价低廉，随着个人计算机的普及，计算机局域网得到了迅速的发展和广泛的应用。此时最有影响力的以太网（Ethernet）出现了，对计算机网络技术而言，以太网的发明与建设，几乎和 Internet 的出现具有同样重大的意义。

20 世纪 80 年代是局域网大发展时期，也是局域网的成熟年代，其主要特点是局域网的商品化和标准化。国际上大的计算机网络公司都发布了自己的局域网产品，著名产品有美国 Xerox 公司的以太网（Ethernet），CORVUS 公司的 Omni-NET，ZILOG 公司的 Z-NET，IBM 公司的 PC-NET，NETSTAR 公司的 PLAN 和 DATAPOINT 公司的 ARCNET 等。在这一时期，计算机网络的硬件和软件技术得到了充分的发展，计算机网络的各种国际标准也基本形成。如今，经过大浪淘沙，很多网络已经销声匿迹了，只有 Ethernet 仍在部署与运行。随着光纤通信技术的不断成熟，Ethernet 也不断改进，其概念已远不是当年在一栋大楼内和一个园区内的小范围网络。在一座城市乃至更大的范围，网络构建依然可以采用 Ethernet 标准。

人们在自己的组织内部建设局域网，又将局域网连接到 Internet。因此，局域网已经和 Internet 不可分割。Internet 是网络的网络，局域网是 Internet 的组成部分。

5.2　计算机网络的组成

计算机网络发展至今，与早期的计算机网络相比，已经发生了巨大的变化，讨论计算机网络的组成也不是一件容易的事。除了计算机外几乎所有的电子设施（手机、汽车、家用电器、安防系统等）都可以连接到计算机网络，计算机网络无所不在，在此我们将计算机网络的核心部件加以介绍。

计算机网络大致可分为网络硬件和网络软件两大部分。

5.2.1　计算机网络硬件

网络硬件是计算机网络系统的物质基础。要构成一个计算机网络系统，首先要将计算机及其附属硬件设备与网络中的其他计算机系统连接起来。不同的计算机网络系统，在硬件方面是有差别的。随着计算机技术和网络技术的发展，网络硬件日趋多样化，功能更加强大，也更加复杂。

1．服务器

服务器是指在网络中提供服务的设备，它是整个网络提供信息的核心设备。服务器的工作负荷很重，要求它具有高性能、高可靠性、高吞吐能力、大存储容量等特点，应选用 CPU、存储器等多方面性能都很好，系统配置较高，并在设计时充分考虑散热等因素的专业服务器来担当，以保证网络的效率和可靠性。

服务器要为网络提供服务，在服务器上存储大量的共享信息，我们熟知的 Web 服务器、数据库服务器和邮件服务器等都是典型的服务器。

2．主机或端系统设备

除了服务器之外，所有连接到网络并访问网络资源的设施均称为主机（Hosts），也称为端系统（End Systems）。若干年前，主机还以流行的 PC 机为主，当时局域网相对独立，一般没有连接互联网，局域网上的主机有其自己的命名方法，称为网络工作站；如今端系统变化很大，除了 PC 机之外还包括像 PDA（Personal digital Assistant）、TV、移动计算机、手机、车载机、环境监测传感设备、电子相框、家用电子、安防设施、游戏机等一些非传统设备。某一时刻全球有数亿计的端系统在访问互联网。

3．传输介质

端系统是通过通信链路相互连接的。通信链路由传输介质和传输设备构成。

传输介质按其特征可分为有形传输介质和无形传输介质两大类，有形传输介质包括双绞线、同轴电缆或光纤等，无形传输介质包括无线电、微波、卫星通信等。它们具有不同的传输速率和传输距离，分别支持不同的网络类型。

双绞线由两条互相绝缘的铜线组成，铜线的典型直径为 1mm。两条铜线拧在一起，就可以减少邻近的干扰。由于其性能较好且价格便宜，双绞线得到广泛应用。同轴电缆以硬铜线为芯（导体），外包一层绝缘材料（绝缘层），这层绝缘材料再用密织的网状导体环绕构成屏蔽，其外又覆盖一层保护性材料（护套）。同轴电缆的这种结构使它具有更高的带宽和极好的噪声抑制特性。1km 的同轴电缆可以达到 1~2Gbit/s 的数据传输速率。光纤又称为光缆或光导纤维，由光导纤维纤芯、玻璃网层和能吸收光线的外壳组成。应用光学原理，由光发送机产生光束，将电信号变为光信号，再把光信号导入光纤，在另一端由光接收机接收光纤上传来的光信号，并把它变为电信号，经解码后再处理。与其他传输介质比较，光纤的电磁绝缘性能好、信号衰小、频带宽、传输速度快、传输距离大，主要用于传输距离较长、布线条件特殊的主干网连接。

无线传输介质指我们周围的自由空间，利用无线电波在自由空间的传播可以实现多种无线通信。根据频谱可将在自由空间传输的电磁波分为无线电波、微波、红外线、激光等，信息被加载在电磁波上进行传输。

事实上，网络中的计算机之间并不是靠单独的传输介质直接相连的，除了传输介质还需要一些传输设备，目前最常见的网络传输设备就是路由器和交换机。

4．交换机

交换机（Switch）是一种用于电信号转发的网络设备。它可以为接入交换机的任意两个网络节点提供独享的电信号通路。最常见的交换机是以太网交换机，还有电话语音交换机、光纤交换机等。用在网络中的交换机的主要功能包括物理编址、网络拓扑、错误校验、帧序列以及流量控制。目前交换机还具备一些新的功能，如对 VLAN（虚拟局域网）的支持、对链路汇聚的支持，甚至有的还具有防火墙的功能。

5．路由器

路由器（Router）用于连接多个逻辑上分开的网络。所谓逻辑网络是代表一个单独的网络或者一个子网，当数据从一个子网传输到另一个子网时，可通过路由器的路由功能来完成。因此，路由器具有判断网络地址和选择 IP 路径的功能，它能在多网络互联环境中，建立灵活的连接，可用完全不同的数据分组和介质访问方法连接各种子网。

作为不同网络之间互相连接的枢纽，路由器系统构成了基于 TCP/IP 的国际互联网络 Internet 的主体脉络，也可以说，路由器构成了 Internet 的骨架。它的处理速度是网络通信的主要瓶颈之一，它的可靠性则直接影响着网络互连的质量。因此，在园区网、地区网、乃至整个 Internet 研究领域中，路由器技术始终处于核心地位，其发展历程和方向，成为整个 Internet 研究的一个缩影。

5.2.2 计算机网络软件

软件也是实现网络功能所不可缺少的，网络软件通常包括网络操作系统、网络协议软件和网络应用软件。

1. 网络操作系统

网络操作系统是运行在网络硬件基础之上的，为网络用户提供共享资源管理服务、基本通信服务、网络系统安全服务及其他网络服务的软件系统。网络操作系统是网络的核心，其他应用软件系统都需要网络操作系统的支持才能实现其功能。

在网络系统中，每个用户都可以享用系统中的各种资源，所以，网络操作系统必须对用户进行控制，否则，就会造成系统混乱，造成信息数据的破坏和丢失。为了协调系统资源，网络操作系统需要通过软件工具对网络资源进行全面的管理，以及进行合理的调度和分配。

2. 网络协议软件

支持网络正常运行的另一关键软件就是网络协议。网络协议有其层次结构，底层协议（特别是物理层协议）主要依赖硬件来实现，而高层协议（如网络层、传输层和应用层协议）主要由软件来完成。协议在互联网运行过程中，控制着信息传输的整个过程。关于协议的概念，将在本章后续小节中详细讨论。目前，TCP（Transmission Control Protocol）与 IP（Internet Protocol）是在互联网中运行的最主要的两个协议。IP 协议定义了数据包的格式以及在路由系统中如何接收和发送数据包的运行机制。TCP 协议定义了数据包的源端点和目的端点的发送、接收、校验、确认、纠错等一系列传输机制。其实，TCP 和 IP 只是协议系统中的两个主要协议，还有一些其他协议与其共同构成协议簇，就是我们常说的 TCP/IP。

全世界任何一个组织，若想接入互联网，必须遵从互联网协议标准（Internet Standards）。目前，互联网协议标准由 IETF（Internet Engineering Task Force）以 RFC（Requests For Comments）文档的形式予以颁布。例如，RFC 791 是 IP 协议的最初版本，RFC 1812 是关于互联网路由协议的标准文档等。到 2011 年 2 月，RFC 文档已经发布了 6000 多份。还有一些标准化组织（如 IEEE）也颁布一些网络标准文件，这些文件以定义网络结构为主，目标在链路层以下。像 IEEE 802.3 定义了 Ethernet 标准，IEEE 802.11 定义了无线网络的 Wi-Fi 标准等。

互联网是面向全球公众的网络。像一些公司、政府、军事等组织也建立自有网络，这些网络要与外界隔离，但很多依然遵从互联网标准，采用 TCP/IP 协议。人们称其为内部互联网 Intranet。

3．网络应用软件

网络应用软件是指能够为网络用户提供各种服务的软件，它用于提供或获取网络上的共享资源，我们每天都在使用。常见的网络应用软件有：用于在线交流的腾讯 QQ、用于查看网页的浏览器、用于下载网络资源的迅雷、在线收看影视剧的 PPTV、在线收听歌曲的酷狗等。

5.3　网络体系结构和协议

5.3.1　协议

计算机网络最基本的功能就是资源共享、信息交换。为了实现这些功能，网络中的计算机之间经常要进行各种通信和对话，如果没有统一的约定，就好比一个城市的交通系统没有任何交通规则，大家为所欲为、各行其是，其结果肯定是乱作一团。人们常把国际互联网络叫做信息高速公路，要想在上面实现共享资源、交换信息，必须遵循一些事先制定好的规则标准，这就是协议。

其实，协议在现实生活中无处不在，只是我们习以为常而感觉不到了。我们先看一个生活中的场景来理解什么是协议。设想，当你要询问另一个人当前的时间，一个典型的对话过程如图 5-1 所示。

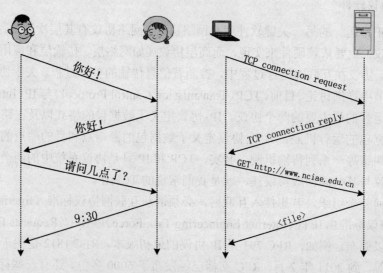

图 5-1　人的对话规则与计算机网络协议

先由对话的发起方用问候的方式建立双方的通信联系，比如他说："你好！"，正常情况下，对方也会回答"你好！"作为对会话发起方的回应。紧接着他问："请问现在几点了？"，对方回答："9:30"，询问时间成功。也可能收到其他的回答，比如："不要打扰我"或者"我不会说汉语"，或者其他的回复。表明对方不愿意会话或者无法和你说话。这种情形下，人们会理解（协议）不能再去问时间了。人们发出信息然后得到信息的反馈（收到信息），再根据反馈的信息判断如何继续会话，这就是人与人之间的协议。如果人们之间执行着不同的协议，比如，对于一个人的行为方式，另一个人无法理解，或者对于一个人所说的时间概念（几点了？），另一个人根本不懂这是在询问时间，这个协议就无法工作。计算机网络所运行的协议和人与人之间的沟通方式大体相同，无非是将人换成了程序实体，两个或者多个实体之间运行相同的协议进行数据交换。

计算机网络协议和人的对话规则非常类似，无非是执行协议的对象换成了某些硬件或软件实体（计算机、路由器以及网卡等）。两个或者多个软硬件实体按照协议进行信息交换。比如：两个物理上相连的计算机由网卡执行协议控制连接线路上的位流信号的传输；端系统之间的拥塞控制协议管理着发送者和接收者之间的数据包传输速率；路由器中运行的协议决定着数据包从源点到目的点传输过程中的路径选择。互联网中到处都是协议在控制着信息传输。

我们给出计算机网络协议的定义：协议定义了计算机网络中两个或多个通信实体之间交换信息的格式和顺序以及信息传输过程中所应产生的各项行为的规则约定。

5.3.2　网络体系结构的概念

网络协议对计算机网络是不可缺少的，一个功能完备的计算机网络需要制定一整套复杂的协议集。对于结构复杂的网络协议来说，最好的组织方式是层次结构模型。计算机网络协议就是按照层次结构模型来组织的。每一相邻层之间有一个接口，不同层间通过接口向它的上一层提供服务，并把如何实现这一服务的细节对上一层加以屏蔽。我们将网络层次结构模型与各层协议的集合定义为计算机网络体系结构（Network Architecture）。网络体系结构对计算机网络应该实现的功能进行了精确的定义，而这些功能是用什么样的硬件与软件去完成的，则是具体的实现问题。体系结构是抽象的，而实现是具体的，它是指能够运行的一些硬件和软件。

计算机网络中采用层次结构，具有以下优点：

①各层之间相互独立。高层并不需要知道低层是如何实现的，而仅需要知道该层通过层间的接口所提供的服务。

②灵活性好。当任何一层发生变化时（例如由于技术的进步促进实现技术的变化），只要接口保持不变，则此层以上或以下各层均不受影响。另外，当某层提供的服务不再需要时，甚至可将这层取消。

③各层都可以用最合适的技术来实现，各层实现技术的改变不影响其他层。

④易于实现和维护。由于整个系统被分解为若干个易于处理的部分，这种结构使得一个庞大而又复杂系统的实现和维护变得容易控制。

⑤有利于促进标准化。这主要是因为每一层的功能及其提供的服务都已有了精确的说明。

1974 年，IBM 公司提出了世界上第一个网络体系结构，这就是系统网络体系结构（SNA，System Network Architecture）。此后，许多公司纷纷提出各自的网络体系结构。这些网络体系结构共同之处在于它们都采用了分层技术，但层次的划分、功能的分配与采用的技术术语均不相同。随着信息技术的发展，各种计算机系统联网和各种计算机网络的互连成为人们迫切需要解决的课题，OSI 参考模型就是在这个背景下提出的。

5.3.3   ISO/OSI 参考模型

1. 产生背景

ISO（International Organization for Standardization）成立于 1947 年，是世界上最大的国际标准化组织。它的宗旨就是促进世界范围内的标准化工作，以便于国际间的物资、科学、技术和经济方面的合作与交流。

随着网络技术的进步和各种网络产品的出现，一个现实问题摆在人们面前，这就是对网络产品公司或广大用户来说，都希望解决不同系统的互连问题。在此背景下，1977 年，ISO 建立了一个专门委员会，在分析和消化已有网络的基础上，考虑到联网方便和灵活性等要求，提出了一种不依赖于特定机型、操作系统或公司的网络体系结构，即开放系统互连参考模型 OSI/RM（Open System Interconnection/Reference Model）。OSI 定义了异种机互连的标准框架，为连接分散的"开放"系统提供了基础。这里的"开放"表示任何两个遵守 OSI 标准的系统可以进行互连。"系统"指计算机、外部设备和终端等。

从目前来看，OSI 模型并不很成功。由于该模型过于追求全面和完美，故而显得臃肿。实际上，没有哪一家公司的网络产品完全遵从它。而 TCP/IP 协议参考模型，从一开始就追求实用，反而成为今天事实上的工业标准。尽管如此，OSI/RM 的贡献仍然是巨大的，特别是在模型中明确定义了服务、接口和协议这三个概念，对于实现协议软件工程化非常重要。因此 OSI 模型对讨论计算机网络仍十分有用，是概念上重要的参考模型。

2. ISO/OSI 参考模型的分层结构

OSI 模型将网络的功能分成了七部分，称之为七层，它们分别是：应用层（Application Layer）、表示层（Presentation Layer）、会话层（Session Layer）、传输层（Transport Layer）、网络层（Network Layer）、数据链路层（Data Link Layer）、物理层（Physical Layer），如图 5-2 所示。

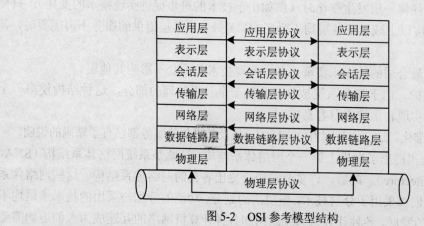

图 5-2   OSI 参考模型结构

OSI 参考模型的特性如下：

①它是一种异构系统互连的体系结构，提供了互连系统通信规则的标准框架。

②它定义了一种抽象结构，而并非具体实现的描述。

③不同系统上相同层实体称为同等层实体，同等层实体之间的通信由该层协议来管理。

④同一系统上相邻层之间接口定义了原语操作和低层向高层提供的服务。

⑤定义了面向连接和无连接的数据交换服务。

⑥直接的数据传送仅在最低层实现。

⑦每层完成所定义的功能，修改本层的功能并不影响其他层。

OSI 是分层体系结构的一个实例，每一层是一个模块，用于执行某种主要功能，并具有自己的一套通信指令格式，即协议。用于相同层的两个功能之间通信的协议称为对等协议。

3．OSI 参考模型各层的功能

（1）物理层（Physical Layer）

在 OSI 参考模型中，物理层是参考模型的最低层。该层是网络通信的数据传输介质，由连接不同节点的电缆与设备共同构成。物理层的主要功能是：利用传输介质为数据链路层提供物理连接，负责处理数据传输率并监控数据出错率，以便能够实现数据流的透明传输。

（2）数据链路层（Data Link Layer）

在 OSI 参考模型中，数据链路层是参考模型的第 2 层。数据链路层的主要功能是：在物理层提供的服务基础上，数据链路层在通信的实体间建立数据链路连接，传输以“帧”为单位的数据包，并采用差错控制与流量控制方法，使有差错的物理线路变成无差错的数据链路。

（3）网络层（Network Layer）

在计算机网络中，计算机间的通信可能要经过许多中间节点、链路，甚至若干个网络。网络层的主要功能就是在通信的源节点和目的节点间选择一条最佳路径，使传送的数据分组（信息包）能正确、无误地到达目的地，同时还要负责网络中的拥塞控制、负载均衡等。网络层向传输层提供面向连接和无连接两种服务，网络层传送的数据单位是分组或包。

（4）传输层（Transport Layer）

传输层在会话层的两个实体之间建立传输连接，传输层提供两个端系统之间可靠、透明的数据传送。为此，它要进行差错控制、顺序控制和流量控制等。传输层传送数据的单位是报文，一个大的报文可分为若干个分组传送。传输层不属于通信网络，它只存在于端系统中，传输层的软件在主机上运行。

（5）会话层（Session Layer）

会话层在两个互相通信的应用进程之间建立会话连接，然后进行数据交换，数据交换的单位是报文，会话层还提供会话管理、令牌管理、同步管理等功能。会话层虽然不参与具体的数据传送，但它要对数据传送进行管理。

（6）表示层（Presentation Layer）

表示层主要解决用户信息的语法表示问题，它将适合于用户的信息表示（抽象语法）转换为适合 OSI 内部使用的传送语法，即完成信息格式的转换。另外传送数据的加密和解密也是表示层的任务之一。

（7）应用层（Application Layer）

应用层是 OSI 参考模型中的最高层，包含了用户应用计算机网络的众多协议，此外还有电子邮件、目录查询等功能。OSI 参考模型的七个层次中，应用层是最复杂的，所包含的协议也最多，某些还正在研究和开发之中。

可以把各层最主要的功能归纳如下：

①物理层：保证二进制位流的透明传送。

②数据链路层：在网络两节点间进行无差错的帧传送。

③网络层：在源节点和目的节点间进行路径选择和拥塞控制。

④传输层：端到端的传输控制。

⑤会话层：会话管理与数据传送的同步。

⑥表示层：数据格式转换、数据加密、解密等。

⑦应用层：为用户使用网络提供接口。

在 OSI 参考模型中，1～4 层（称为低层）是面向通信的；5～7 层（称为高层）是面向信息处理的。其中第 4 层（传输层）是执行网络通信功能的最高层，但它只存在于端系统，可以认为是传输和应用之间的接口，所以传输层是网络体系结构中很重要的一层。

5.3.4   TCP/IP 参考模型

1．TCP/IP 的产生与发展

尽管 OSI 参考模型得到了全世界的认同，但是互联网历史上和技术上的开发标准都是TCP/IP（传输控制协议/网际协议）模型。TCP/IP 模型及其协议簇使得几乎世界上任意两台计算机间的通信成为可能。

TCP/IP（Transmission Control Protocol /Internet Protocol）是传输控制协议/网际协议的缩写，当初是为美国国防部高级研究计划局（Defense Advanced Research Projects Agency，DARPA）的 ARPAnet 设计的，其目的在于使各种各样的计算机都能在一个共同的网络环境中运行。TCP/IP 协议的形成有一个过程。1969 年初建的 ARPAnet 主要是一项实验工程。20 世纪 70 年代初，在最初建网实践经验的基础上，开始了第二代网络协议的设计工作，称为网络控制协议（NCP）。70 年代中期，国际信息处理联合会进一步补充和完善了 NCP 的开发工作，从而导致了 TCP/IP 协议的出现。80 年代初，美国伯克利大学将 TCP/IP 设计在 UNIX 操作系统的内核中。1983 年美国国防部宣布，将 ARPAnet 的 NCP 完全过渡到 TCP/IP，成为正式的军用标准。与此同时，SUN 公司将 TCP/IP 引入了广泛的商业领域。

TCP/IP 协议是先于 OSI 模型开发的，故不符合 OSI 标准，但 TCP/IP 已被公认为当前的工业标准。TCP/IP 协议成功地解决了不同网络之间难以互连的问题，实现了异构网互连通信。TCP/IP 是当今网络互连的核心协议，可以说没有 TCP/IP 协议就没有今天的网络互连技术，就没有今天的以互连技术为核心建立起来的互联网。

TCP/IP 协议具有以下特点：

①协议标准具有开放性，其独立于特定的计算机硬件及操作系统，可以免费使用。

②统一分配网络地址，使得每个 TCP/IP 设备在网中都具有唯一的 IP 地址。

③实现了高层协议的标准化，能为用户提供多种可靠的服务。

2．TCP/IP 层次结构

由于通信系统的复杂性，协议分层有助于减低复杂度、增强可靠性和适用范围。TCP/IP协议的体系结构共有四个层次，即应用层、传输层、网络互联层和网络接口层，如图 5-3 所示。

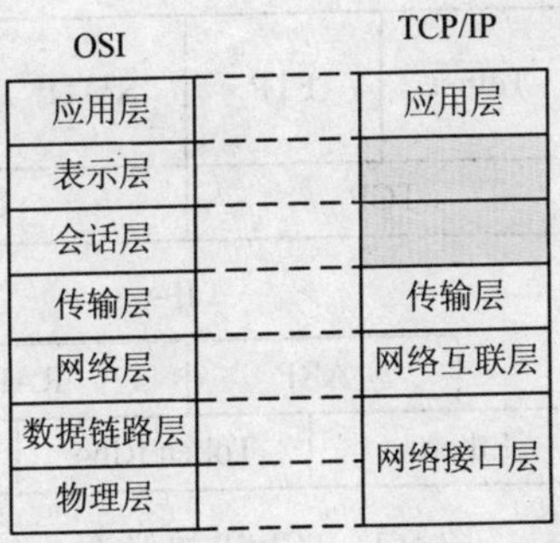

图 5-3　TCP/IP 参考模型和 OSI 参考模型对比图

从图中可以看出，它是构筑在物理层硬件概念性层次基础之上的。由于在设计 TCP/IP 协议时并未考虑到要与具体的传输媒体相关，所以没有对数据链路层和物理层做出规定。实际上，TCP/IP 的这种层次结构遵循对等实体通信原则，每一层实现特定功能。TCP/IP 协议的工作过程，可以用"自上而下，自下而上"形象地描述，数据信息在发送端的传递按照应用层—传输层—网络互联层—网络接口层的顺序，在接收端则相反，遵循低层为高层服务的原则。

下面介绍 TCP/IP 协议的各层功能。

（1）应用层

TCP/IP 的设计者认为高层协议应该包括会话层和表示层的细节，他们简单创建了一个应用层来处理高层协议、有关表达、编码和对话的控制。TCP/IP 将所有与应用相关的内容都归为一层，并保证为下一层适当地将数据分组（打包）。这一层也被称为处理层。

（2）传输层

传输层负责处理可靠性、流量控制和重传等典型问题。其中一种协议为传输控制协议（TCP），它能提供优秀和灵活的方式以创建可靠的、流量顺畅和低错误率的网络通信过程。这一点和 OSI 模型的传输层非常类似。

（3）网络互联层

网络互联层用于把来自互联网络上的任何网络设备的源分组发送到目的设备，而且这一过程与它们所经过的路径和网络无关。该层会自动完成路由选择。

（4）网络接口层

这一层的名称非常广，并且有点让人困惑，它也被称为主机—网络层。在 OSI 模型中，该层的功能表现为两层，涉及到选择一条物理线路并通过该物理线路从一台设备传送到一台直接相连设备时有关的所有问题。它包括局域网和广域网的技术细节，以及 OSI 模型中物理层和数据链路层的所有细节。

3．TCP/IP 协议簇

与 OSI 模型不同，在 TCP/IP 参考模型中每层都有具体的协议（技术），这些协议构成了 TCP/IP 协议簇。图 5-4 展示了 TCP/IP 模型各层的协议。

（1）网络接口层

网络接口层是 TCP/IP 协议的最低层，负责网络层与硬体设备间的联系，这一层的协议非常多，包括逻辑链路控制和媒体访问控制。

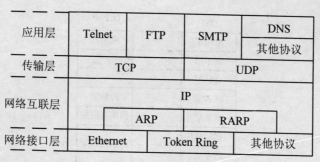

图 5-4　TCP/IP 协议簇

（2）网络互联层

网络互联层解决的是计算机到计算机间的通信问题，它包括三个方面的功能：

①处理来自传输层的分组发送请求，收到请求后将分组装入 IP 数据报、填充报头、选择路径，然后将数据报发往适当的网络接口。

②处理数据报。

③处理网络控制报文协议，即处理路径、流量控制、阻塞等。

在网络互联层，主要定义了网络互联协议（IP）以及数据分组的格式。它的主要功能是路由选择和拥塞控制。另外，本层还定义了地址解析协议 ARP、反向地址解析协议 RARP 以及 ICMP 协议。

（3）传输层

传输层解决的是计算机程序到计算机程序之间的通信问题。计算机程序到计算机程序之间的通信就是通常所说的"端到端"通信。传输层对信息流具有调节作用，提供可靠性传输，确保数据到达无误。

传输层的主要协议有 TCP 协议和 UDP 协议。TCP 协议是可靠的、面向连接的协议。它用于包交换的计算机通信网络、互连系统以及类似的网络拓扑，保证通信主机之间有可靠的字节流传输。UDP 是一种不可靠的、无连接协议。它最大的优点是协议简单，额外开销小，效率较高；缺点是不保证正确传输，也不排除重复信息的发生。对于需要可靠数据传输保证的应用，应选用 TCP 协议；相反，对数据精确度要求不是太高，而对速度、效率要求很高的环境，如声音、视频的传输，应该选用 UDP 协议。

（4）应用层

应用层提供一组常用的应用程序给用户。在应用层，用户调用访问网络的应用程序，应用程序与传输层协议相配合，发送或接收数据。每个应用程序都有自己的数据形式，可以是一系列报文或字节流，但不管采用哪种形式，都要将数据传送给传输层以便交换。

应用层的协议主要有以下几种：

①超文本传输协议（HTTP）：提供 WWW 服务。

②文件传输协议（FTP）：用于交互式的文件传输。

③电子邮件协议（SMTP）：负责互联网中电子邮件的传递。

④网络终端协议（TELNET）：实现远程登录功能，常用的电子公告牌系统 BBS 使用的就是这个协议。

⑤简单网络管理协议（SNMP）：负责网络管理。

⑥域名管理系统（DNS）：负责域名到 IP 地址的转换。

5.4　互联网的应用

5.4.1　搜索引擎

如果想在网上搜索并获取某方面的信息，大家一定会想到搜索引擎。搜索引擎是指根据一定的策略、运用特定的计算机程序从互联网上搜集信息，在对信息进行组织和处理后，为用户提供检索服务，将用户检索的相关信息展示给用户的系统。

1990 年，加拿大麦吉尔大学（University of McGill）计算机学院的师生开发出 Archie。当时，万维网（World Wide Web）还没有出现，人们通过 FTP 来共享交流资源。Archie 能定期搜集并分析 FTP 服务器上的文件名信息，提供查找分布在各个 FTP 主机中的文件。用户必须输入精确的文件名进行搜索，Archie 告诉用户哪个 FTP 服务器能下载该文件。虽然 Archie 搜集的信息资源不是网页（HTML 文件），但和搜索引擎的基本工作方式是一样的：自动搜集信息资源、建立索引、提供检索服务。所以，Archie 被公认为现代搜索引擎的鼻祖。

一直发展到今天，百度（www.baidu.com）、谷歌（www.google.com）和雅虎（www.yahoo.com）成为了我们最常用的搜索引擎网站。绝大多数人都会使用搜索引擎进行简单查询，即在搜索引擎中输入关键词，然后点击"搜索"就行，系统很快会返回查询结果，这是最简单的查询方法，使用方便，但是这种简单查询的方式有一个突出的弊端，那就是查询结果不准确，可能包含着许多无用的信息，在这里向大家介绍一些高级查询技巧。

（1）使用双引号（""）

给要查询的关键词加上双引号（半角，以下要加的其他符号同此）可以实现精确的查询。这种方法要求查询结果要精确匹配，不包括演变形式。例如在搜索引擎的文字框中输入"电传"，它就会返回网页中有"电传"这个关键字的网址，而不会返回诸如"电话传真"之类网页。

（2）使用加号（+）

在关键词的前面使用加号，也就等于告诉搜索引擎该单词必须出现在搜索结果中的网页上，例如，在搜索引擎中输入"+电脑+电话+传真"就表示要查找的内容必须要同时包含"电脑、电话、传真"这三个关键词。

（3）使用减号（-）

在关键词的前面使用减号，也就意味着在查询结果中不能出现该关键词，例如，在搜索引擎中输入"电视台-中央电视台"，它就表示最后的查询结果中一定不包含"中央电视台"。

（4）使用通配符（*和?）

通配符包括星号（*）和问号（?），前者表示匹配的数量不受限制，后者匹配的字符数要受到限制，主要用在英文搜索引擎中。例如输入"computer*"，就可以找到"computer、computers、computerised、computerized"等单词，而输入"comp?ter"，则只能找到"computer、compater、competer"等单词。

（5）使用布尔检索

所谓布尔检索，是指通过标准的布尔逻辑关系来表达关键词与关键词之间逻辑关系的一种查询方法，这种查询方法允许我们输入多个关键词，各个关键词之间的关系可以用逻辑关系词来表示。

and，称为逻辑"与"，用 and 进行连接，表示它所连接的两个词必须同时出现在查询结果中，例如，输入"computer and book"，它要求查询结果中必须同时包含 computer 和 book。

or，称为逻辑"或"，它表示所连接的两个关键词中任意一个出现在查询结果中就可以，例如，输入"computer or book"，就要求查询结果中可以只有 computer，或只有 book，或同时包含 computer 和 book。

not，称为逻辑"非"，它表示所连接的两个关键词中应从第一个关键词概念中排除第二个关键词，例如输入"automobile not car"，就要求查询的结果中包含 automobile，但同时不能包含 car。

near，它表示两个关键词之间的词距不能超过 n 个单词。

在实际的使用过程中，可以将各种逻辑关系综合运用，灵活搭配，以便进行更加精确的查询。

5.4.2　网上学习

网上学习是指利用计算机和网络，通过在线交流、在线听课等方式获得知识、解决问题、提高自己。网上学习打破了传统教育模式的时间和空间条件的限制，是传统学校教育功能的延伸，使教学资源得到了充分利用。由于教学组织过程具有开放性、交互性、协作性、自主性等特点，可以说是一种以用户为中心的教育形式。

网上学习优点主要有：

（1）个人掌握学习主动权

只要能上网，就可以学习，在时间和地点上没有任何限制，学习不再和其他活动冲突。

（2）个性化学习

一般情况下，网络上的教学内容按课时或小节划分，学会的可以不听，不明白的可以多听几遍，直到听懂，可以完全根据自己的需要来选择。

（3）课程答疑便捷

网上的各类课程都有答疑专区，可以随时向老师咨询，一般都会得到满意的答复。

（4）功能完善，操作简便

课程选择、进度控制、课堂预习、听课笔记、账户管理、在线测试等环节，功能完善，操作更简便。

当然，网上学习也存在着一些不尽完美之处，例如：课件点播质量受网络环境、在线人数等客观因素的影响较大；学员之间主要靠文字进行交流而缺乏互动；自己掌握学习进度容易过于冒进或拖拉等。

当今比较流行的 MOOC（Massive Open Online Courses）是指大型开放式网络课程。2012年，美国的顶尖大学陆续设立网络学习平台，在网上提供免费课程，Coursera、Udacity、edX 三大课程提供商的兴起，给更多学生提供了系统学习的可能。

Coursera 是免费大型公开在线课程项目，由美国斯坦福大学两名计算机科学教授吴恩达（Andrew Ng）和达芙妮·科勒（Daphne Koller）创办，旨在同世界顶尖大学合作，在线提供免费的网络公开课程。Coursera 的首批合作院校包括斯坦福大学、密歇根大学、普林斯顿大学、宾夕法尼亚大学等美国名校。其课程报名学生突破了 150 万，来自全球 190 多个国家和地区，而网站注册学生为 68 万。除了建立初期的斯坦福、普林斯顿、密歇根以及宾夕法尼亚大学外，新增的大学包括了佐治亚理工学院、杜克大学、华盛顿大学、加州理工学院、莱斯大学、爱丁堡大学、多伦多大学、洛桑联邦理工学院-洛桑（瑞士）、约翰•霍普金斯大学公共卫生学院、加州大学旧金山分校、伊利诺伊大学厄巴纳-香槟分校以及弗吉尼亚大学。

与其他尝试普及高等教育的课程不同，Udacity 不只是提供课堂录像。"学生收到问题、小测验，而不是讲课的轰炸。我们完全避免了讲课"。在 Udacity 的课堂中，教授简单介绍主题后便由学生主动解决问题。"我们认为寓教于练比寓教于听更重要"。这种模式类似"翻转教室"（Flipped Classroom），有些人认为这是教育的未来。它认为"书本教学"是灌输真正知识的一种过时又无效的方式。Udacity 的平台不仅有视频，还有自己的学习管理系统，内置编程接口、论坛和社交元素。现有超过 75.3 万学生注册并开始与业内其他公司合作帮助这些学生就业。

edX 是麻省理工和哈佛大学于 2012 年 5 月联手发布的一个网络在线教学计划。该计划基于麻省理工的 MITx 计划和哈佛大学的网络在线教学计划，主要目的是配合校内教学，提高教学质量和推广网络在线教育。据介绍，该计划将整合 2 所名校师资，推出 1 个版本，将使 10 亿人受益。除了在线教授相关课程以外，麻省理工和哈佛大学将使用此共享平台，进行教学法研究，促进现代技术在教学手段方面的应用，同时也加强学生在线对课程效果的评价。对此，麻省理工校长苏珊•霍克菲尔德博士指出："edX 是提升校园质量的一项挑战，利用网络实现教育，将为全球数百万希望得到学习机会的人们提供崭新的教育途径。"

5.4.3　网上生活

1．网上银行

网上银行又称网络银行、在线银行，是指银行利用 Internet 技术，通过 Internet 向客户提供开户、查询、对账、行内转账、跨行转账、信贷、网上证券、投资理财等传统服务项目，使客户可以足不出户就能够安全便捷地管理活期和定期存款、支票、信用卡及个人投资等。可以说，网上银行是在 Internet 上的虚拟银行柜台。网上银行又被称为"3A 银行"，因为它不受时间、空间限制，能够在任何时间（Anytime）、任何地点（Anywhere）、以任何方式（Anyway）为客户提供金融服务。

2．网上购物

随着互联网的蓬勃发展，人们的生活也发生了巨大的变化，网上购物成为新一代的消费模式。网上购物，就是通过互联网检索商品信息，并通过电子订购单发出购物请求，然后进行网络支付或其他方式付款，厂商通过邮购的方式发货，或是通过快递公司送货上门。中国国内的网上购物，一般是款到发货（直接银行转账，在线汇款），担保交易则是货到付款。网络购物可以使我们从订货、买货到货物上门无需亲临现场，既省时又省力。对于商家来说，由于网上销售库存压力低、经营成本低，极大地推动了中小企业在互联网上的发展。国内比较著名的购物网站有淘宝网、京东商城、拍拍网、卓越网、当当网等。

3．网上订票

因特网技术的飞速发展为出行带来了全新的购票方式。1994年10月，美国联合航空公司率先推出了网上售票系统，乘客只须在网上输入自己的信用卡号和有效期，就可以直接购买机票。出票方式有电子机票、机场取票、送票上门等多种方式。网上订票给旅客带来了方便，购票者足不出户就可在电脑上查询航班或火车动态、票价和可售情况，并直接订购机票和火车票，免去了奔波之苦，且节省了时间。

习题五

一、选择题

1．Internet 的前身是（　　）。
   A．ARPANET 　　　B．ENIVAC 　　　C．TCP/IP 　　　D．MILNET
2．调制解调器的英文名称是（　　）。
   A．Bridge 　　　B．Router 　　　C．Gateway 　　　D．Modem
3．下列传输介质中，属于无线传输介质的是（　　）。
   A．双绞线 　　　B．微波 　　　C．同轴电缆 　　　D．光缆
4．下列传输介质中，属于有线传输介质的是（　　）。
   A．红外 　　　B．蓝牙 　　　C．同轴电缆 　　　D．微波

二、填空题

1．我们每天都在使用的网络有：_____、_____和_____，即所谓的"三网"。在"三网"中，发展最快并起到核心作用的是_____。
2．传输介质按其特征可分为_____和_____两大类，前者包括_____、_____和_____等，后者包括_____、_____、_____等。它们具有不同的传输速率和传输距离，分别支持不同的网络类型。
3．列举常见的网络应用软件有：_____、_____、_____、_____和_____。
4．最常用的搜索引擎网站有_____、_____和_____。

三、名词解释

1．计算机网络
2．互联网
3．因特网
4．局域网
5．协议
6．网络体系结构

四、简答题

1. 简述计算机网络的发展历程。
2. 简述计算机网络的组成。
3. 简述交换机的作用。
4. 简述路由器的作用。
5. 简述 TCP/IP 网络体系结构的内容。
6. 谈谈你对网上学习的看法。
7. 谈谈你对网上生活的体会。

6

多媒体技术及其应用

　　常见的多媒体信息主要有图形、图像、动画、音频和视频。本章首先对各种媒体元素的基本概念进行了简要介绍，然后以相册版面设计为例，重点讲解了 Photoshop 的一些基本操作，能使读者对图形绘制、图像处理、动画制作有直观地认识，并通过会声会影 X5 分析了音频和视频剪辑的过程。

6.1　概述

6.1.1　图形

　　在现实生活中，我们经常把"图形"和"图像"混为一谈，实际上"图形"和"图像"是完全不同的两个概念。图形一般是指由外部轮廓线条构成的矢量图，如由计算机绘制的直线、圆、矩形、曲线、图表等。典型的矢量图形如图 6-1 所示，矢量图形最大的优点是无论放大、缩小或旋转都不会失真；最大的缺点是难以表现色彩层次丰富的逼真图像效果。所以一般公司或企业的标志（LOGO）都是矢量图。由图 6-1 可见矢量图是由轮廓线和填充色构成的，所以在很多工具软件中（包括在 Office 中）编辑图形的主要工作就是绘制轮廓线和选择填充色。绘制图形常用的工具软件有 Adobe 公司的 Illustrator 和 Corel 公司的 CorelDRAW，如果想从事平面设计方面的工作，至少要熟练使用这两款软件中的一款。

图 6-1　矢量图形

6.1.2 图像

图像一般是指位图，也称为点阵图，是由像素点构成的，如图 6-2 所示。在 Adobe Photoshop CS5 软件中打开一张位图，使用快捷键 Ctrl++图像就会被放大，放大到一定的程度，就会看到所谓的"马赛克"现象，如图 6-3 和图 6-4 所示。每一个小方块就是一个像素点，每一个像素点都有唯一的一种颜色，这张图片就是由一个个像素点"垒"起来的。位图最大的优点是可以表现出色彩丰富的图像，可以逼真地重现自然界各类景物；位图最大的缺点是不能任意放大缩小，且图像数据量比较大。

图 6-2 位图

图 6-3 在 Photoshop 中打开素材图片

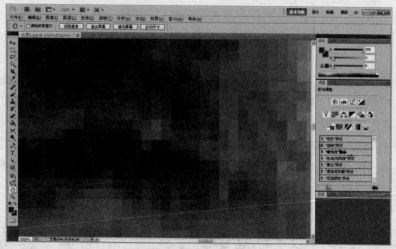

图 6-4　"马赛克"现象

常用的图像处理软件有 Adobe 公司的 Photoshop 系列，Google的免费图片管理工具Picasa，还有国内很实用的大众型软件彩影，非主流软件美图秀秀等。世界公认的最专业的图像处理软件非 Photoshop 莫属，在本章第 2 节中，会讲到 Photoshop 的一些常用操作。

6.1.3　动画

动画是通过把人物的表情、动作、变化等分解后画成许多瞬间动作的画幅，再用摄影机连续拍摄成一系列画面，给视觉造成连续变化的感觉。它的基本原理与电影、电视一样，都是视觉暂留原理。医学证明人类具有"视觉暂留"的特性，人的眼睛看到一幅画或一个物体后，在 0.34 秒内不会消失。利用这一原理，在一幅画还没有消失前播放下一幅画，就会给人造成一种流畅的视觉变化效果。

从制作技术和手段看，动画可分为以手工绘制为主的传统动画和以利用计算机绘制为主的电脑动画。按动作的表现形式来区分，动画可以分为接近自然动作的"完善动画"（动画电视）和简化、夸张的"局限动画"（幻灯片动画）。如果从空间的视觉效果上看，又可分为二维动画和三维动画。从每秒放的画面数量来讲，还有全动画（每秒 24 帧）和半动画（少于 24 帧）之分，许多动画公司为了节省资金往往用半动画来制作动画电视剧，视觉效果当然不能和迪士尼动画电影作比较。

常见的动画制作软件有 Maya、3D Studio Max 和 Flash。Maya 是美国 Autodesk 公司出品的世界顶级的三维动画软件，应用对象是专业的影视广告、角色动画、电影特技等。Maya 功能完善、使用灵活、易学易用、制作效率极高、渲染真实感极强，是电影级别的高端制作软件。3D Studio Max 是由 Discreet 公司（后来被 Autodesk 公司合并）开发的，与 Maya 软件性质类似。在应用范围方面，它广泛应用于广告、影视、工业设计、建筑设计、三维动画、多媒体制作、游戏、辅助教学以及工程可视化等领域。Flash 是美国的 Macromedia 公司于 1999 年 6 月推出的网页动画设计软件，现在已归属于 Adobe 公司。它是一种交互式动画设计工具，可以将音乐、声效、动画以及富有新意的界面融合在一起，以制作出高品质的网页动态效果。在打开网页时经常会看到 Flash 动画的身影。

6.1.4　音频

人类能够听到各种各样的声音。人们可以把所有的声音录制下来，声音的声学特性如音的高低等都可以用计算机硬盘文件的形式存储下来。反过来，也可以把存储下来的音频文件用一定的音频程序播放，还原以前录下的声音。声音被录制下来以后，无论是说话声、歌唱声还是乐器发出的声音都可以通过数字音乐软件处理，或是把它制作成 CD。音频就是指储存在计算机里的声音。

目前常见的音频格式主要有：CD、WAV、MP3、MID、WMA 等。

要讲音频的格式，CD 自然是首先要提及的。在大多数播放软件的"打开文件类型"中，都可以看到*.cda 格式，这就是 CD 格式了。标准 CD 格式是 44.1K 的采样频率，速率 88K/秒，16 位量化位数，可以说近似无损，它的声音基本上是忠于原声的。如果你是一个音响发烧友的话，CD 是你的首选，它会让你感受到天籁之音。

WAV 是微软公司开发的一种声音文件格式，用于保存 Windows 平台的音频信息资源，被Windows 平台及其应用程序所支持。WAV 格式支持多种压缩算法，支持多种音频位数、采样频率和声道。标准格式的 WAV 文件和 CD 格式一样，也是 44.1k 的采样频率，速率 88k/秒，16 位量化位数，声音文件质量和 CD 相差无几，也是 PC 机上广为流行的声音文件格式，几乎所有的音频编辑软件都识别 WAV 格式。

MP3 指的是 MPEG 标准中的音频部分，也就是 MPEG 音频层。MPEG 音频文件的压缩是一种有损压缩，MPEG 音频编码具有 10∶1~12∶1 的高压缩率，同时基本保持低音频部分不失真，但是牺牲了声音文件中 12kHz 到 16kHz 高音频这部分的质量来换取文件的尺寸，相同长度的音乐文件，如果用*.mp3 文件来储存，一般只有*.wav 文件的 1/10，而音质要次于 CD格式或 WAV 格式的声音文件。由于其文件尺寸小、音质好、所以在它问世之初还没有什么别的音频格式可以与之匹敌，为*.mp3 格式的发展提供了良好的条件。直到现在，这种格式还是作为主流音频格式的地位难以被撼动。

WMA（Windows Media Audio）格式也来自微软，音质要强于 MP3 格式，更远胜于 RA格式，它和日本 YAMAHA 公司开发的 VQF 格式一样，是以减少数据流量但保持音质的方法来达到比 MP3 压缩率更高的目的，WMA 的压缩率一般都可以达到 1∶18 左右。

音频处理领域的佼佼者是 Adobe Audition（前身是 Cool Edit Pro），它是一个专业音频编辑和混合环境，可以将电脑变成专业的录音工作室。Adobe Audition 专为在照相室、广播设备和后期制作设备方面工作的音频和视频专业人员设计，提供先进的音频混合、编辑、控制和效果处理功能。最多混合 128 个声道，可编辑单个音频文件，创建回路并可使用 45 种以上的数字信号处理效果。无论是要录制音乐、无线电广播，还是为录像配音，Adobe Audition 中恰到好处的工具均可提供充足动力，创造丰富、细微的高品质音频。

6.1.5　视频

视频（Video）泛指将一系列静态影像以电信号方式加以捕捉、记录、处理、储存、传送以及重现的各种技术。连续的图像变化每秒超过 24 帧（Frame，即画面）以上时，根据视觉暂留原理，人眼无法辨别单幅的静态画面，看上去是平滑连续的视觉效果，这样连续的画面叫做视频。视频技术最早是为电视系统而开发，但现在已经发展为各种不同的格式应用在各种不同的领域。网络技术的发展也促使视频的纪录片段以流媒体的形式存在于互联网之上并可被电脑接收与播放。

目前互联网上常见的视频格式主要有：AVI、WMV、RMVB、FIV、MP4 等。

AVI，音频视频交错（Audio Video Interleaved）的英文缩写，是由微软公司发布的一种视频格式，AVI 格式调用方便、图像质量好，但缺点就是文件体积过于庞大。

WMV 是一种在互联网上实时传播多媒体的技术标准，WMV 的主要优点在于：可扩充的媒体类型、本地或网络回放、可伸缩的媒体类型、流的优先级化、多语言支持、扩展性等。

RMVB 是一种由 RM 视频格式升级延伸出的新视频格式，它的先进之处在于 RMVB 视频格式打破了原先 RM 格式那种平均压缩采样的方式，在保证平均压缩比的基础上合理利用比特率资源，就是说静止和动作场面少的画面场景采用较低的编码速率，这样可以留出更多的带宽空间，而这些带宽会在出现快速运动的画面场景时被利用。这样在保证了静止画面质量的前提下，大幅地提高了运动图像的画面质量，从而图像质量和文件大小之间就达到了微妙的平衡。一部大小为 700MB 左右的 DVD 影片，如果将其转录成同样视听品质的 RMVB 格式，最多也就 400MB 左右。

FLV 是随着 Flash MX 的推出发展而来的新的视频格式，其全称为 FlashVideo。由于它形成的文件极小、加载速度极快，使得网络观看视频文件成为可能，它的出现有效地解决了视频文件导入 Flash 后、使导出的 SWF 文件体积庞大，不能在网络上很好的使用等缺点。各在线视频网站均采用此视频格式。如新浪播客、优酷、土豆、酷 6 等。

MP4（MPEG-4 Part 14）是一种常见的多媒体容器格式，它是在"ISO/IEC 14496-14"标准文件中定义的，属于 MPEG-4 的一部分，是"ISO/IEC 14496-12（MPEG-4 Part 12 ISO Base Media File Format）"标准中所定义的媒体格式的一种实现，后者定义了一种通用的媒体文件结构标准。

6.2   图形图像处理——案例 6：相册版面设计

本节以相册的版面设计为实例，讲解专业级图像处理软件 Photoshop 的一些常用操作，使读者对图形绘制、图像处理有直观认识。比学会使用 Photoshop 软件本身更重要的是，能够掌握图形绘制的一般规律、图像处理的基本方法。

6.2.1   图像处理

对于 Photoshop 这款软件来讲，图像处理是其核心功能，Photoshop 中的绝大多数工具和命令都是用来进行图像处理的。这些工具和命令的数量很多，总体上分为几大知识模块：工具箱、图层、调色命令、滤镜等。需要强调的是这几大知识模块共同组成了完整的知识体系，它们之间相互配合使用才能顺利完成图像处理的工作。有很多读者学会了几个常用工具，学会了几条调色命令就单纯地认为自己学会了 Photoshop，这是初学者最常见的学习误区。

首先启动 Adobe Photoshop CS5，启动后的界面如图 6-5 所示。这款软件的名字是 Photoshop，意为照片加工厂，非常形象。Adobe 是研制并发行 Photoshop 这款软件的公司的名字，Adobe 公司在多媒体信息处理领域可是大名鼎鼎。CS5 是软件的版本号，目前的最高版本是 Photoshop CC。有许多读者在学习工具软件时，特别倾向于最高版本，实际上对于 Photoshop 这款软件来讲是完全没有必要的。因为自从 Photoshop 这款软件问世以来，其最核心的图像处理工具和命令从未改变过，Photoshop 7.0 与 Photoshop CC 基本的图像处理功能是一致的。

图 6-5　Adobe Photoshop CS5 界面

Photoshop 的界面由几大部分组成，界面最左侧是 Photoshop 的工具箱，汇集了图像处理的各种工具。界面上方是标题栏和菜单栏，几乎每一款软件都有标题栏和菜单栏，相信读者已经很熟悉它们的作用了。位于菜单栏下面的是工具选项栏，当我们在工具箱中选择不同的工具时，工具选项栏的内容会有所不同，因为工具选项栏的作用就是对当前选中的工具进行各种属性和参数设置。作为 Photoshop 的初学者，经常是选择某种工具后马上使用，这是一个错误的习惯，正确的步骤应该是选择工具后，首先在工具选项栏中进行参数设置，再使用工具。可以说工具选项栏中的参数决定了工具使用的效果。界面的最右侧是 Photoshop 的功能面板，每一个面板都具有自己独特的功能，例如使用频率最高的图层面板是用来进行图层管理的，颜色面板是用来调整颜色的。强调一点：工具箱中的工具、工具选项栏和面板是相互配合使用的。读者在深入学习过程中会逐渐体会到三者默契配合的关系。界面正中间的大块深灰色区域是留给画布的，画布就是我们操作的对象。

下面以相册的版面设计为例，介绍 Photoshop 最常用、最基本的一些操作。

1．新建文件

单击"文件"|"新建"命令，快捷键是 Ctrl+N，就会弹出"新建"对话框，如图 6-6 所示。

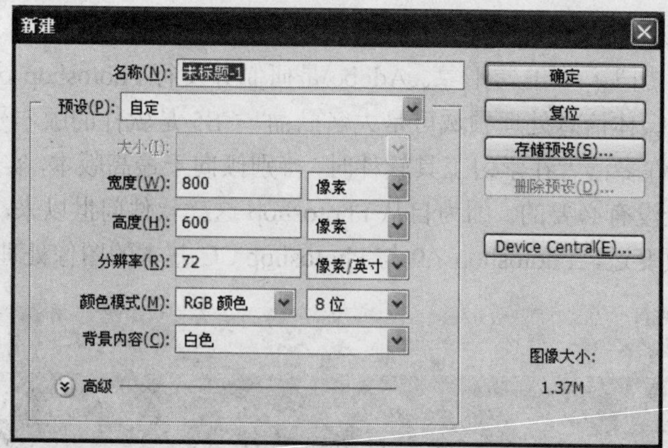

图 6-6　"新建"对话框

在这个对话框中，需要重点关注的是新建文件的宽度、高度和分辨率。宽度 800 像素，是指新建文件横向有 800 个像素点；高度 600 像素，是指新建文件纵向有 600 个像素点，那么这张图像共计有 480000 个像素点构成。分辨率是指单位长度上的像素点的个数，国际标准单位为像素/英寸。分辨率 72 像素/英寸就意味着 1 英寸（等于 2.54 厘米）的长度上有 72 个像素点。这些都是默认的情况，我们可以根据自己的需要来修改图像的大小和分辨率，比如我们要制作一张宣传海报，那么宽度为 50 厘米，高度为 70 厘米，分辨率为 300 像素/英寸是比较合适的尺寸；如果我们要制作一幅发布在网页上的广告，那么宽度为 234 像素，高度为 60 像素，分辨率为 72 像素/英寸是比较常见的尺寸。需要注意，在 Photoshop 中设计不同类型的作品，新建文件时的宽度、高度和分辨率设置是完全不同的。修改"新建"对话框的参数，新建一张 A4 纸大小的画布，如图 6-7 所示。

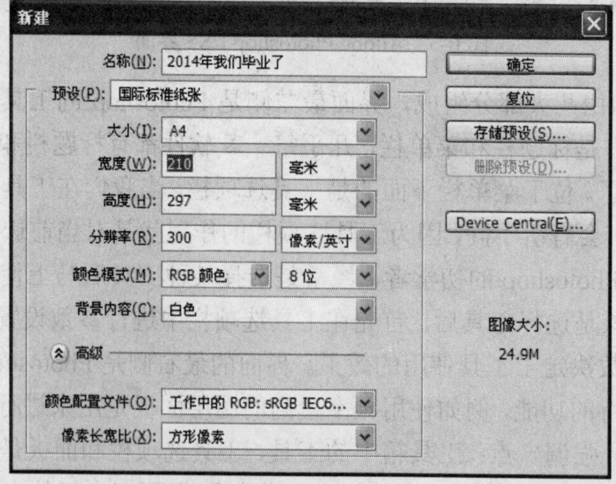

图 6-7　新建 A4 纸大小的画布

2．图层的新建与删除

图层是 Photoshop 最核心的概念，可以说 Photoshop 的所有工具和命令都是运用在图层上的，首先来解释一下图层的概念。

在现实生活中，画画的过程大致是这样的，首先拿出一张白纸，然后按照自己预先的构思和设计在白纸上画，作品完成后如果想进行局部的修改几乎是不可能的或者说相当困难。而使用 Photoshop 进行图像处理也是一个"画画"的过程，需要巧妙的构思和创意设计，但使用 Photoshop 作画后期的修改工作是相当便捷的，也可以说是随心所欲的，根本原因就是在 Photoshop 中图层的使用。读者可以简单地把图层理解为一张透明的玻璃纸，在白纸上叠上一层透明的玻璃纸，画一个太阳，再叠上一层透明的玻璃纸，再画一个月亮，那么这个作品看上去是太阳和月亮都出现在白纸上。但实际上这幅作品是由一张白纸和两张透明玻璃纸共三层组成的。这是个很巧妙的作画方式，可想而知删除和修改操作将变得十分容易。

在 Photoshop 中实际操作刚才描述的过程。前面已经新建了一张 A4 纸大小的画布，接下来用鼠标将图层面板拖拽出来，以便能够清楚地观察作品的图层信息，如图 6-8 所示。

图 6-8　Photoshop 的图层面板

"创建新图层"的按钮位于图层面板右下角，单击后图层面板中出现图层 1，使用工具箱里的画笔工具可以用鼠标拖拽的方式在图层 1 上画一个太阳，如图 6-9 所示。再单击"创建新图层"的按钮，图层面板中出现图层 2，同样使用画笔工具可以在图层 2 上画一个月亮，如图 6-10 所示。现在我们看到一张白纸上既有太阳又有月亮，观察图层面板，这个作品是由三个层构成的：背景层、图层 1 和图层 2。背景层就相当于在现实生活中作画时使用的白纸，图层 1 和图层 2 是叠在白纸上的透明玻璃纸。

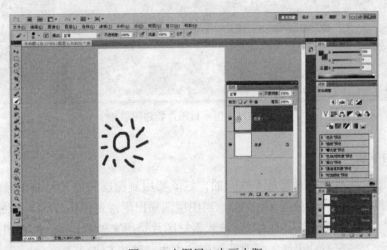

图 6-9　在图层 1 上画太阳

图 6-10　在图层 2 上画月亮

　　"删除图层"按钮位于图层面板右下角,选中图层 2,单击"删除图层"按钮,图层 2 就被删除了。注意,需要删除哪个图层,首先要选中这个图层。为了后续作品设计的需要,先将图层 1 和图层 2 都删除,只留下背景层。

　　单击"图像"|"图像旋转"|"90 度(顺时针)"命令,将画布由纵向改为横向,因为相册版面横向的情况比较多。打开素材图片教八.jpg 所在目录,将该图片拖拽至画布上,观察图层面板会发现这张素材图片成为了当前作品的一个图层,这也是一种常见的新建图层的方式,如图 6-11 所示。

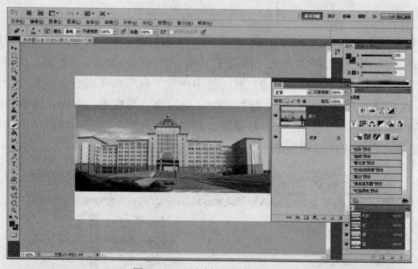

图 6-11　由素材图片新建图层

3. 图层的缩放

　　显然素材图片的尺寸和画布是不吻合的,这就要用到图层的放大与缩小操作。单击"编辑"|"自由变换"命令(快捷键 Ctrl+T),当图层四周出现深灰色框线时,如图 6-12 所示,就可以拖拽鼠标,随意调整图层的大小。这张素材图片是用来做背景的,需在图层面板中将其不透明度调整至 25%左右。记住,想改变图层的大小,就按 Ctrl+T。

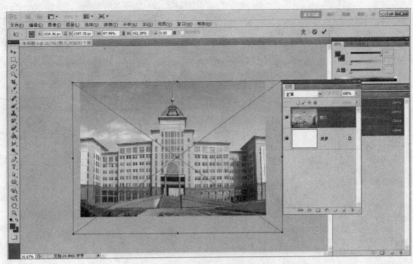

图 6-12　图层的缩放

4．图层的移动

打开素材图片毕业照 2.jpg 所在目录，将该图片拖拽至画布上，改变其大小至合适的尺寸，注意，对于人像的缩放一般要求不能变形，就是说要进行等比例缩放，在使用鼠标进行拖拽时要按住键盘上的 Shift 健来锁定纵横比。在工具箱中选中"移动"工具，按住鼠标拖拽，可以实现图层位置的移动，将素材图片移动至画布右下角，如图 6-13 所示，鼠标右击，执行"栅格化图层"命令，使用"橡皮擦"工具将图层上的部分区域擦除。前面介绍过，在使用 Photoshop 中的工具时，不能直接使用，要注意在工具选项栏中设置相关的参数，如果直接使用"橡皮擦"工具，擦除的效果很难看，所以在选项栏里将"大小"调整至 800 像素，"硬度"调至最低，这时擦除的效果就比较自然，如图 6-14 所示。

图 6-13　图层的移动

下面将毕业照 1.jpg、毕业照 3.jpg 和校训石.jpg 也拖拽进来，目前的作品一共有 6 层了，每一层都调整好大小及位置，那么一个最简单的相册版面设计就完成了，如图 6-15 所示。

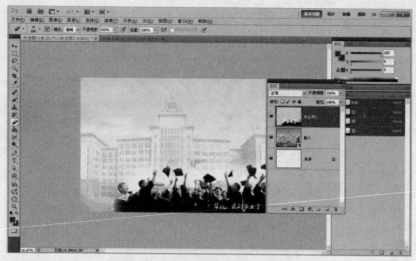

图 6-14 "橡皮擦"工具的使用

图 6-15 最简单的相册版面

为了使设计的作品更加美观和完善,还需要做进一步的调整。

5.图层的旋转

选中图层"毕业照3",按快捷键Ctrl+T后出现深灰色框线和八个方块形控制点,将光标移至任何一个控制点附近,光标变为弯弯的弧形时,拖拽鼠标即可实现图层的旋转,如图6-16所示。

6.图层的样式

图层样式是Photoshop提供的图层上的特效,选中图层"毕业照1"并在蓝色区域双击,即弹出"图层样式"对话框,如图6-17所示。选中"投影",如图6-18所示设置相应参数,选中"描边",如图6-19所示设置相应参数,观察设置后的图层效果,将另外两个图层也设置"投影"和"描边"的效果,得到的作品效果如图6-20所示。

图 6-16　图层的旋转

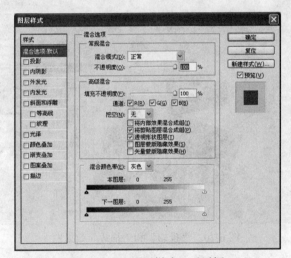

图 6-17　"图层样式"对话框

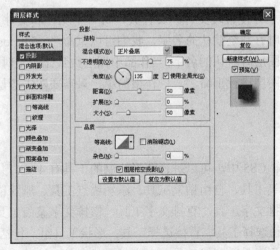

图 6-18　"投影"设置

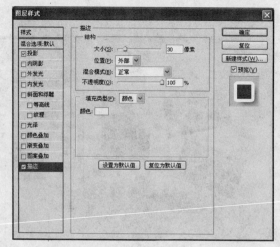

图 6-19   "描边"设置

图 6-20   "投影"和"描边"效果图

7. 图层的重命名

在使用电脑时，为了方便管理文件和文件夹，每一个文件和文件夹都可定义有意义的名字，创建文件或文件夹时有系统默认的名字，我们可以重命名。Photoshop 中的图层也一样，图层 1 和图层 2 是新建图层时默认的名字，当作品中图层数量比较多时这样的名字用起来很不方便，所以我们也要对图层进行重命名。操作很简单，只需要双击图层名字即可。

6.2.2 图形绘制

在 Adobe Photoshop CS5 中，可以进行图形绘制的工具有 4 组，共计 17 个。它们分别是钢笔工具组，包括：钢笔工具、自由钢笔工具、添加锚点工具、删除锚点工具、转换点工具；文字工具组，包括：横排文字工具、直排文字工具、横排文字蒙版工具、直排文字蒙版工具；选择工具组，包括：路径选择工具、直接选择工具；形状工具组，包括：矩形工具、圆角矩形工具、椭圆工具、多边形工具、直线工具、自定义形状工具。这些工具共同组成了 Photoshop

的矢量工具组，在今后的学习和工作中，如果遇到了图形绘制方面的问题，那么在 Photoshop 中肯定是由矢量工具组中的工具来完成。

值得注意的问题是，Photoshop 具有图形绘制的功能，但是 Photoshop 并不是一款专业的图形绘制软件。说到矢量图形绘制，目前比较流行的软件有两款，一款是 Adobe 公司的 Illustrator（简称 AI），一款是 Corel 公司的 CorelDRAW。无论哪一款软件，其图形绘制的基本方法是一致的，其实在 Office 中也可以使用类似的方法来绘制和编辑图形（参见第 4 章相关内容）。关于图形绘制，只要掌握了基本方法，无论打开的是哪一款软件，只要它具有图形绘制的功能，就可以随心所欲地画出矢量图形。下面继续完成我们的案例，需要使用到 Photoshop 的圆角矩形工具和自定义形状工具，希望起到抛砖引玉的作用，使读者对图形绘制有一个直观的认识。

1．绘制圆角矩形

在工具箱的矢量工具组中找到圆角矩形工具，鼠标单击选中后，光标会变成十字形状，拖拽鼠标即画出一个圆角矩形，从图层面板看多了一个图层，这是形状图层，此时圆角矩形的角不够"圆"，如图 6-21 所示，原因在于使用圆角矩形工具之前没有进行参数设置。删除这一层，在工具选项栏中将半径设置为 100 像素，再画出来的角就足够"圆"了，如图 6-22 所示。

图 6-21　圆角矩形工具的使用

图 6-22　圆角矩形工具的半径设置

改变形状图层和"校训石"图层的上下关系，使形状图层位于"校训石"图层下方，选中图层拖拽即可。将鼠标移至两层之间，按下 Alt 健，光标变为两个圆形相交，单击后观察效果，如图 6-23 所示，这是 Photoshop 提供的"剪贴蒙版"的功能，这样操作后照片就是圆角矩形了。同样，照片也可以是三角形、椭圆形或星形等形状。

图 6-23　剪贴蒙版的使用

2．绘制自定义形状

无论是圆角矩形还是椭圆形或星形，都是比较规则的形状，如果想要绘制比较"随意"的形状，Photoshop 提供了"自定义形状"工具。选中"自定义形状"工具，在其工具选项栏里选择一种形状，如图 6-24 所示，可以在画布上绘制这个形状，并将照片"放"在这个形状里。

图 6-24　自定义形状

6.3　动画制作

6.3.1　动画制作的基本原理

一系列连续播放的画面构成了动画，要想制作动画，无论是使用哪款软件，首先需要做的就是绘制这些画面，这些画面就是构成动画的"帧"。画面绘制完成后，要使其按照一定的速度连续播放，这个速度称为"帧频"，单位是帧/秒。根据人类"视觉暂留"的特性，24 帧/秒的帧频就能使观众感到播放顺畅。下面以 6.2 节中的作品为例，使用 Photoshop 制作一个 GIF 动态图，借此了解动画制作的原理及过程。

需要说明的是，Photoshop 可以制作 GIF 动态图，然而在互联网上，专门用来制作 GIF 动态图的工具软件有很多，Photoshop 是制作 GIF 的软件之一。

6.3.2　GIF 的制作

在图层面板中，每一个图层前面都有一只小眼睛，小眼睛代表的是图层的可见性，即图层的显示与隐藏。单击"窗口"|"动画"，打开 Photoshop 的动画面板，在 Photoshop 中动画的制作是由动画面板来完成的，如图 6-25 所示。

图 6-25　Photoshop 的动画面板

单击小眼睛，隐藏图层"校训石"、"毕业照 3"和"毕业照 1"，单击"动画"面板中的"新建"按钮，此时动画面板中有两帧，再新建两帧，共有四帧，如图 6-26 所示。

选中第 2 帧，使图层"毕业照 3"前的小眼睛出现；选中第 3 帧，使图层"毕业照 3"和"毕业照 1"前的小眼睛出现；选中第 4 帧，使所有图层前的小眼睛都出现，如图 6-27 所示，一个简单的动画效果就制作完成了。可以单击动画面板里的播放按钮查看动画效果，如果不满意，可以再进行帧及帧频的调整，直到满意为止。

图 6-26 动画面板中的四帧

图 6-27 编辑动画面板中的四帧

6.4 音频与视频处理——案例 7：电子相册制作

本节以电子相册的制作为例，讲解视频剪辑软件会声会影的一些常用操作，使读者对视频和音频的剪辑有直观认识。会声会影（Corel VideoStudio Pro Multilingual）是一款视频剪辑软件，最初是由友立（Ulead）公司研发的（会声会影 11 及以下的版本），后来被 Corel 公司收购，版本也变为带 X，如 Corel VideoStudio Pro X2、X3 等，目前最高版本为 X7。

虽然从专业的角度讲，会声会影无法与 EDIUS、Adobe Premiere、Adobe After Effects 和 Sony Vegas 等软件媲美，但其操作简单、容易上手的特点赢得了广大非专业级用户的喜爱，在国内的普及度很高。会声会影最突出的特点就是：简单易学，适合家庭日常使用。使用会声会影时完全不用担心自己零基础，也不用理解那么多复杂的关于视频的基本概念，只要明确了自己的想法和需求,借助会声会影就可以轻松完成视频剪辑工作。随着会声会影版本的不断提高、功能上的不断完善,它已经可以挑战专业级的影片剪辑软件了。

6.4.1　音频与视频的剪辑

要想真正做出好的视频类作品,最主要的工作并不是学会使用会声会影,因为会声会影只不过是完成作品的工具而已,我们完全可以选择使用别的视频剪辑软件,比学会使用工具软件更重要的是创意。著名的画家之所以能画出世界名作,并不是因为他们的画笔和颜料好,而是因为他们自己头脑里的创意。因而,在真正使用会声会影前,我们还有许多准备工作要做。

1．主题

任何一个作品,都要有明确的主题。一般制作的视频类作品,如日常生活中经常看到的电影和电视剧,主题鲜明才会被广大观众所认可,毕竟谁也不愿意看根本看不懂的片子,自己制作作品也是如此。

2．素材搜集与加工

主题明确后,接下来要做的工作就是围绕主题,利用互联网搜集相关的素材,包括与主题相关的图形、图像、动画、音频、视频等。有时,这些素材可以自己制作,例如,自己绘制logo(标志)、自己拍摄照片等。自编自导自演自拍也是很多大学生的业余爱好。

来自互联网的各种各样的素材和自己制作的素材有很多时候是有"瑕疵"的,不能直接在作品中使用,如图 6-28 所示的一张毕业照,它是从网上直接下载的,可以清楚的看到上面的网址信息,这就是"瑕疵"。通过 6.2 节的学习,可以使用 Photoshop 把"瑕疵"处理掉。所以素材搜集完成后,对于一些有"瑕疵"的素材,还是需要通过其他的工具软件进行加工处理的。

图 6-28　带有"瑕疵"的素材图片

3．剪辑

有了前面的准备工作,现在可以打开会声会影进行视频剪辑了。启动会声会影 X5,图 6-29 是会声会影启动过程中的画面,启动成功后,会声会影的主界面如图 6-30 所示。会声会影是 Corel 公司的产品,所以在界面风格上与 Office、Photoshop 有所不同,一般情况下同一公司的软件产品界面风格是一致的。会声会影的界面分为几个区域：菜单栏、工具栏、素材库、显示界面和编辑界面。

图 6-29　会声会影启动画面

　　会声会影的菜单栏只有文件、编辑、工具和设置四项，工具栏有三项：捕获、编辑、分享，名字起得简洁易懂。捕获是获取视频素材的过程，可以从外部设备捕获视频，也可以从光盘或硬盘导入视频，甚至可以进行屏幕录制；编辑是使用会声会影真正剪辑的过程，同时还可以加上很多转场和滤镜的特效；分享是作品制作完成后创建光盘或视频文件的过程。捕获、编辑、分享涵盖了视频制作的全过程。选择编辑工具栏时，位于界面右上部区域的是素材库，包含了会声会影默认提供的视频、音频、图形、图像等素材。单击位于素材库第一行第一列的视频素材，单击播放按钮，就可以看到这个视频素材的全部内容了。界面的下半部分区域是编辑界面，这是最主要的工作区域。编辑界面默认包括五个轨道：视频轨、覆叠轨、标题轨、声音轨、音乐轨。一个完整的视频作品，是这些轨道叠加在一起的结果。

图 6-30　会声会影界面

　　本节案例是制作一个电子相册，事先已经准备了大量的图片素材和背景音乐，并将各种类型的素材导入素材库中，以便制作过程中随时使用，如图 6-31 所示。

图 6-31　导入媒体文件

　　然后，选中一张素材图片，将其拖至视频轨，如图 6-32 所示。用鼠标拖动黄色框线的右侧，调整图片播放的时间，将这张图片的播放时间调整至 5 秒，如图 6-33 所示。再选中一张素材图片，将其拖至视频轨，同样将其播放时间调整至 5 秒，一直重复上述的过程，所有需要的素材图片就可以拼接在一起了，随时可以在显示界面上查看目前编辑的效果。

图 6-32　将素材图片拖至视频轨

图 6-33　调整图片播放的时间

将素材库中的背景音乐（相逢是首歌.mp3）拖拽至音乐轨，需要注意的是，伴随着背景音乐的播放，照片在一张张切换，每5秒一张，背景音乐的总时长和照片播放的总时长应该匹配，音乐还在播放画面没了，或者画面在播放，音乐戛然而止都是不合适的。因此，可以适当调整素材图片的个数，也可以适当调整每一张素材图片的播放时长，总之声音和画面要吻合。

6.4.2　作品的完善

按照上述的操作，一个最简单的电子相册就制作完成了。在制作过程中要注意随时保存自己的作品，会声会影的源文件扩展名是.VSP。为使作品更加精彩，还需要做以下的工作。

1．转场与滤镜的使用

会声会影提供了很多转场效果和滤镜效果，可以用在自己的作品中，起到锦上添花的作用。转场是指画面与画面之间切换的效果，类似于 PowerPoint 中的幻灯片切换。

单击"转场"按钮，选中"全部"，如图 6-34 所示，就会看到会声会影提供的所有转场效果，选中第一行第一列的"3D 彩屑"，将其拖拽至视频轨任意两个素材之间，从显示界面可以查看这个转场效果是否合适。如果不合适，按 Delete 键就可以将其删除。需要注意的是转场是要占用一定的时间的，可以调整转场的时长，当加入转场效果后很可能原来素材图片的播放时长也要调整。使用会声会影，就是一个一边编辑、一边查看、一边调整的过程，这个过程要反复进行，直至自己满意为止。

图 6-34　会声会影的转场效果

单击"滤镜"按钮，选中"全部"就会看到会声会影提供的所有滤镜效果，如图 6-35 所示。所谓滤镜就是一些画面的特效，找到并选中滤镜"老电影"，将其拖拽至视频轨的任意一个素材上，则这段画面就有了老电影的感觉。注意，转场效果应拖拽至两个素材之间，而滤镜效果是拖拽至某个素材之上。很多滤镜的效果是非常出色的，如"彩色笔"、"肖像画"或"自动草绘"等，读者自己可以多尝试一下。具体用不用滤镜，用哪款滤镜是根据作品的需要决定的。

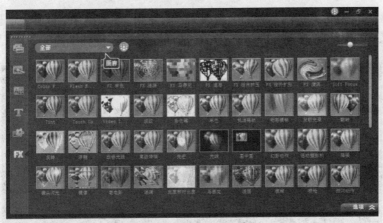

图 6-35　会声会影的滤镜效果

　　总而言之，转场和滤镜使用既简单又方便，更重要的是有了它们，多媒体作品将不再单调。

2．加入片头和片尾

　　片头是视频的开场，片尾是视频的结束，这是不可或缺的两个环节。日常生活中经常看的电视剧都有片头和片尾，为的是给观众一种心理上的过渡，不致于让观众觉得开始或结束的很突然。片头和片尾除了将关键情节剪辑拼接在一起，还加入了很多影视特效，看上去很精彩。

　　会声会影虽然不能制作影视特效，但使用它提供的"即时项目"也可以为自己的作品添加片头和片尾。单击"即使项目"，选中"开始"，就可以看到会声会影提供的所有片头模板，效果也都非常出色，如图 6-36 所示。选择第二行第四列的即时项目，将其拖拽至视频轨起始的位置。观察编辑界面的各个轨道，会发现这个即使项目是由一段视频素材、一个标题和一段音乐叠加在一起构成的。需要更改即时项目的内容，使它完全符合自己的需要，例如这个即时项目原来的标题是"VideoStudio"，可以改为"2014 年，我们毕业了！"。单击"即时项目"，选中"结尾"，就可以看到会声会影提供的所有片尾模板，我们需要做的就是选择并进行修改。

图 6-36　会声会影的即时项目

　　运用了合适的转场与滤镜，编辑好片头与片尾，一个比较完整的电子相册作品才算做完，保存的作品是.VSP 格式的，这是会声会影的源文件格式，但是这种格式不能被视频播放器直接播放。作品编辑完成后，确认不再需要修改后，就使用"分享"工具栏中的"创建视频文件"
来发布作品，如图 6-37 所示，会声会影支持生成所有常见的视频格式。

图 6-37　创建视频文件

6.4.3　拓展练习

1. 根据本章第 2 节的内容，以"我的舍友们"为主题制作一张相册版面。
2. 根据本章第 4 节的内容，以"我的大学生活"为主题制作一个电子相册作品。

习题六

一、选择题

1. 因特网上最常用的用来传输图像的存储格式是（　　）。
   A．WAV　　　　　　B．BMP　　　　　　C．MID　　　　　　　D．JPG
2. 不能用来存储声音的文件格式是（　　）。
   A．WAV　　　　　　B．JPG　　　　　　C．MID　　　　　　　D．MP3
3. 矢量图形最大的优点是（　　）。
   A．放大缩小都不会失真　　　　　　B．表现色彩层次丰富的逼真效果
   C．占用存储空间小　　　　　　　　D．适合用在网页上
4. 位图最大的优点是（　　）。
   A．放大缩小都不会失真　　　　　　B．表现色彩层次丰富的逼真效果
   C．占用存储空间小　　　　　　　　D．适合用在网页上
5. 根据人类"视觉暂留"的特性，（　　）的帧频就能使观众感到播放顺畅。
   A．12 帧/秒　　　　B．24 帧/秒　　　　C．36 帧/秒　　　　　D．48 帧/秒

二、填空题

1. 常见的多媒体信息主要有_____、_____、_____、_____和_____等。
2. 绘制图形常用的工具软件有：_____和_____。
3. 常用的图像处理软件有：_____、_____和_____。
4. 常见的动画制作软件有_____、_____和_____。
5. 常见的音频格式主要有_____、_____、_____等。
6. 常见的视频格式主要有_____、_____、_____等。

三、名词解释

1. 图形
2. 图像
3. 图层

四、简答题

1. 简述矢量图形的优缺点。
2. 简述动画制作的基本原理。
3. 简述视频剪辑的一般步骤。

7

数据库技术与应用

本章主要讲述数据库的基础知识，包括计算机管理数据的发展历程、数据库系统的组成和特点、关系数据库的基本概念；Access 2010 创建数据库的方法，以及数据库中表、表之间关系和查询的创建。

7.1　数据库基础知识

7.1.1　计算机数据管理的发展

1．数据与数据处理

数据（Data）是对客观事物的逻辑归纳，用符号、字母等方式对客观事物进行直观描述。数据是进行各种统计、计算、科学研究或技术设计等所依据的数值（是反映客观事物属性的数值），是表达知识的字符的集合。

数据是一种未经加工的原始资料，数字、文字、符号、图像都是数据。数据是客观对象的表示，而信息则是数据内涵的意义，是数据的内容和解释。

数据处理就是将数据转化为信息的过程，是对数据（包括数值和非数值）进行分析和加工的技术过程。包括对各种原始数据的分析、整理、计算、编辑等加工和处理。

在计算机系统中，使用计算机的外存储器来存储数据，通过软件系统来管理数据，通过应用系统来对数据进行加工处理。

2．计算机数据管理

数据管理的水平是和计算机硬件、软件的发展相适应的，随着计算机技术的发展，人类数据管理技术经历了三个阶段：人工管理阶段、文件系统阶段和数据库系统阶段。

（1）人工管理

20 世纪 50 年代中期以前，计算机主要用于科学计算。硬件方面，计算机的外存只有磁带、卡片、纸带，没有磁盘等直接存取的存储设备，且存储量非常小。软件方面，没有操作系统，没有高级语言，数据处理的方式是批处理，即机器一次处理一批数据，直到运算完成为止，然后才能进行另外一批数据的处理，中间不能被打断，原因是此时的外存如磁带、卡片等只能顺序输入。

人工管理阶段的数据具有以下的几个特点：

①数据不保存。由于当时计算机主要用于科学计算，数据保存上并不做特别要求，只是在计算某一个问题时将数据输入，用完就退出，对数据不作保存。

②数据不独立。数据是作为输入程序的组成部分，即程序和数据是一个不可分隔的整体，数据和程序同时提供给计算机运算使用。

③数据不共享。数据是面向应用的，一组数据对应一个程序。不同应用的数据之间是相互独立、彼此无关的，即使两个不同应用涉及到相同的数据，也必须各自定义，无法相互利用、互相参照。

④由应用程序管理数据。数据没有专门的软件进行管理，需要应用程序自己进行管理。

（2）文件系统

20 世纪 50 年代后期到 60 年代中期，数据管理发展到文件系统阶段。此时的计算机不仅用于科学计算，还大量用于管理。外存储器有了磁盘等直接存取的存储设备。在软件方面，操作系统中已经有了专门的管理数据软件，称为文件系统。这一时期的特点是：

①数据长期保留。数据可以长期保留在外存上反复处理，即可以经常有查询、修改和删除等操作。

②数据的独立性。由于有了操作系统，利用文件系统进行专门的数据管理，使得程序员可以集中精力于算法设计上。

③可以实时处理。由于有了直接存取设备，也有了索引文件、链接存取文件、直接存取文件等，所以既可以采用顺序批处理，也可以采用实时处理方式。

虽然文件系统比第一阶段有了很大的改进，但这种方法仍有很多缺点，主要体现在：

①数据共享性差，冗余度大。当不同的应用程序所需的数据有部分相同时，仍需建立各自的独立数据文件，而不能共享相同的数据。

②数据和程序缺乏足够的独立性。文件中的数据是面向特定的应用的，文件之间是孤立的，不能反映现实世界事物之间的内在联系。

（3）数据库系统

从 20 世纪 60 年代后期开始，数据管理进入数据库系统阶段。这一时期用计算机管理的数据规模日益庞大，应用越来越广泛。数据量的急剧增长，要求数据共享的愿望越来越强烈。这种共享的含义是多种应用、多种语言互相覆盖来共享数据集合。

数据库系统的目标是解决数据冗余问题，实现数据独立性，实现数据共享并解决由于数据共享而带来的数据完整性、安全性及并发控制等一系列问题。为实现这一目标，数据库的运行必须有一个软件系统来控制，这个系统软件称为数据库管理系统（DataBase Management System，简称 DBMS）。数据库管理系统将程序员进一步解脱出来，程序员此时不需要再考虑数据库中的数据是不是因为改动而造成不一致，也不用担心由于应用功能的扩充，而导致程序的重写、数据结构的重新变动。在这一阶段，数据管理具有如下的优点：

①数据结构化。数据结构化是数据库系统与文件系统的根本区别。在文件系统中，相互独立的文件的记录内部是有结构的，传统文件的最简单形式是等长同格式的记录集合。这样可以节省许多储存空间。

②数据共享性高，冗余度小，易扩充。数据库从整体的观点来看待和描述数据，数据不再是面向某一应用，而是面向整个系统。这样就减小了数据的冗余，节约存储空间，缩短存取时间，避免数据之间的不相容和不一致。

③数据独立性高。数据库提供数据的存储结构与逻辑结构之间的映像或转换功能，使得当数据的物理存储结构改变时，数据的逻辑结构可以不变，从而程序也不用改变。

④统一的数据管理和控制功能。包括数据的安全性控制、数据的完整性控制及并发控制、数据库恢复。

数据库是多用户共享的数据资源。对数据库的使用经常是并发的。为保证数据的安全可靠和正确有效，数据库管理系统必须提供一定的功能来保证。数据库的安全性是指防治非法用户的非法使用数据库而提供的保护。例如不是学校的成员不允许使用教务系统，学生允许读取成绩但不允许修改成绩等。数据的完整性是指数据的正确性和兼容性。数据库管理系统必须保证数据库的数据满足规定的约束条件，常见的有对数据值的约束条件，例如学生成绩范围必须是 0～100。

7.1.2　数据库系统

1. 数据库基本概念

（1）数据（Data）

数据是描述事物所使用的符号，可以是文字、图形、图像和声音等，如学生的基本情况，超市商品的价格、数量等都是数据。

（2）数据库（DataBase，简记 DB）

数据库指的是以一定方式储存在一起、能为多个用户共享、具有尽可能小的冗余度、与应用程序彼此独立的数据集合。如每个班的所有同学的基本情况就是一个数据库，包括每个学生的学号、姓名、出生日期、专业、联系电话等，在这个数据库中可以很方便的查找某个同学的基本情况，也可以添加或者删除某个学生的情况。

（3）数据库管理系统（DataBase Management System，简记 DBMS）

数据库管理系统是一种操纵和管理数据库的大型软件，用于建立、使用和维护数据库，它对数据库进行统一的管理和控制，以保证数据库的安全性和完整性。用户通过 DBMS 访问数据库中的数据，数据库管理员也通过 DBMS 进行数据库的维护工作。它可使多个应用程序和用户用不同的方法在同时或不同时刻去建立、修改和查询数据库。

（4）数据库系统（DataBase System，简记 DBS）

数据库系统是由数据库及其管理软件组成的系统。它是为适应数据处理的需要而发展起来的一种较为理想的数据处理系统，也是一个实际可运行的存储、维护和应用系统提供数据的软件系统，是存储介质、处理对象和管理系统的集合体。

数据库系统主要由数据库、硬件系统、数据库管理系统及相关软件、数据库管理员和用户组成。

2．数据库管理系统的功能

（1）数据定义

DBMS 提供数据定义语言 DDL（Data Definition Language），供用户定义数据库的三级模式结构、两级映像以及完整性约束和保密限制等约束。DDL 主要用于建立、修改数据库的库结构。DDL 所描述的库结构仅仅给出了数据库的框架，数据库的框架信息被存放在数据字典（Data Dictionary）中。

（2）数据操作

DBMS 提供数据操作语言 DML（Data Manipulation Language），供用户实现对数据的追加、删除、更新、查询等操作。

（3）数据库的运行管理

数据库的运行管理功能是 DBMS 的运行控制、管理功能，包括多用户环境下的并发控制、安全性检查和存取限制控制、完整性检查和执行、运行日志的组织管理、事务的管理和自动恢复，即保证事务的原子性。这些功能保证了数据库系统的正常运行。

（4）数据组织、存储与管理

DBMS 要分类组织、存储和管理各种数据，包括数据字典、用户数据、存取路径等，需确定以何种文件结构和存取方式在存储级上组织这些数据，如何实现数据之间的联系。数据组织和存储的基本目标是提高存储空间利用率，选择合适的存取方法提高存取效率。

（5）数据库的保护

数据库中的数据是信息社会的战略资源，所以数据的保护至关重要。DBMS 对数据库的保护通过四个方面来实现：数据库的恢复、数据库的并发控制、数据库的完整性控制和数据库安全性控制。

（6）数据库的维护

这一部分包括数据库的数据载入、转换、转储、数据库的重组和重构以及性能监控等功能，这些功能分别由各个使用程序来完成。

（7）通信

DBMS 具有与操作系统的联机处理、分时系统及远程作业输入的相关接口，负责处理数据的传送。对网络环境下的数据库系统，还应该包括 DBMS 与网络中其他软件系统的通信功能以及数据库之间的互操作功能。

7.1.3　数据模型

数据库需要根据应用系统中数据的性质、内在联系，按照管理的要求来设计和组织数据，数据模型（Data Model）是数据特征的抽象，是现实世界到机器世界的一个中间层次。数据模型包括数据库数据的结构部分、操作部分和约束条件。

（1）数据结构

数据模型中的数据结构主要描述数据的类型、内容、性质以及数据间的联系等。数据结构是数据模型的基础，数据操作和约束都建立在数据结构上。不同的数据结构具有不同的操作和约束。

（2）数据操作

数据模型中数据操作主要描述在相应的数据结构上的操作类型和操作方式。

（3）数据约束

数据模型中的数据约束主要描述数据结构内数据间的语法、词义联系、他们之间的制约和依存关系，以及数据动态变化的规则，以保证数据的正确、有效和相容。

1. 实体

在现实世界中，各种事物之间存在着联系，如在成绩管理系统中有教师、学生和课程，其中教师为学生授课，学生通过学习课程取得成绩；图书馆中有图书和借阅者，借阅者可以借阅图书。在这些例子中学生、教师和课程存在联系，图书和借阅者存在联系。

（1）实体的概念

客观存在并相互区别的事物称为实体，实体既可以是实际存在的事物，也可以是抽象的事物。例如，学生、教师是实际存在的事物，课程就是抽象的事物。

（2）实体的属性

描述实体的特征称为属性。例如，实体学生包括学号、姓名、性别、出生日期、联系电话等属性，不同的系统会根据对实体的操作来选择合适的属性。

（3）实体型和实体集

属性的集合表示一个实体的类型，称为实体型。同类型的实体的集合，称为实体集。

例如，实体学生的实体型可以包括学号、姓名、性别、出生日期、联系电话等，而所有具有此实体型的学生的集合称为实体集。

2. 实体间的联系

实体之间的对应关系称为实体间的联系，用来表示现实世界中事物之间的相互关联。例如学生可以选修多门课程，而一门课程又可以被多个学生选修，一本图书可以被一个学生借阅，一个学生可以借阅多本图书。

实体间的联系可以分为三种类型：

（1）一对一联系

一对一联系是指一个实体集 A 中的每一个实体，在另外一个实体集 B 中最多可以找到一个和它联系的实体，反过来亦如此，这种联系称为 1∶1。

学校和校长两个实体之间的关系即为一对一联系，一个学校只能有一个校长，一个校长也只能管理一个学校。

（2）一对多联系

一对多联系是指一个实体集 A 中的每一个实体，在另外一个实体集 B 中可以找到多个和它联系的实体，但是在实体集 B 中的每一个实体，在实体集 A 中最多可以找到一个和它联系的实体，实体集 A 和 B 之间的联系即为一对多联系，称为 1∶M。

班级和学生两个实体之间的关系为一对多联系，一个班级可以有多个学生，但是每个学生只能属于一个班级。

（3）多对多联系

多对多联系是指一个实体集 A 中的每一个实体，在另外一个实体集 B 中可以找到多个和它联系的实体，反过来亦如此，这种联系称为 M：N。

学生和课程两个实体之间的联系为多对多联系，一个学生可以选修多门课程，而一门课程可以为多个学生选修。

3．数据模型的分类

为了反应数据之间的联系，数据库中的数据必须有一个固定的结构，这种结构用数据模型表示，数据模型是数据库管理系统用来表示实体及实体之间联系的方法，一个具体的数据模型应该能正确反应数据之间存在的逻辑关系。数据库管理系统能够支持的数据模型分为三种：层次模型、网状模型和关系模型。

（1）层次模型

层次模型是指用树型结构表示实体及其之间的联系，树中每一个节点代表一个记录类型，树状结构表示实体型之间的联系。层次模型可以表示实体之间一对一或者一对多之间的联系。图 7-1 为一个层次模型的实例。

层次模型的特点：存取方便且速度快；结构清晰，容易理解；数据修改和数据库扩展容易实现；检索关键属性十分方便。

层次模型的缺点：结构呆板，缺乏灵活性；同一属性数据要存储多次，数据冗余大，且不能直接表示实体间的多对多联系。

（2）网状模型

用网络结构表示实体类型及其实体之间联系的模型。层次模型使用树型结构来表示实体及实体间的关系，每一个结点表示一个记录，除了根节点外每一个节点都有且仅有一个双亲结点，但可以有多个子节点。但是网状模型允许一个结点可以同时拥有多个双亲结点和子节点。因而同层次模型相比，网状结构更具有普遍性，能够直接地描述现实世界的实体。图 7-2 为一个网状模型的实例。

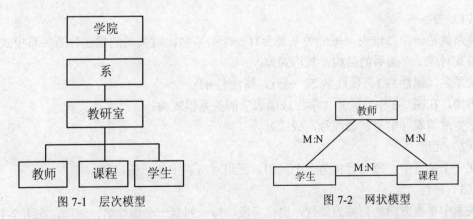

图 7-1 层次模型　　　　　　　图 7-2 网状模型

网状模型的特点：能明确而方便地表示数据间的复杂关系；数据冗余小。

网状模型的缺点：网状结构复杂，增加了用户查询和定位的困难；需要存储数据间联系的指针，使得数据量增大；数据的修改不方便。

（3）关系模型

关系模型是目前使用最广泛的一种数据模型，用二维表的形式表示实体和实体间联系。关系模型是以关系数学理论为基础的，在关系数据模型中操作的对象和结果都是二维表。图7-3为关系模型，模型中为三个二维表的结构及联系，图7-4为学生成绩表的具体内容。

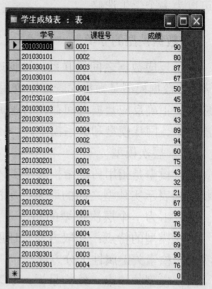

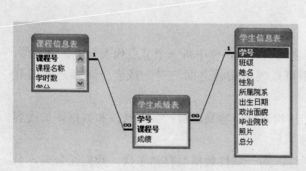

图 7-3 关系模型　　　　　　　　　图 7-4 学生成绩表

7.1.4 关系数据库

关系数据库是建立在关系数据库模型基础上的数据库，自 20 世纪 80 年代以来，新推出的数据库管理系统几乎都支持关系数据模型。

1. 关系术语

（1）关系

关系就是一个二维表，每个关系都会有一个关系名，对关系的描述称为关系模式，一个关系模式对应一个关系的结构，其格式为：

关系名（属性名 1，属性名 2，……，属性名 n）

例如，在图 7-3 中，关系"学生成绩表"的关系模式为：

学生成绩表（学号，课程号，成绩）

（2）元组

在一个关系中，每一行称为一个元组，元组对应表中的一条记录。

（3）属性

关系中垂直方向的列称为属性，也称字段，每一列有一个属性名，例如，在图 7-4 中，学号、课程号和成绩均为属性名，在定义关系时，应该对属性的名称、类型、宽度等进行设定。

（4）域

属性的取值范围称为该属性的域，如成绩的值应该在 0～100，性别只能是"男"或者"女"。

（5）关键字

能够唯一标识一个元组的一个属性或者多个属性的组合称为关键字，如学生信息表中，可以使用学号作为关键字，在学生成绩表中，可以使用学号+课程号作为关键字。

（6）外部关键字

如果关系中的一个属性不是本关系中的关键字，而是另外一个关系中的关键字，则此属性为外部关键字。在图 7-3 所示的关系模型中，学生成绩表中的学号不是关键字，但是在学生信息表中学号是关键字，在学生成绩表中，学号为外部关键字。

2．关系的特点

关系是一个二维表，但是并不是所有的二维表都是一个关系，在关系模型中对于关系有一定的要求：

①关系必须规范化，每一个关系模式必须要符合一定的要求，最基本的是表中的每一个属性必须是不可分割的数据单元。

②在同一个关系中不能出现相同的属性名。

③关系中不允许出现相同的元组。

④在一个关系中元组的次序无关紧要，在关系中交换元组的位置并不影响数据的实际含义。

⑤在一个关系中属性的次序无关紧要，任意交换两个属性的位置不会影响数据的实际含义。

3．关系数据库的设计步骤

一个良好的、结构合理的数据库，会为后面的数据处理节省时间，并能更快的得到精确的结果，因此，数据库的设计尤为重要。

数据库的设计应该遵循如下原则：

①避免在表间出现重复字段，保证表中有反应与其他表之间联系的外部关键字，这样可以减少数据冗余，防止在插入、删除和更新数据时造成数据不一致。

②表中的字段必须是原始数据和基本数据元素，不应该出现通过计算的数据或者多项数据的组合，例如在学生信息表中有出生日期字段，但是不应该有年龄字段，因为年龄是通过出生日期计算出来的。

③通过外部关键字保证有关联的表之间的联系，这样可以使表的结构合理，不仅存储了所需的实体信息，也能体现出实体之间的联系。

按照以上原则，设计关系数据库的一般步骤如下：

①需求分析。确定建立数据库的目的，这有助于确定数据库需要保存哪些信息。

②确定需要的表。通过需求分析，将需求信息划分为各个独立的实体，例如学生成绩管理数据库，应该有学生、课程、教师等实体，每个实体对应于数据库中的一个表。

③确定所需字段。确定每个表需要保存哪些字段，确定关键字，并且定义每个字段的属性。

④确定联系。对每个表进行分析，确定一个表中的数据和其他表中的数据有何联系。

⑤设计求精。对设计进一步分析，查找其中的错误。创建表，在表中加入几个示例数据，考查能否从表中得到想要的结果，需要时可以继续调整。

7.2　关系数据库 Access 2010——案例 8：创建成绩管理数据库

7.2.1　Access 2010 简述

1．Access 2010 的功能

Microsoft Access 2010 是 Microsoft Office 的组件之一，也是常见的关系数据库管理系统，它的作用主要包括以下两个方面。

（1）数据分析

Access 2010 有强大的数据处理、统计分析能力，利用 Access 的查询功能，可以方便地进行各类汇总、求平均值等统计操作，并可灵活设置统计的条件。

（2）开发应用程序

Access 2010 可以用来开发应用程序，例如，学生成绩管理系统、图书管理系统等，Access 与其他数据库开发系统相比有一个明显的优点，即用户不用编写一行代码就可以设计出功能强大且相当专业的数据库应用程序，这一过程是完全可视的，如果加上一些简单的 VBA 代码，开发出的程序功能就会更加强大。

2．Access 2010 数据库的组成

Access 2010 中将数据库定义为一个扩展名为.accdb 的文件，在文件中包含六种对象：表、查询、窗体、报表、宏和模块。

（1）表

表是数据库中用来存储数据的对象，是数据库系统的基础，在 Access 数据库中可以包含多个表，通过在表之间建立关系，可以将不同表中的数据联系起来。

（2）查询

查询是数据库设计目的的体现，在建立数据库后，只有被使用者查询才能体现出它的价值，查询是用户在查看数据库中的数据时，按照一定的条件或者原则从一个或者多个表中筛选出需要的数据，查询的结果也是以表的形式显示。

（3）窗体

窗体是用户和数据库联系的界面，在窗体中可以显示表或者查询的数据，窗体也是用户输入记录的界面。通过在窗体中插入按钮、文本框、标签等控件，可以控制数据库的执行过程。

（4）报表

如果需要对数据库中的数据进行打印，报表是很有效的办法，利用报表可以将数据库中的数据进行分析、整理和计算，将数据以一定的格式送到打印机打印输出。

（5）宏

宏是一系列操作的集合，其中每个操作都有特定的功能，通过创建宏，可以让大量的操作自动执行，从而节省用户的操作时间，使得管理和维护数据库更加简单。

（6）模块

模块的功能是建立复杂的 VBA（Visual Basic for Applications）程序来完成宏不能实现的复杂操作，通过模块与窗体、报表等对象联系，可以建立完整的数据库应用系统。

3．启动 Access 2010

单击"开始"|"程序"|"Microsoft Office"|"Microsoft Access 2010"命令，启动 Access 2010，启动后的窗口如图 7-5 所示。

图 7-5　Access 2010 窗口

7.2.2　案例说明与分析

在"创建成绩管理数据库"案例中，首先创建一个学生成绩管理数据库，在该数据库中创建三个表：学生信息表、课程信息表和学生成绩表，三张表的结构如表 7-1、7-2 和 7-3 所示。

表 7-1　学生信息表结构

字段名	类型	长度	备注
学号	文本	9	主键
姓名	文本	8	
性别	文本	1	只能是"男"或"女"
出生日期	日期/时间		
是否团员	是/否		
入学总分	数字	3	

表 7-2　课程信息表结构

字段名	类型	长度	备注
课程编号	文本	8	主键
课程名称	文本	20	
学时	数字		
学分	数字		

表 7-3　学生成绩表结构

字段名	类型	长度	备注
学号	文本	9	学号+课程编号为主键
课程编号	文本	8	
成绩	数字	3	

　　三张表创建完毕后，设置表之间的关系，其中学生信息表与学生成绩表之间为一对多关系，课程信息表与学生成绩表之间为一对多关系。

　　关系创建完毕，向三张表中输入相应的记录。

　　最后创建三个查询：

　　①查询所有男生的学号、姓名、性别、出生日期和是否团员。

　　②查询所有学生的选课成绩，包括学号、姓名、课程名称和成绩。

　　③以查询"成绩汇总"为数据源，查询所有学生的四门课程的平均成绩。

7.2.3　创建数据库和表

1．案例操作步骤-1 创建数据表

　　Step1：启动 Access 2010，单击"文件"|"新建"命令，在窗口中单击"可用模板"中的"空数据库"。

　　Step2：在窗口右下侧的"文件名"文本框中输入文件名"成绩管理系统"，单击右侧的文件夹图标 可以更改文件位置。

　　Step3：单击"文件名"下侧的"创建"按钮，完成数据库的创建，此时进入到"表格工具"选项卡，如图 7-6 所示。

图 7-6　"表格工具"选项卡

　　Step4：在左侧的窗格中，鼠标右击"表 1"，单击"设计视图"命令，打开"另存为"对话框。

在"表名称"文本框中输入表名"学生信息表",单击"确定"按钮,进入表"学生信息表"的设计视图,如图 7-7 所示。

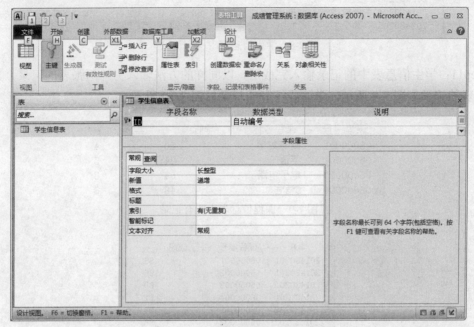

图 7-7　"学生信息表"设计视图

Step5:在第一行的"字段名称"处(此时显示为 ID)输入"学号",单击"数据类型"项右侧的黑色箭头,在打开的列表中单击"文本",在下方"字段属性"的"常规"选项卡的"字段大小"文本框中输入 9。

Step6:按照 Step5 的步骤分别在"学号"下方的各行中按照表 1 中的字段属性设置其他的字段。

在设置"性别"字段时,要求只能输入"男"或者"女",设置方法如下:在"字段属性"的"有效性规则"文本框中输入"男 OR 女",在"有效性文本"文本框中输入"性别只能是男或女"。

Step7:所有字段设置完毕,单击"快速访问"工具栏中的"保存"按钮 ,或者单击"文件"|"保存"命令,保存该表。

Step8:单击"创建"|"表格"|"表"按钮,创建一个名为"表 1"的空白表,按照 Step4-Step7 创建第二张表"课程信息表"。

Step9:按照 Step8 的方法创建"学生成绩表",在这张表中,关键字为"学号"和"课程编号"的组合,设置关键字的方法如下:

鼠标指向字段名左侧的选定区,此时鼠标指针变为 形状,拖动鼠标选中"学号"和"课程编号"两行,单击"表格工具"|"设计"|"工具"|"关键字"按钮,此时在两个字段前方均显示关键字标志 。

Step10:三张表的结构创建完毕,双击左侧窗格中的"学生信息表",在右侧编辑区中按照图 7-8 输入学生信息,其中"是否团员"字段中如果字段值为"是",单击字段中的复选框,其中出现一个"√",如果字段值为"否",则不用做任何操作,其他字段值直接输入即可。

学号	姓名	性别	出生日期	是否团员	入学总分
201430201	张大雷	男	1999-1-9	☑	567
201430202	李晓明	男	1998-9-20	☐	543
201430203	吴美凤	女	1999-3-21	☑	555
201430204	张成功	男	1998-4-3	☑	534
201430205	孙小小	女	2000-8-23	☐	590

图 7-8　学生信息表中所有记录

Step11：学生信息表中的记录输入完成后，以同样的方法输入另外两张表的记录，其中课程信息表的记录如图 7-9 所示，学生成绩表的记录如图 7-10 所示。

课程编号	课程名称	学时	学分
06000001	高等数学	80	4
06000002	英语	84	5
06000003	电子电路	64	3
06000004	C语言	48	3

图 7-9　课程信息表中所有记录

学号	课程编号	成绩
201430201	06000001	86
201430201	06000002	96
201430201	06000003	89
201430201	06000004	81
201430202	06000001	90
201430202	06000002	95
201430202	06000003	96
201430202	06000004	86
201430203	06000001	75
201430203	06000002	94
201430203	06000003	80
201430203	06000004	79
201430204	06000001	78
201430204	06000002	65
201430204	06000003	78
201430204	06000004	76
201430205	06000001	56
201430205	06000002	72
201430205	06000003	50
201430205	06000004	54

图 7-10　学生成绩表中所有记录

Step12：输入所有的表中的数据后，单击"文件"|"退出"命令，退出 Access 2010。

2．操作技能与要点

在 Access 2010 中的表由表结构和表内容（记录）组成，在对表的操作时，定义表结构和输入表内容是分别进行的。

（1）表的结构

表结构指表的框架，由表名和字段属性组成。其中表名是该表在磁盘上的唯一标识；字段属性是表的组织形式，包括字段个数、每个字段的名称、类型、长度、格式等。

在 Access 2010 中，字段名的命名规则是：

①长度为 1-64 个字符。

②可以包含字母、汉字、数字、空格和其他字符，但是不能以空格开始。

③不能包含英文半角状态下的句号（.）、感叹号（!）、方括号（[]）和单引号（'）。

（2）数据类型

Access 2010 中，字段的数据类型有 12 种，分别是文本、备注、数字、日期/时间、货币、自动编号、是/否、OLE 对象、超链接、附件、计算和查询向导。

①文本：文本型字段可以保存文本或者文本与数字的组合，例如姓名、课程名称等；也可以保存不需要计算的数字，如学号、课程编号等，文本型字段最多可以输入 255 个字符，默认为 255 个字符，如果要输入的字符数超出 255 个，可以使用备注型字段。

②备注：备注型字段可以存储更多的字符，最多可以存储 64000 个字符，Access 不能对备注字段进行排序或索引。在备注字段中虽然可以搜索文本，但不如在有索引的文本字段中搜索得快。

③数字：数字型字段一般用来存储需要计算的数字数据，根据不同的计算需要，数字型又可以分为字节、整数、长整数、单精度数和双精度数 5 种，每种类型所表示的数字范围如表 7-4 所示。

表 7-4 **数字型数据类型**

数字类型	取值范围	小数位数	字段长度（字节）
字节	0~255	无	1
整数	-32768~32767	无	2
长整数	-2147483648~2147483647	无	4
单精度数	$-3.4 \times 10^{38} \sim 3.4 \times 10^{38}$	7	4
双精度数	$1.79734 \times 10^{103} \sim 1.79734 \times 10^{103}$	15	8

④日期时间：用来存储日期、时间或者日期和时间的组合。

⑤货币：是数字数据类型的特殊类型，等价于具有双精度属性的数字字段类型。向货币字段输入数据时，不必键入货币符号和千位分隔符，Access 会自动显示货币符号和千位分隔符，并添加两位小数到货币字段。当小数部分多于两位时，Access 会对数据进行四舍五入。

⑥自动编号：是一种特殊的数据类型，每次向表格添加新记录时，Access 会自动插入唯一顺序或者随机编号，即在自动编号字段中指定某一数值。自动编号一旦被指定，就会永久地与记录连接。如果删除了表格中含有自动编号字段的一个记录，Access 并不会为表格自动编号字段重新编号。当添加某一记录时，Access 不再使用已被删除的自动编号字段的数值，而是按递增的规律重新赋值。

⑦是/否：这种字段是针对于某一字段中只包含两个不同的可选值而设立的字段，通过是/否数据类型的格式特性，用户可以对是/否字段进行选择。

⑧OLE 对象：此类型字段允许单独地"链接"或"嵌入"OLE 对象。添加数据到 OLE 对象字段时可以链接或嵌入，Access 表中的 OLE 对象是指在其他使用 OLE 协议程序创建的对象，例如 Word 文档、Excel 电子表格、图像、声音或其他二进制数据。OLE 对象字段最大可为 1GB，它主要受磁盘空间限制。

⑨超连接：用来保存超级链接，包含作为超级链接地址的文本或以文本形式存储的字符与数字的组合。当单击一个超级链接时，Web 浏览器或 Access 将根据超级链接地址到达指定的目标。超级链接最多可包含三部分：一是在字段或控件中显示的文本；二是到文件或页面的

路径;三是在文件或页面中的地址。在这个字段或控件中插入超级链接地址最简单的方法就是在"插入"菜单中单击"超级链接"命令。

⑩附件:可允许向 Access 数据库附加外部文件的特殊字段。

⑪计算:该字段用来显示计算的结果。计算必须引用同一张表中的其他字段。可以使用表达式生成器创建计算。

⑫查阅向导:显示从表或查询中检索到的一组值,或显示创建字段时指定的一组值。当设置一个字段为查阅向导时,查阅向导将会启动,可以创建查阅字段。查阅字段的数据类型是"文本"或"数字",具体取决于在该向导中所做的选择。

(2)创建表的方法

在 Access 2010 中,表并不是以单独文件方式存在,而是数据库中的对象,依附于数据库存在,只有建立好数据库,才能在此基础上创建表,创建表的方法有以下两种。

①通过输入数据创建表:单击"创建"|"表格"|"表"按钮,在编辑窗口中出现一个空白的表,可以在表中添加字段和记录,Access 会根据输入数据的特征自动设置字段类型。这种方法可以快速创建一个表,但是字段类型、字段长度都是按照默认属性设置。

②使用表设计器创建表:这种方法是最常用的方法,使用表设计器可以对字段的各种属性进行设置,从而得到用户需要的表结构。单击"创建"|"表格"|"表设计"按钮,打开表设计器,或者在左侧窗格的表名上单击右键,在弹出的快捷菜单中单击"表设计器"命令,均可打开表设计器。

(3)表的操作

1)打开和关闭表

表是数据库的一部分,因此应该先打开数据库,再打开表。

双击左侧窗格中要打开的表名,可以在数据表视图中打开表,此时可以对表中的记录进行添加、删除、排序、筛选等操作。

在表名上单击右键,在弹出的快捷菜单中单击"表设计器"命令,可以在设计视图中打开表,此时可以对表结构进行修改,包括字段的添加、删除、属性的修改等。

单击数据表窗口右上方的"关闭"按钮,可以关闭当前打开的表,如果在此之前对表结构进行了修改,会打开如图 7-11 所示的"Microsoft Access"对话框,询问用户是否对所做的修改进行保存。

图 7-11 "Microsoft Access"对话框

单击"是"按钮,保存此次更改,单击"否"则不保存,单击"取消"则取消此次的关闭操作。

2)向表中输入数据

创建好表以后,就可以向表中输入记录了。在数据表视图下打开表,单击表中的字段,输入字段的值即可,其中文本型、数字型数据可以直接输入;日期时间型数据中年、月、日和小时、分、秒要用分隔符连接，其中年、月、日之间用"-"或者"/"连接，小时、分、秒之间用"："隔开，如果同时输入日期和时间，则日期和时间之间用空格隔开；是/否型数据在表中显示为一个复选框"□"，如果字段值为"是"，单击这个复选框，复选框内部加上一个"√"，如果字段值为"否"，则不用对字段做任何操作。

　　Access 2010 中，除了可以直接向表中输入记录，还可以通过导入外部数据的方式获取其他数据源中的数据到数据库中，这些外部数据主要包括 Excel 工作簿、SQL Server 数据库、其他的 Access 数据库。以 Excel 工作簿为例，从工作簿中向表中导入数据的操作步骤如下：

Step1：创建一个工作簿，在工作簿的 Sheet1 工作表中的数据如图 7-12 所示。

	A	B	C	D	E	F	G	H	I
1	学号	姓名	性别	出生日期	是否团员	入学总分			
2	201430206	崔倩	女	2000-1-23	TRUE	546			
3	201430207	胡志猛	男	1999-3-21	TRUE	498			
4	201430208	赵登高	男	1999-9-30	FALSE	611			
5	201430209	张子山	男	1999-2-19	FALSE	534			
6	201430210	刘毅	男	1998-7-1	TRUE	513			
7									

图 7-12　工作表样例

　　Step2：打开学生成绩管理数据库中（此时不要打开学生信息表），单击"外部数据"|"导入并链接"|"Excel"按钮，打开"获取外部数据-Excel 电子表格"对话框，如图 7-13 所示。单击"浏览"按钮，在弹出的"打开"对话框中定位上一步中的工作簿文件。

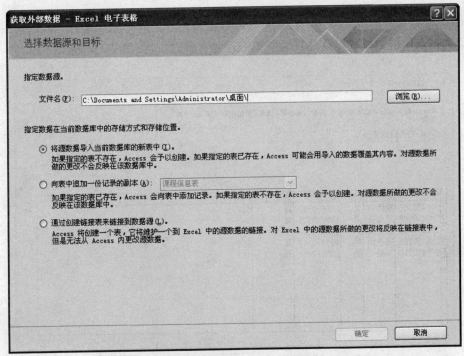

图 7-13　"获取外部数据—Excel 电子表格"对话框

　　Step3：在"指定数据在当前数据库中的存储方式和存储位置"下方，对导入的数据的位置和存储方式进行指定，包括：将数据导入到一个新表中；将记录追加到一个已存在的表中；通过创建链接表来链接到数据源。

在本例中选择第一项，单击"确定"按钮，弹出"导入数据表向导"对话框，在对话框上方的工作表列表中单击"Sheet1"，如图 7-14 所示。

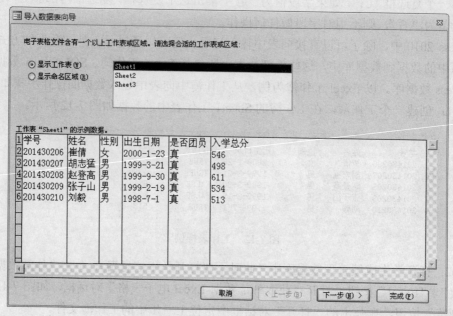

图 7-14 "导入数据表向导"对话框

Step4：单击"下一步"按钮，打开"导入数据表向导"对话框，进行导入的第二步，此时显示该数据表中的数据，默认选项为"第一行包含标题"，如图 7-15 所示。

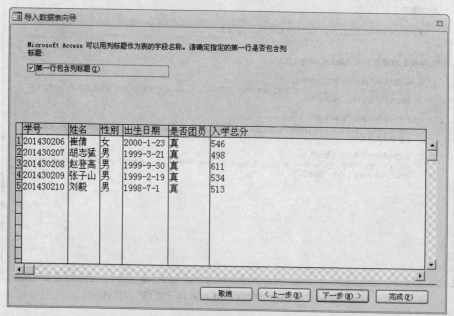

图 7-15 "导入数据表向导"对话框之二

Step5：单击"下一步"按钮，打开"导入数据表向导"对话框的第三步，如图 7-16 所示。

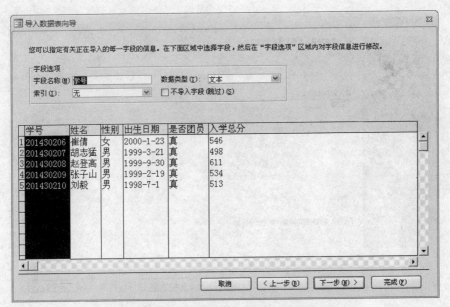

图 7-16　"导入数据表向导"对话框之三

在此对话框中可以对字段的名称和数据类型进行修改，本例中不用做任何修改，单击"下一步"按钮，打开"导入数据表向导"对话框第四步，如图 7-17 所示。

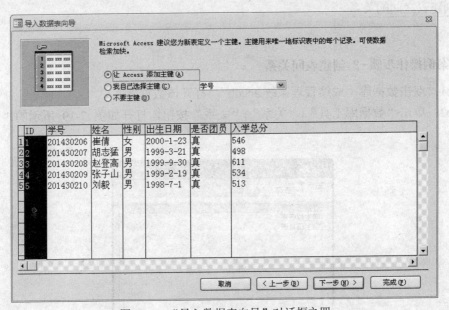

图 7-17　"导入数据表向导"对话框之四

在对话框中设置主键，默认为"让 Access 追加主键"，本例中单击第二项"我自己选择主键"，并选择默认的"学号"字段。

Step6：单击"下一步"按钮，打开"导入数据表向导"对话框第五步，如图 7-18 所示，在此对话框中输入导入后的表的名称，在本例中输入"学生信息表 2"，单击"完成"按钮，打开"获取外部数据—Excel 电子表格"对话框，在此对话框中不用做任何选择，单击"关闭"按钮即可。

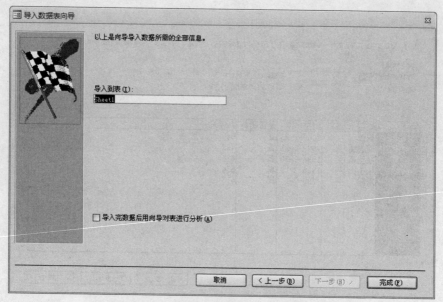

图 7-18 "导入数据表向导"对话框之五

导入数据完成后，在当前数据库窗口左侧窗格中显示导入的表。

7.2.4 创建表之间的关系

1. 案例操作步骤–2 创建表间关系

Step1：双击数据库"成绩管理系统.accdb"，打开该数据库。

Step2：单击"数据库工具"|"关系"|"关系"按钮，打开如图 7-19 所示的"显示表"对话框。

图 7-19 "显示表"对话框

在对话框中选中第一张表"课程信息表"，单击"添加"按钮（或者双击该表），将该表添加到关系视图中，按照同样的方法将其余两张表添加，单击对话框中的"关闭"按钮。

Step3：关闭"显示表"视图后，窗口变为关系的设计视图，如图 7-20 所示。

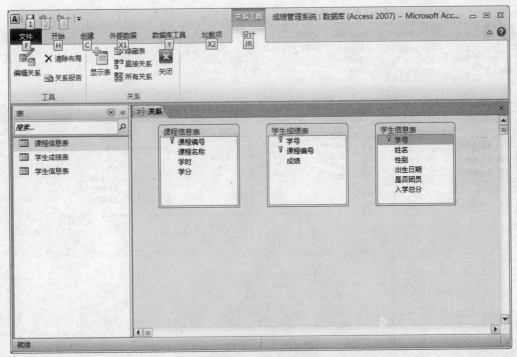

图 7-20　设计关系

Step4：单击"课程信息表"中的"课程编号"字段，并将其拖动到"学生成绩表"上的"课程编号"字段上，打开如图 7-21 所示的"编辑关系"对话框。

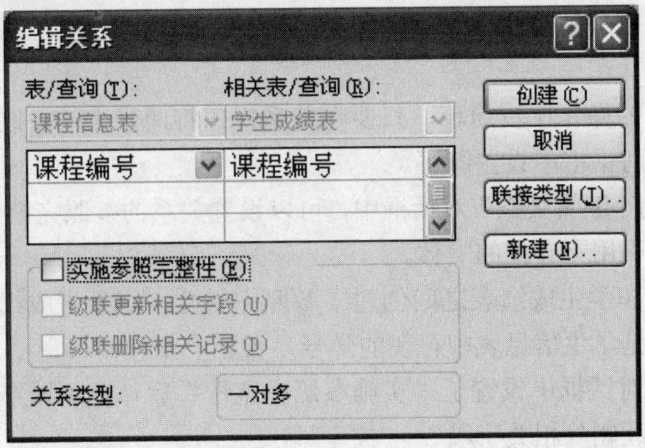

图 7-21　"编辑关系"对话框

在本例中不用在对话框中做任何设置，单击"创建"按钮，此时在两张表之间有一条折线将两张表相连。

Step5：用同样的方法将"学生信息表"中的"学号字段"拖动到"学生成绩表"上的"学号"字段。建立两张表之间的关系。创建完毕后的关系视图如图 7-22 所示。

Step6：单击"关系工具"|"设计"|"关系"|"关闭"按钮，打开对话框询问是否保存对关系的修改，单击"是"按钮，表之间的关系创建完成。

Step7：单击"文件"|"退出"命令，退出 Access 2010。

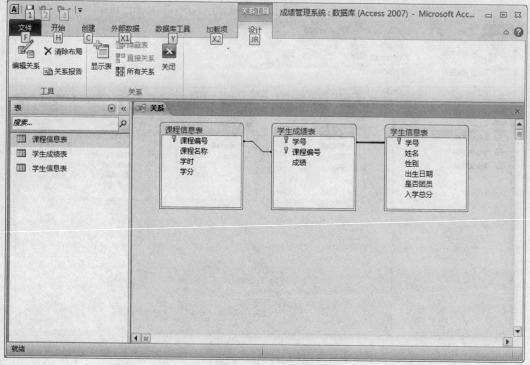

图 7-22　创建关系后的视图

2. 操作技能与要点

表之间的关系可以理解为实体之间的联系，实体之间联系包括三种类型：一对一、一对多和多对多。

创建表之间关系的操作比较简单，只要在关系视图将两张表的关联字段拖动到一起，在弹出的"编辑关系"对话框中设置即可。

在图 7-21 所示的"编辑关系"对话框中，可以设置关系的参照完整性，所谓参照完整性，就是在关系中不允许引用不存在的实体。

如果学生信息表和学生成绩表之间创建了参照完整性，则学生成绩表中所有记录中学号字段的字段值都必须是学生信息表中存在的学号，否则不允许输入。

在"编辑关系"对话框中设置了"实施参照完整性"后，还可以继续进行设置"级联更新相关字段"和"级联删除相关字段"。

①级联更新相关字段：如果选中了这个选项，当主表（一对多关系中的"一"表，如学生信息表和课程信息表）中的主键值更改时，自动更新相关表（一对多关系中的"多"表，如学生成绩表）中对应的字段值。

②级联删除相关字段：如果选中了这个选项，当主表（一对多关系中的"一"表，如学生信息表和课程信息表）中的记录被删除时，自动删除相关表（一对多关系中的"多"表，如学生成绩表）所有相关的记录。

由此可以看出，设置参照完整性后，再设置级联删除相关字段和级联更新相关字段可以保证数据的正确性和完整性。

7.2.5　创建查询

1. 案例操作步骤-3　创建查询

①查询所有男生的学号、姓名、性别、出生日期和是否团员。

Step1：双击数据库"成绩管理系统.accdb"，打开该数据库。

Step2：单击"创建"|"查询"|"查询设计"按钮，打开查询的设计视图，如图 7-23 所示。

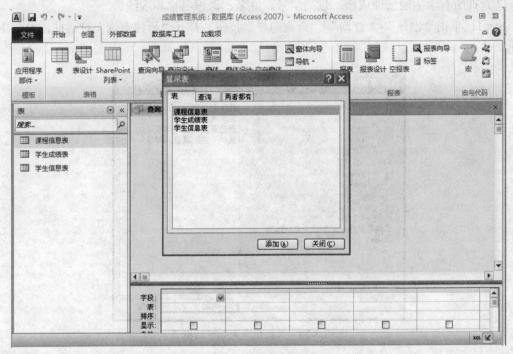

图 7-23　查询设计视图

Step3：在"显示表"对话框中选中"学生信息表"，单击"添加"按钮，然后单击对话框中的"关闭"按钮，此时学生信息表出现在设计视图中。

Step4：在窗口下方的第一个"字段"下拉列表中选择"学号"，在第二个字段下拉列表中选择"姓名"，在第三和第四个字段下拉列表中选择"出生日期"和"是否团员"字段。

在第五行上"性别"字段中输入"男"，设置完成后的查询条件如图 7-24 所示。

字段	学号	姓名	性别	出生日期	是否团员
表	学生信息表	学生信息表	学生信息表	学生信息表	学生信息表
排序					
显示	☑	☑	☑	☑	☑
条件			"男"		
或					

图 7-24　设置查询条件

Step5：单击"文件"|"保存"命令，在弹出的"另存为"对话框中的"查询名称"文本框中输入查询的名称"男生信息"，单击"确定"按钮。

Step6：单击“查询工具”|“设计”|“结果”|“运行”按钮运行该查询，查询结果以表的形式显示，如图 7-25 所示。

学号	姓名	性别	出生日期	是否团员
201430201	张大雷	男	1999-1-9	☑
201430202	李晓明	男	1998-9-20	☐
201430204	张成功	男	1998-4-3	☑
*				☐

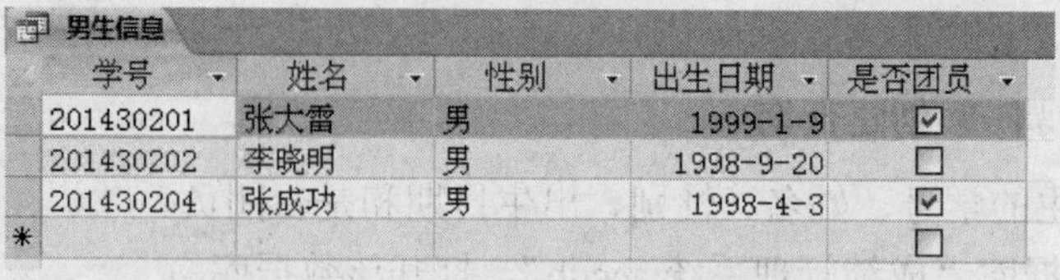

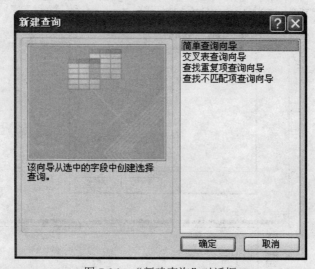

图 7-25 “男生信息”查询结果

②查询所有学生的选课成绩，包括学号、姓名、课程名称和成绩。

Step1：单击“创建”|“查询”|“查询向导”按钮，打开“新建查询”对话框，如图 7-26 所示。

图 7-26 “新建查询”对话框

Step2：选中第一项“简单查询向导”，单击“确定”按钮，打开“简单查询”向导第一步的对话框，如图 7-27 所示。

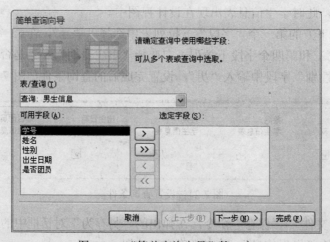

图 7-27 “简单查询向导”第一步

Step3：在"表/查询"下拉列表中选择"学生信息表"，此时"可用字段"列表中显示的是学生信息表中的所有字段，选中"学号"字段，单击 > 按钮，将"学号"放到"选定字段"列表中，同样，将"姓名"字段也放到"选定字段"列表中。

Step4：以相同的方式将"课程信息表"中的"课程名称"和"学生成绩表"中的"成绩"字段放到"选定字段"列表中，到此为止，"选定字段"列表中包含四个字段，如图 7-28 所示。

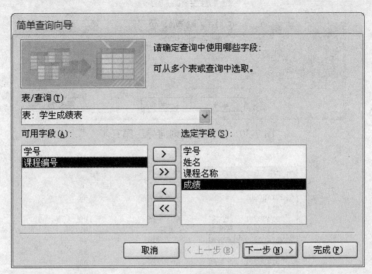

图 7-28　设置选定字段

Step5：单击"下一步"按钮，打开"简单查询向导"第二步的对话框，如图 7-29 所示。

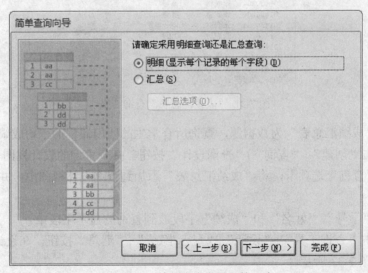

图 7-29　"简单查询向导"第二步

在对话框中选择查询的类型：明细查询和汇总查询，在本例中选择第一项明细查询。

Step6：单击"下一步"按钮，打开"简单查询向导"第三步的对话框，如图 7-30 所示。

在对话框中的"请为查询指定标题"文本框中输入查询的名称"成绩汇总表"，在下方的单选钮中选中"打开查询查看信息"，单击"完成"按钮，显示本次查询的结果，如图 7-31 所示。

Step7：单击查询结果窗口的关闭按钮，关闭此查询。

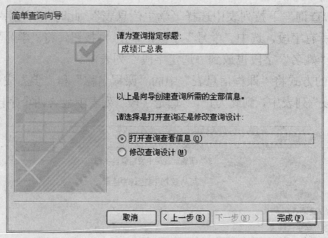

图 7-30 “简单查询向导”第三步

成绩汇总表

学号	姓名	课程名称	成绩
201430201	张大雷	高等数学	86
201430201	张大雷	英语	96
201430201	张大雷	电子电路	89
201430201	张大雷	C语言	81
201430202	李晓明	高等数学	90
201430202	李晓明	英语	95
201430202	李晓明	电子电路	96
201430202	李晓明	C语言	86
201430203	吴美凤	高等数学	75
201430203	吴美凤	英语	94
201430203	吴美凤	电子电路	80
201430203	吴美凤	C语言	79
201430204	张成功	高等数学	78
201430204	张成功	英语	65
201430204	张成功	电子电路	78
201430204	张成功	C语言	76
201430205	孙小小	高等数学	56
201430205	孙小小	英语	72
201430205	孙小小	电子电路	50
201430205	孙小小	C语言	54

图 7-31 “成绩汇总表”查询结果

③以查询“成绩汇总表”为数据源，查询所有学生的四门课程的平均成绩。

Step1：单击“创建”|“查询”|“查询设计”按钮，打开查询的设计视图，在“显示表”对话框中单击“查询”选项卡，将“成绩汇总表”添加到查询设计视图中，并关闭“显示表”对话框。

Step2：将“学号”、“姓名”和“成绩”字段放到查询的显示字段中。

Step3：单击“查询工具”|“设计”|“显示/隐藏”|“汇总”按钮，在设计区域中添加一行“总计”，如图 7-32 所示。

字段:	学号	姓名	成绩	
表:	成绩汇总表	成绩汇总表	成绩汇总表	
总计:	Group By	Group By	Group By	
排序:				
显示:	☑	☑	☑	☐
条件:				
或:				

图 7-32 添加“总计”行后的设计区域

Step4：“学号”和“姓名”字段的“总计”选项不变（“Group By”），在“成绩”字段的“总计”下拉列表中选择“平均值”。

Step5：单击“文件”|“保存”命令，在弹出的“另存为”对话框中的“查询名称”文本中输入查询的名称“平均成绩”，单击“确定”按钮。

Step6：单击“查询工具”|“设计”|“结果”|“运行”按钮运行该查询，并显示查询结果，如图 7-33 所示。

平均成绩

学号	姓名	成绩之平均
201430201	张大雷	88
201430202	李晓明	91.75
201430203	吴美凤	82
201430204	张成功	74.25
201430205	孙小小	58

图 7-33　“平均成绩”查询结果

Step7：单击“文件”|“退出”命令，关闭数据库，退出 Access。

2．操作技能与要点

查询是 Access 数据库的重要对象之一，是用户按照一定条件从数据库表或者已存在的查询中检索需要数据的最主要方法。

（1）查询的分类

在 Access 中，查询主要包括以下类型：

①选择查询：选择查询是最常见的一种查询类型，是指根据一定的查询准则从一个或多个表，或者其他查询中获得数据，并按照所需的排列次序显示。查询的结果是一个数据记录的动态集，用户可以对这个动态集中的数据记录进行修改、删除、增加等操作，对其所作的修改也会自动写入与动态集相关联的表中。

②操作查询：操作查询和选择查询类似，不同的是操作查询通过一个操作中更改记录，对查询所得的结果进行不同的编辑。根据操作的不同可以分为删除查询、追加查询、更新查询和生成表查询四种。

删除查询是指从一个或多个表中删除一组记录。例如：将成绩低于 60 分的学生记录从“学生成绩表”中删除。

追加查询是指将新记录添加到现存的一个或多个表或者查询的末尾。

更新查询可以对一个或者多个表中的一组记录进行全面更改。

生成表查询则是利用一个或者多个表中的全部记录或者部分数据建立新表。

③交叉表查询：交叉表查询能够根据数据字段的内容，将汇总计算的结果显示在行与列交叉的单元格中，交叉表查询可以计算平均值、总计、最大值、最小值等。

④参数查询：参数查询是一种根据用户输入条件或者参数来检索记录的查询。

⑤SQL 查询：SQL 查询是使用 SQL 语句创建的查询，创建此类查询需要创建者熟悉 SQL 语句。

（2）查询的条件

在查询中，往往需要输入查询的条件，如所有的男生、不及格的学生等，这些条件需要在创建查询时设置。

查询条件是运算符、常量、字段值、函数以及字段名和属性等的任意组合。

1）查询运算符

运算符是组成查询条件的基本元素，Access 中查询可用的运算符如表 7-5 所示。

表 7-5　Access 中查询可用的运算符

类型	运算符	说明
关系运算符	=	等于
	>	大于
	>=	大于等于
	<	小于
	<=	小于等于
	<>	不等于
逻辑运算符	Not	非运算，当连接的表达式为真时，整个表达式值为假，反之则为真
	And	与运算，仅当连接的两个表达式都为真时，结果为真，否则为假
	Or	或运算，仅当连接的两个表达式都为假时，结果为假，否则为真
特殊运算符	Like	用来查找文本字段，用 " ? " 表示该位置可以匹配任意一个字符，用 "*" 表示该位置可以匹配任意多个字符
	In	用于指定一个字段值的列表，列表中的任意一个值可以与查询的字段相匹配
	Between	指定一个字段值的范围，范围之间用 And 连接
	Is Null	指定一个字段为空
	Is not Null	用于指定一个字段为非空

2）查询条件举例

表 7-6 列举了一些常见的查询条件表达式的写法。

表 7-6　查询条件举例

条件	表达式
不及格的成绩	<60
在 80~90 之间的成绩	Between 80 and 90　或者　　>=80 and <=90
课程名称为高等数学或者英语	In（"高等数学","英语"）或者　"高等数学" or　"英语"
姓李的学生	Like "李*"　或者　left([姓名],1)= "李"
不姓李的学生	Not Like "李*"　或者　Not left([姓名],1)="李"
姓名为空的记录	Is Null

（3）创建查询

查询的创建方法主要有两种：通过向导创建和通过查询设计器创建。

①使用向导创建查询。单击"创建"|"查询"|"查询向导"按钮，在打开的"新建查询"对话框中选择要创建查询的类型，单击"确定"按钮，在打开的查询向导中设置查询的参数。

使用查询向导可以快速、方便的创建简单查询，但是使用向导创建的查询不包含任何查询条件。

②使用查询设计器创建查询。使用查询设计器可以设计带条件的和不带条件的查询，通过设置查询条件、汇总方式和排序等选项，可以设计出复杂功能的查询。

单击"创建"|"查询"|"查询设计"按钮，打开查询的设计视图，将相关的表或者查询添加以后，便可以在设计视图中对查询进行设计。

（4）运行查询

运行查询的方法有两种：

①使用查询设计器完成查询设计后，单击"查询工具"|"设计"|"结果"|"运行"按钮即可运行该查询。

②如果查询已经创建完成，并且没有在设计视图中打开，应该首先在数据库窗口左侧的窗格中显示查询名称，操作方法如下：

单击数据库窗口左侧窗格中对象的下拉列表，如图 7-34 所示。在列表中单击"查询"项，在窗格中显示所有的查询列表，双击其中的查询名称，即可运行该查询，鼠标右击查询名，在弹出的快捷菜单中单击"设计视图"命令，打开查询的设计视图，可以对查询进行修改。

图 7-34　Access 的对象列表

7.2.6　拓展练习

在"成绩管理系统"数据库中，继续完成如下查询的创建。

①创建查询"不及格统计"和"优秀统计"，分别查询所有不及格和优秀的学生的学号、姓名、课程名称和成绩。

②创建一个查询"男生总分"，查询所有男生的学号、姓名和四门课程的总分。

习题七

一、选择题

1. DBMS 是_____的简称。

    A. 数据库   B. 数据库管理系统

    C. 数据库系统   D. 数据库应用系统

2. 下列_____不属于实体之间的联系。

    A. 一对一   B. 一对多   C. 多对一   D. 多对多

3. 一个图书表包括图书编号、书名、作者、出版时间，其中_____可以作为关键字。

    A. 书号   B. 书名   C. 作者   D. 出版时间

4. 身份证号应该使用_____型字段。

    A. 文本   B. 数字   C. 备注   D. 日期和时间

5. 照片字段应该使用_____型字段。

    A. OLE 对象   B. 数字   C. 计算   D. 日期和时间

二、填空题

1. 在 Access 2010 中，查询的类型有_____、_____、_____、_____、_____。

2. 参数查询包括_____、_____、_____和_____。

3. 关系就是一个_____。

4. 查询中，课程名称以"高等"开始的查询条件是_____。

三、简答题

1. 计算机数据管理经历了哪几个阶段？

2. 什么是数据库系统？

3. 数据模型分为几类？

4. Access 2010 中共有几种对象？

5. 查询的创建方法有哪几种？

6. 设计一个数据库的步骤是什么？

8

算法设计与实现

本章首先从算法的基本概念出发，阐述算法的特性、设计要求、表示方法、设计方法以及使用算法求解现实应用问题的一般过程；最后通过实例介绍算法实现软件 RAPTOR 的使用方法，由此来训练学生的算法设计思想、培养学生的计算思维能力。

8.1 算法基础

8.1.1 算法基本概念

2006 年，美国卡内基梅隆大学（Carnegie Mellon University）计算机科学系主任周以真教授（Jeannette M. Wing）在美国计算机权威期刊《Communications of the ACM》首次提出"计算思维（Computational Thinking）"的概念。周教授将计算思维定义为运用计算机科学的基础概念进行问题求解、系统设计、以及人类行为理解等涵盖计算机科学广度的一系列思维活动。计算思维提出后便得到世界信息科学界和教育界的极大关注和重视。

计算思维代表着一种普遍的认识和一类普适的技能，每一个人，而不仅仅是计算机科学领域的专业人员，其他各行各业的人都应热心于它的学习和运用。计算思维的核心之一便是算法思维，且算法思维也是计算机科学的精髓。

所谓算法（Algorithm）是指在有限步骤内求解某一问题所使用的一组定义明确的规则。算法是解题方案准确而完整的描述，是一系列解决问题的清晰指令，算法代表着用系统的方法描述解决问题的策略机制和规则。

通俗来讲，算法是通过计算来解决实际问题的过程，在这个解题过程中所形成的解题思路和最后实现时所编写的程序，都是在实施某种算法。算法中的指令描述的是一个计算，算法运行时能从一个初始状态和初始输入或无初始输入开始，经过一系列有限且清晰定义的状态转换，最终产生相应的输出并停止于一个终态。注意在算法的执行过程中，从上一个状态到下一个状态的转移不一定是确定的。算法可以理解为有基本运算及规定的运算顺序所构成的完整的解题步骤。算法也可看做按照要求设计好的有限的、确定的计算序列，并且这样的步骤和序列可用以解决某一类问题。

初始接触算法概念时往往容易将算法和程序混淆，这里简单描述一下两者的区别：

①程序是使用某种计算机编程语言所实现的算法结果，而算法则不一定需要计算机才能实现，算法的范围比程序要大。

②程序不一定满足算法的有穷性。比如操作系统作为一个很大的程序，只要整个操作系统不被破坏，它将永远不会停止，即使没有任务需要处理，它仍处于动态等待中。因此，操作系统不是一个算法。

③程序中的指令必须是被计算机可执行的，而算法中的指令则无此限制。

8.1.2 算法特征和设计要求

一个设计良好的算法应具有以下五个重要的特征：

①有穷性。算法的有穷性是指算法必须在执行有限个步骤之后停止，而不能无限制的一直执行下去。

②确定性。算法的每一个操作步骤必须要有确切的定义，而不能有含糊不明确性。

③输入。算法可以有 0 个或多个输入，以描述运算对象的初始环境，其中的 0 个输入是指算法没有输入数据，算法本身已经确定了其初始环境情况。

④输出。算法必须有输出，且其输出可是一个或多个，用以反映对输入数据处理后的运算结果。

⑤可行性。算法中所有的计算步骤都应该能分解为基本的可执行操作，即每个计算步骤都可以在有限的时间内完成。算法的这种特性又称为有效性。

实际上，对于同一问题可以使用不同的算法加以解决，虽然所有算法的处理结果都一样但算法的处理流程和效率却不尽相同。算法的质量直接影响算法乃至程序的效率。一般对算法的设计要求主要从五个方面来考虑。

1．算法的时间复杂度要低

算法的时间复杂度是指执行算法全部操作步骤所需要的计算工作总量。对于一般的问题来说，算法的时间复杂度是问题规模 n 的函数，算法的时间复杂度也因此记做 $T(n)=O(f(n))$。此外，算法时间复杂度的增长率与 $f(n)$ 的增长率正相关。对于同一个问题来说，在相同的评价标准下，均能够得到该问题的解决方案，则执行时间最短的算法其效率最高。总的来说，算法在保证其基本性能的基础上，应尽量降低其时间复杂度。

常见的时间复杂度从低到高依次是 $O(1)<O(\log_2 n)<O(n)<O(n^2)<O(n^3)<O(n!)<O(n^n)$。

2．算法的空间复杂度要低

算法的空间复杂度是指算法在执行过程中所需要消耗的内存空间。其计算和表示方法与时间复杂度类似，也是问题规模 n 的函数，记为 $S(n)=O(f(n))$。算法的空间复杂度是对算法在整个运行过程中临时占用存储空间大小的度量。一个算法在计算机的存储器上所占用的存储空间，是存储算法本身占用的存储空间、算法输入输出数据占用的存储空间和算法在运行过程中临时占用的存储空间的总和。对于算法在运行时所占用的内存或外部硬盘存储空间显然也是越少越好，空间复杂度从低到高的情形和时间复杂度类似。

3．算法的正确性要高

算法的正确性是评价一个算法优劣的最重要的标准，也是算法设计的根本所在。其主要包括多个方面的内容，如算法的设计没有逻辑错误、算法对于常规的合法输入数据能产生符合实际要求的输出结果、算法对于非法的输入数据能够得出满足规格说明的结果等。

4．算法要有良好的可读性

算法的可读性是指算法可供除算法设计者之外的其他人员阅读和理解的容易程度。在算法设计中，为便于阅读、理解和交流，提高算法的可读性，可通过多个方面来实现，如规范算法设计中所用到的所有文件名和样本数据名的可读性，最好能够见名知意，好的命名规则至关重要。此外，在算法语句中增加相应的注释语句，注明其中一些重要变量或语句的用途，尤其是一些复杂的和关键的处理步骤和操作，必须要有注释。还有将不同功能的文件分门别类的进行保存，将相关度较大或关系比较紧密的文件整理在一个目录中等。

5．算法要有极佳的健壮性

算法的健壮性是指算法对不合理数据输入或其他异常情况的反应能力和处理能力，也称为容错性。其主要表现在算法能对输入数据不合法的情况做合适的处理，如常见的提示输入数据有误，要求重新输入，并提示正常的数据输入格式等。当出现其他异常情况时，算法也能做出相应的处理结果，而不是算法无法处理或得出无意义甚至无法解释的结果。

8.1.3　算法表示方法

算法可使用自然语言、伪代码、流程图等多种不同的方法来描述，下面使用一个实例分别加以介绍。

【例】已知全部学生成绩均已及格，判断学生成绩是否优秀（大于等于 90 分）。

1．自然语言

自然语言也就是人们日常交流使用的语言，可以是汉语、英语或其他人类语言。用自然语言表示的算法通俗易懂，但文字冗长，容易出现歧义。此外，使用自然语言表示的含义经常不太严格，还需要根据上下文才能判断其正确含义，描述包含分支和循环的算法时也不很方便。因此，除了那些很简单的问题外，一般不用自然语言描述算法。

算法描述：如果当前需要判断的学生成绩大于或等于九十分，则该生的成绩为优秀，否则为及格。

2．伪代码

伪代码是用介于自然语言和计算机语言之间的文字和符号来描述算法。下面给出判断学生成绩是否优秀的三种不同的伪代码。

（1）用英文和符号表示的伪代码

```
1    if（score≥90）
2        then   excellent
3    else
4        pass
```

（2）用汉字来表示伪代码

```
1    若 学生成绩 大于或等于 90
2        则   优秀
3    否则
4        及格
```

（3）中英文混用表示伪代码

```
1    if     （学生成绩≥90）
2        then    优秀
3    else
4        及格
```

3．流程图

流程图主要通过使用一些标准的符号来表示算法的一些执行步骤和某些类型的动作，以图形化的方式描述整个算法。其中的判断决策用菱形框表示，具体活动用方框表示等。判断全部成绩均及格时学生成绩是否优秀的流程图如图 8-1 所示。

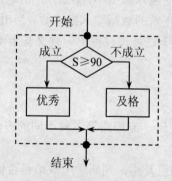

图 8-1　判断学生成绩是否优秀的流程图

8.2　基本算法设计方法

8.2.1　蛮力法

使用计算机进行问题求解的最简单的方法称为蛮力法，又称为穷举法。这种方法解题的基本思路依次是：首先分析目标问题的解的特点，确定穷举对象、穷举范围和判定条件，接下来针对整个解空间里面的所有值，一个个依次全部验证是否是目标问题的解。

在蛮力法设计中，穷举对象和范围的选择非常重要，它直接影响算法的时间复杂度。如求出班级所有学生某门课程的成绩总和，就需要将学生成绩一个一个的加起来，所有学生的成绩都参与运算。这种方式就属于蛮力法。

8.2.2 阶梯分段法

在实际应用中并不是所有的问题都是统一的处理方式，基本都需要分门别类的进行处理，针对不同的问题应用不同的处理方法。比如判断学生成绩的好坏情况，除了优秀和及格之外，还有良好、中等和不及格的情形，这样的问题就复杂了一些，就需要用到阶梯分段法，如图 8-2 所示。

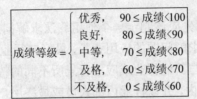

图 8-2　阶梯分段法判断成绩等级

8.2.3 递推法与递归法

递推法是一种利用问题本身所具有的递推关系求解问题的方法。所谓递推，就是从已知的初始条件开始，依据问题本身具有的某种递推关系，依次推出问题的各个中间结果及最终结果。在实际问题中，内涵的递推关系需要经过分析才能提取出来。

如对于数的阶乘从小到大的依次运算就属于递推法。由于整数 N 的阶乘等于 N 和（N-1）阶乘的乘积，即 N！=N×（N-1）！。从初始条件 0！=1 开始，可以得出 1！=1×0！=1×1=1，1！的求出之后，就可以得到 2！=2×1！=2×1=2，然后 3！=3×2！=3×2=6，…这样一直计算下去，后面的数的阶乘将会从小到大依次被计算出来。

递归法是直接或者间接地调用自身的算法。使用递归法求解的问题具有一些类似特征：求解的问题可以被分解成规模较小的问题，从这些小规模问题的解可方便地构造出原来大问题的解，且原来的大问题和分解后的小问题都可以使用同一种策略来求解。特别地，当求解问题的规模为 1 时，可直接求解。

在此仍然以数的阶乘为例，令函数 f(n)表述变量 n 的阶乘如式 8-1 所示。

$$f(n)=n!=n×(n-1)!=n×f(n-1), \quad n≥1. \tag{8-1}$$

在式（8-1）中有阶乘函数 f(x)在计算的过程中调用自身的情形。比如要计算 6 的阶乘 f(6)，依式（8-1）可得 f(6)=6×f(5)，此时发现 f(6)的计算过程用到了 f(5)，要得到 f(6)的值需要先求出 f(5)的值。依式（8-1）可得 f(5)=5×f(4)，此时发现 f(5)的计算过程用到了 f(4)，要得到 f(5)的值需要先求出 f(4)的值，依次类推，后面的情形都与上述相似，一直到计算 f(2)=2×f(1)，由于 f(1)=1，则 f(2)得到结果，然后依次经过 f(3)、f(4)、f(5)，最终得到 f(6)。

8.3　算法求解问题的过程

使用算法求解现实中的问题也有一般的规律和过程，其主要包括明确问题对象、分析问题本质、确定实现步骤和算法流程求解四个阶段。每个阶段都有不同的任务和内容，且上一阶段所得到的分析结果将作为下一阶段开展工作的基础，各个阶段依次衔接，最终使得现实问题得到解决。

8.3.1　明确问题对象

在分析问题对象之前，首先应该制定一个使用算法求解问题的计划方案，其中列出的内容尽量详实。接下来要熟悉所求解问题的应用背景，最好向行业内部人员或者最终用户了解一些所求解的问题的特殊要求、与其他行业或应用背景所不同的特征方面。然后将所求解的问题的应用范围限定在一定区域之内，并以行业内部人员或最终用户的特殊要求加以约束，进一步的限制应用领域。

确定求解问题的应用领域之后，要仔细分析该问题所涉及到的所有内容，多方面的收集资料，并和相关的人员进行座谈等，加深对所求解问题的理解。该过程需要掌握大量的第一手资料，对于收集到的内容要分门别类的整理。对于一些特殊的要求和限定，要尽量的使用可量化的指标加以描述，以便能够在后续工作中定量的分析、测试算法的有效性。对一些不能定量描述的目标和内容要用文字描述清楚。

通过初步深入的调查和研究，使真正有待解决的问题对象得到最终确定，问题对象所涉及到的所有内容都应当明确，尤其是问题对象的主要业务处理流程，一定要详细的进行分析和说明。在此基础上就可以有针对性地提出解决问题的基本思路和初步方案。一般应提出两种以上的算法设计方案，以便在后续工作开展和掌握更多的问题背景的情况下进一步的评估、筛选和完善算法实施方案。明确问题对象之后，基本就掌握了所求解问题的主要功能、其主要的业务处理流程、需要初始输入的数据、数据的中间处理结果以及最终的输出结果等内容。

8.3.2　分析问题本质

该阶段的主要任务是把上一阶段得到的所求解问题的主要功能、业务处理流程、初始需要输入的数据、数据的中间处理结果以及最终的输出结构等内容进一步的深入分析，明确其本质内容，将其从现实的应用抽象到可用计算机处理的问题模型。在抽象成问题模型的基础上，对初始的两套算法实施方案进行完善和细化。

分析问题本质阶段最重要的两项内容分别是抽象和模型化。所谓抽象，就是从众多的事物中抽取出其共同的、本质性的特征，而舍弃其非本质的特征。例如苹果、西瓜、香蕉、柚子、菠萝、葡萄等，它们共同的特性就是水果。而在此得出水果这个概念的过程，就是一个抽象的过程。抽象是人们解决很多现实应用问题的一种基本方法，抽象主要包括有过程抽象和数据抽象。所谓过程抽象是将问题域中具有明确功能定义的操作流程或者操作步骤提取出来，将其作为一个实体看待，对于实际问题的业务处理流程的抽象就属于过程抽象；而数据抽象是一种比过程抽象更高级的抽象方式，将描述问题对象的属性和行为封装起来，实现统一的抽象，从而达到对现实应用问题的真正抽象。

模型化就是建立模型，即为了更好地理解问题对象而对问题对象进行抽象。模型化是分析问题本质的重要手段。对于限定的应用区域之内的问题对象，所有的用模型描述问题对象及其组成部分之间的相互关系和业务处理流程之间的先后次序等的过程都属于模型化。由于研究问题对象及其内部的各种关系的理论很多且其中的关系种类复杂，实现模型化过程的途径和方法也是多种多样的。这一阶段要着重用逻辑的过程或主要的业务处理来描述问题对象，可将一个复杂的问题对象按功能进行模块划分，然后建立各个功能模块之间的层次结构及调用关系等。总的来说，分析问题本质阶段的主要任务就是对问题对象进行抽象并将其模型化。

8.3.3　确定实现步骤

在对问题对象模型化的基础上对问题模型进行细化处理，分析其各功能模块之间的逻辑关系和调用关系，并给出明确、清晰地表述，为后续算法的实现打下坚实的基础。这一阶段的主要工作包括以下几个方面：

①各模块的功能说明，包括问题对象将要实现的所有功能，问题对象的功能模块划分情况，各个功能模块的功能及彼此之间的各种关系。还应注明各个功能模块的设计要点和特殊要求等限定条件。

②问题对象的业务流程处理逻辑，其中包括问题对象实现所有功能的业务处理过程及各个业务直接的逻辑次序等。一般要用流程图说明问题对象及组成模块的业务处理过程。

③问题对象的所有限制条件，能够量化的全部定量处理。并将所有的限制条件细化分配到各个功能模块之上。限制条件要表述清晰无歧义。如学生成绩的录入要求是整数、范围要求限制在 0～100 之间等。

④输入原始数据，在此首先将问题对象看成一个整体，整个问题对象需要输入的数据类型、输入数据的来源、输入数据的时间点等都应该明确。接下来针对每个功能模块进行输入数据的类型、来源、时间点的确定。比如学生成绩信息管理系统就要求输入 0～100 之间的整数数据。

⑤输出数据结果，这里和输入原始数据的情形类似，也是分析整个问题对象及其功能模块需要输出的数据结果的确定过程。

8.3.4　算法流程求解

使用算法流程求解问题对象的过程，主要是从宏观和微观两方面进行，给整个问题对象和细分的各个功能模块都选择比较适合的算法。当然，在某个功能模块规模较大或者业务流程较复杂的情形下，可对其进一步细分成更小的模块，对这些小的模块也应设计相应的算法。

在使用算法求解问题对象的过程中，需要注意以下几个方面：

①首先注意对整个问题对象的算法设计要从系统的角度考虑，这个算法的设计至关重要，其不仅影响整个问题的求解过程是否更有效率，还将影响各个功能模块之间的算法设计。

②对每个功能模块设计算法的过程中，不仅要考虑功能模块内部的逻辑处理流程和与其他模块之间的关系，也要考虑该功能模块内部所使用的数据结构及其处理方式。

③对于各个功能模块之间的接口部分，包括各种数据的输入和输出的全部细节都应该掌握，这一部分要给予足够的重视，尤其是要注意存在多种关系且联系紧密的模块间接口。

④需要强调的是，必须给整个问题对象及其中的每个模块设计相应的多个测试用例，选用合适的输入数据，应当有两种类型的输入数据，一种是合法的输入数据，用于检验算法是否能够得到正确的结果；另一种是不合法的异常数据，用于检验算法的健壮性和对异常的处理能力。

⑤为提高算法的可读性，应在一些重要的地方加上注释，尤其是一些比较复杂的业务处理逻辑或关键功能模块，应选择合适的工具给出详细的过程性描述。

⑥由于问题对象的实际应用情景不同，算法的时间复杂性和空间复杂性存在冲突，需要设计一种折中方案。

8.4　算法设计软件 RAPTOR——案例 9：学生成绩分析

8.4.1　RAPTOR 软件环境

RAPTOR（the Rapid Algorithmic Prototyping Tool for Ordered Reasoning），是一种可视化的程序设计软件。它为程序和算法设计等方面的基础课程教学提供了实验环境。更重要的一点是，使用 RAPTOR 设计的程序和算法可方便的转换成为 C++和 Java 等多种程序设计语言。

RAPTOR 是一种基于流程图的可视化程序设计环境。由于流程图是诸多依次连接的图形符号的集合，且其中的每个图形符号代表着某种特定类型的指令，图形符号之间的连接决定着指令的执行顺序，所以使用 RAPTOR 解决问题，将会使得这些原本模糊抽象的概念变得更加清晰和明确。

1. RAPTOR 基本界面

RAPTOR 软件的基本界面如图 8-3 所示，从上往下依次是标题栏、菜单栏、工具栏和工作区和字符输出界面。其中的菜单栏包括有文件、编辑、比例、视图、运行、模式、画笔、窗口、生成和帮助共 10 项菜单；工具栏有新建、打开、保存、剪贴、粘贴、复制等常用工具按钮，在工具栏的右侧有调速滑块；工作区的左侧分为上下两个区域，其中的上方区域有 6 种常用的图形符号和指令，下方区域是变量显示区；工作区的右侧是编辑区域，其中在最上方显示的是子图或者子程序卡，下面即为编辑区域；最下面的主控台窗口是字符输出界面，这个窗口和 RAPTOR 的窗口是分开的。

2. RAPTOR 图形符号

从图 8-3 可以看出，RAPTOR 软件的一共有 6 种不同的图形符号和指令，它们分别是赋值、调用、输入、输出、选择和循环，其具体符号和功能如表 8-1 所示。

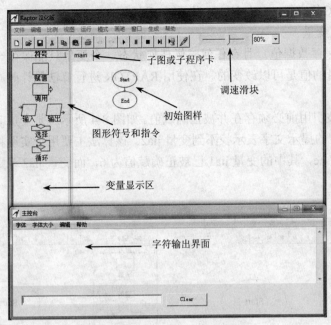

图 8-3 RAPTOR 的基本界面

表 8-1 RAPTOR 的图形符号和指令

RAPTOR 符号	名称	功能描述
	赋值语句	给某个变量赋值，其中可用各类运算符和表达式
	调用语句	表示此处有个子程序或者子图需要调用
	输入语句	输入数据并将该数据赋值给某个变量
	输出语句	输出程序的处理结果
	选择结构	程序的流程依据是否满足判定条件有了两个不同的分支
	循环结构	程序的流程依据是否满足循环条件将会多次执行同一组语句

3．RAPTOR 变量和常量

（1）RAPTOR 常用数据类型

①数值型：数值型数据是代表数量且能够进行数值运算的数据类型。这种类型的数据主要由数字、小数点、正负号组成，如-1.732、0、-9、80、3.1416 和 0.00168 等。

②字符串：字符串是由数字、字母、下划线等组成的一串字符。通常以字符串的整体作为运算和操作对象，如"Hello，Computer World！"和"065000"等。

③字符型：字符型数据是不具计算能力的文字数据类型。其中包括中文字符、英文字符、

数字字符和其他 ASCⅡ字符，如'V'、'6'和'@'等。

（2）RAPTOR 变量

变量主要用于保存数据值，且在任何时候任何状态一个变量只能保存一个值。但在程序的执行过程中，变量的值是可以改变的。在使用 RAPTOR 进行算法设计时对于变量的处理需要注意以下两点：

①所有变量在被引用前必须存在并被正确赋值。如图 8-4 所示就是变量 jia2 没有赋值所引起的错误提示，其中的提示文字表示找不到变量 jia2。该算法主要用于实现将变量 jia1 和变量 jia2 的和赋值给变量 he，其中的变量 jia1 已被正确赋值为 6，而变量 jia2 未赋值。其正确的算法实现如图 8-5 所示。

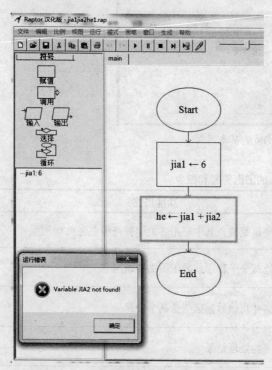
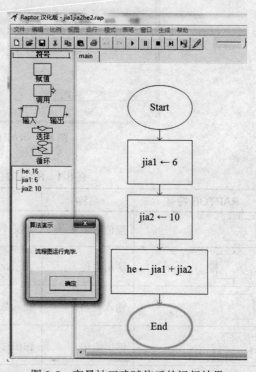

图 8-4　变量未被赋值所引起的错误提示　　　　图 8-5　变量被正确赋值后的运行结果

②变量类型由最初的赋值语句所赋予的数据类型来确定，在整个算法设计中所有的操作和赋值都应该使用同一数据类型。如图 8-6 所示就是变量的数据类型不一致所引起的错误提示。其中有 3 个变量，分别是 score、grade 和 value，score 是数值型被赋值 90，grade 是字符串"Good"，该算法出错的地方是将 score 减去 grade 的差赋给变量 value，注意这里是一个数值型数据和字符串的减法运算，显然是不正确的。

（3）RAPTOR 常量

常量，顾名思义是指在程序的运行过程当中，其值不会变化的量。常量的概念是相对于变量而言的。RAPTOR 一共定义有 4 个常量，具体内容如表 8-2 所示。

RAPTOR 中的常量可以在算法中直接使用，不需要定义和赋值。如图 8-7 中所用到的圆周率 pi 直接参与运算。该算法用于计算半径为 r 的球的体积 v，其中 r 和 v 均为变量，pi 为常量。

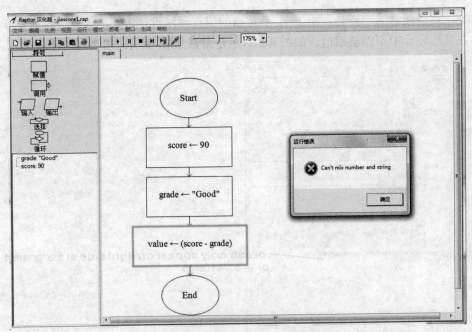

图 8-6　变量类型不一致的运算错误提示

表 8-2　RAPTOR 中的常量

常量名称	含义	常量值
pi	圆周率	3.1416
e	自然对数的底	2.7183
true /yes	布尔值：真	1
false/no	布尔值：假	0

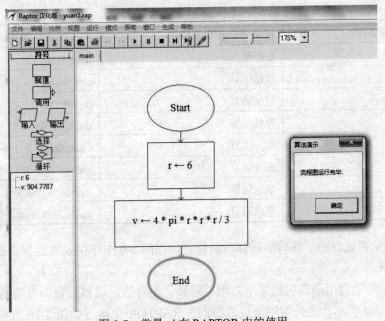

图 8-7　常量 pi 在 RAPTOR 中的使用

此外，还需注意的一点是，由于 4 个常量的值在算法设计中不能改变，也就意味着这 4 个常量在算法设计中不能被赋值。如图 8-8 所示是给常量 pi 赋值时所引起的错误提示。

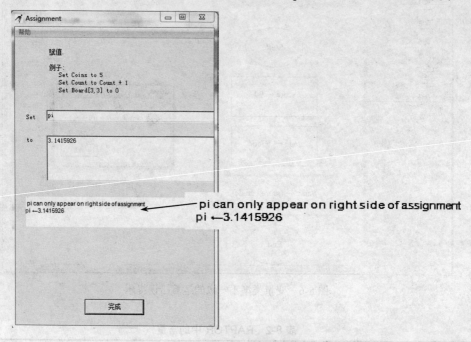

图 8-8   给常量 pi 赋值时的错误提示

4．RAPTOR 中的运算符和函数

（1）数学运算符

RAPTOR 中的数学运算符种类很多，常见的如表 8-3 所示。

表 8-3   RAPTOR 中的数学运算符

运算符	功能描述	举例说明
+	加法运算	he=80+90=170
-	减法运算	cha=90-80=10
*	乘法运算	ji=90*3=270
/	除法运算	shang=170/2=85
^	乘方运算	chengfang1=2^3=8
**	乘方运算	chengfang2=2**3=8
rem	求余运算	yushu1=9 rem 3=0
mod	求余运算	yushu2=16 mod 7=2

为便于初学者更好的了解数学运算符的特点，在图 8-9 中举例说明运算符的运行结果。

（2）函数

RAPTOR 中的常用函数包括求平方根、对数、绝对值、取整函数、三角函数以及随机数函数等，如表 8-4 所示。这些常用函数的举例在 RAPTOR 中运行如图 8-10 所示。

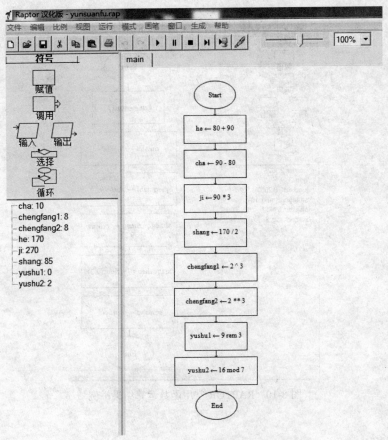

图 8-9 RAPTOR 数学运算符运算结果示例

表 8-4 RAPTOR 中的常用函数

运算符	功能描述	举例说明
sqrt	求平方根	gen=sqrt(9)=3
log	求 e 的对数	duishu=log(10)=2.3026
abs	求绝对值	jueduizhi=abs(-9.2)=9.2
ceiling	向上取整	shangquzheng=ceiling(9.2)=10
floor	向下取整	xiaquzheng=floor(9.2)=9
sin	正弦函数	zhengxian=sin(pi/2)=1
cos	余弦函数	yuxian=cos(pi/2)=0
tan	正切函数	zhengqie=tan(pi/4)=1
cot	余切函数	yuqie=cot(pi/4)=1
arcsin	反正弦函数	fanzhengxian=arcsin(1)=1.5708
arccos	反余弦函数	fanyuxian=arcos(0)= 1.5708
arctan	反正切函数	fanzhengqie=arctan(1，1)=0.7584
arccot	反余切函数	fanyuqie=arccot(1，1)=0.7584
random	伪随机数函数	suijishu=random=0.6711

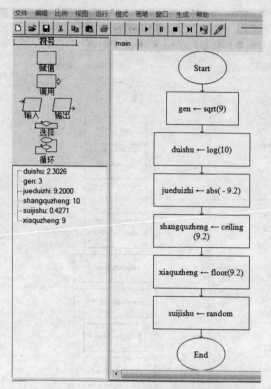

图 8-10　RAPTOR 常用函数运算结果举例

8.4.2　案例说明和分析

1．案例说明

已知某个班级共 52 名学生的综合测评成绩，且该班所有学生的综合测评成绩均及格，分别求出该班综合测评成绩的最高分、最低分以及平均分，并统计该班的优秀人数。

其他：

①所有学生的综合测评成绩均为整数。

②综合测评成绩达到或超过 90 分记为优秀。

2．案例分析

本部分的案例分析运用 8.3 节使用算法求解问题的一般流程来加以分析，其中包括明确问题对象、分析问题本质、确定实现步骤和算法流程求解四个阶段。

（1）明确问题对象

通过阅读案例说明，首先要明确的是问题的对象是某班 52 名学生的综合测评成绩，要对这些成绩进行处理，最后得到其最高成绩、最低成绩和平均成绩，并计算优秀人数。

此外还有三点需要注意：第一点，所有学生的综合测评成绩均及格，即都在六十分以上且包括六十分；第二点，综合测评成绩超过九十分的为优秀；第三点，由于所有学生的综合测评成绩为整数，则最高成绩和最低成绩也为整数，平均成绩不一定是整数，优秀人数本身就隐

含着整数的限制。

接下来可制定该问题的初步方案，首先要获得 52 名学生的综合测评成绩，这些综合测评成绩的范围在 60 和 100 之间且包括有 60 和 100。然后依次比较所有成绩得到其最高成绩和最低成绩，接下来将所有学生的成绩求和后可得到平均成绩，最后对所有的成绩判断其是否大于或等于 90 分，统计大于或等于 90 分的成绩数目。

（2）分析问题本质

通过明确问题对象并制定解决目标问题的初步方案后，接下来对其进行进一步的深入分析，将其抽象成数学模型。首先将整个问题看成一个整体，对于问题整体而言，其需要输入的数据是 52 个整数，且这些整数必须在 60 到 100 之间，经过问题过程的处理，最后问题整体的输出是 52 个整数的最大值、最小值和平均值以及超过或等于 90 的整数的个数。

经过上述分析，整个问题对象的输入就是一组整数，可用 score[52]表示，输出的最大值、最小值、平均值和大于或等于 90 的整数个数分别用 maxscore、minscore、average 和 num90 表示，并且依据处理结果的不同可将整个问题功能划分成五个模块，第一个模块获得 52 个介于 60 和 100 之间的整数，第二个模块要求出其最大值，第三个模块要求出其最小值，第四个模块要求出其平均值，第五个模块要统计超过或等于 90 的整数个数。

（3）确定实现步骤

对于第一个功能模块，需要给数组 score[52]赋值，由于一共需要赋值 52 次，且都是相同的赋值操作，因而这里可以用循环结构，每次赋值的来源可以用 RAPTOR 的随机函数 random，但注意 random 只能产生 0 到 1 之间的小数，另由于数组元素中的值需要限制在 60 到 100 之间，此时可用"60+random*40"来实现，还需注意的一点是所有的数组元素都是整数，因而需要进行下取整操作，最后可用 floor（60+random*40）给一个数组元素赋值。

对于第二个功能模块，要求出数组 score[52]中所有数组元素的最大值，其中可用的一个策略是，首先将数组的第一个元素 score[1]赋值给 maxscore，然后用 maxscore 依次和后面的 score[2]、score[3]、…等作比较，如果当前比较的数组元素 score[i]的值比 maxscore 中的值要大，就把 maxscore 的值变成当前数组元素 score[i]的值，就这样一直比较下去，一直比较到 score[52]结束后，maxscore 里面的值将是所有数组里面的最大值。

对于第三个功能模块，其思路和求最大值的思路一样，也是首先将数组的第一个元素 score[1]赋值给 minscore，然后用 minscore 依次与后面的 score[2]、score[3]、…等作比较，如果当前比较的数组元素 score[i]的值比 minscore 中的值要小，就把 minscore 的值变成当前数组元素 score[i]的值，就这样一直比较下去，一直比较到 score[52]结束后，minscore 里面的值将是所有数组里面的最小值。

对于第四个功能模块，要求其平均值，就应该将所有的数组元素全部加起来求和，然后除以 52 即可得到，在此可用引入一个表示和的变量 he，将 0 先赋值给 he，接着依次计算 he=he+score[i]，结合循环结构令 i 逐步从 1 增加到 52，则全部的数组元素都加入变量 he 中，最后可得平均成绩 average=he/52。

对于最后一个功能模块，要求统计超过或等于 90 的数组元素的个数 num90，首先令 num90 的值为 0，接下来要结合循环结构，令循环变量 i 依次从 1 逐步增加到 52，将每一个数组元素提出来判断 score[i]≥90 是否成立，如果成立则将 num90 的数值加 1，即 num90=num90+1，则循环结构内部还应有一个选择结构，等全部的数组元素判断完成，则 num90 的数值将是数组中超过或者等于 90 的数组元素个数。

对于初学算法的人来说，逐个使用循环结构分别实现各个功能模块更易于理解。从系统的角度来看待整个问题对象，五个功能模块均用到了循环结构，因而可以把所有的功能模块统一到同一个循环结构当中，这样可以减少循环次数，降低算法的时间复杂度。

（4）算法流程求解

对于五个不同的功能模块，分别使用伪代码实现的算法流程如下所示。

1）获得数据

```
1    数组元素赋值 score[52]=0
2    循环变量 i 赋值 i=1
3    while （i≤52）
4       score[i]=floor（60+random*40）;
5       循环变量 i=i+1
6    end while
```

2）求最大值

```
1    maxscore 赋值为 score[1]
2    循环变量 i 赋值 i=1
3    while （i≤52）
4       if（score[i]）>maxscore）maxscore=score[i]
5       end if
6       循环变量 i=i+1
7    end while
8    输出 maxscore
```

3）求最小值

```
1    minscore 赋值为 score[1]
2    循环变量 i 赋值 i=1
3    while （i≤52）
4       if（score[i]）<minscore）minscore=score[i]
5       end if
6       循环变量 i=i+1
7    end while
8    输出 minscore
```

4）求平均值

```
1    变量 he 赋值 he=0
2    循环变量 i 赋值 i=1
3    while （i≤52）
4       he=he+score[i]
5       循环变量 i=i+1
6    end while
7    平均值 average=he/52
8    输出 average
```

5）统计优秀个数

```
1    变量 num90 赋值 num90=0
2    循环变量 i 赋值 i=1
3    while （i≤52）
4       if（score[i]≥90）num90=num90+1
5       end if
6       循环变量 i=i+1
```

7	end while
8	输出 num90

将各个功能模块整合起来可得最终的结果如下所示。

1	数组元素赋值 score[52]=0
2	循环变量 i 赋值 i=1
3	while　（i≤52）　　　　　　　　/*产生 52 个初始数据*/
4	score[i]=floor（60+random*40）
5	循环变量 i =i+1
6	end while
7	maxscore 赋值为 score[1]
8	循环变量 i 赋值 i=1
9	while　（i≤52）　　　　　　　　/*依次相比较求最大值*/
10	if（score[i]）>maxscore）maxscore=score[i]
11	end if
12	循环变量 i =i+1
13	end while
14	输出 maxscore
15	minscore 赋值为 score[1]
16	循环变量 i 赋值 i=1
17	while　（i≤52）　　　　　　　　/*依次相比较求最小值*/
18	if（score[i]）<minscore）minscore=score[i]
19	end if
20	循环变量 i =i+1
21	end while
22	输出 minscore
23	变量 he 赋值：he=0
24	循环变量 i 赋值 i=1
25	while　（i≤52）　　　　　　　　/*依次相加到 he 求和*/
26	he=he+score[i]
27	循环变量 i =i+1
28	end while
29	平均值 average=he/52
30	输出 average
31	变量 num90 赋值：num90=0
32	循环变量 i 赋值:i=1
33	while　（i≤52）　　　　　　　　/*依次判断是否优秀*/
34	if（score[i]≥90）num90=num90+1
35	end if
36	循环变量 i =i+1
37	end while
38	输出 num90

对上述结果进行简化可得性能更好的伪代码如下。

1	数组元素赋值 score[52]=0
2	变量 he 赋值 he=0
3	maxscore=60
4	minscore=100
5	num90=0
6	循环变量 i 赋值 i=1
7	while（i≤52）

```
8       score[i]=floor（60+random*40）          /*生成数据*/
9       if（score[i]＞maxscore）maxscore=score[i]
10      end if                                  /*求最大值*/
11      if（score[i]＜minscore）minscore=score[i]
12      end if                                  /*求最小值*/
13      he=he+score[i];                         /*求和*/
14      if（score[i]≥90）num90=num90+1
15      end if
16      循环变量  i=i+1
17      end while
18      平均值 average=he/52                     /*求平均值*/
19      输出 maxscore，minscore，avaerage 和 num90
```

8.4.3　RAPTOR 控制结构

RAPTOR 的控制结构有三种，分别是顺序结构、选择结构和循环结构，其中在 8.4.1 节的表 8-1 中已初步接触过 RAPTOR 的选择结构和循环结构，下面将分别介绍。

1．顺序结构

顺序结构是最简单的控制结构，其中按照语句的先后顺序来逐个执行，如图 8-11 所示。程序执行时将从最初的 Start 开始，逐个依据箭头的方向，一直执行到结束 End 语句。其主要用来进行简单的运算和处理，也是算法程序默认的执行方式。在图 8-11 实现求两名学生的平均分，首先对变量 score1 和 score2 分别赋值，将两者相加求和，最后除以 2 求得平均值。

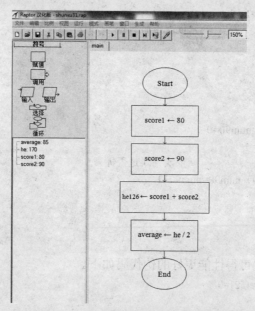

图 8-11　RAPTOR 的顺序结构示例

2．选择结构

选择结构是依据一定的判断条件，有选择的执行算法程序中的语句。其并不像顺序结构那样将算法程序中的所有语句全部执行,其中的某些语句将被跳过而去执行后面的语句。如图 8-12 所示是一种典型的选择结构,用于判断当前的学生成绩 score 是否优秀,判断的条件是学生成绩 score 是否大于等于 90,如果是就是优秀,否则就是通过。由于示例中的 score 为 92 满足判断条件,因而执行选择结构左侧 Yes 下面的语句,最后得到的 grade 为 "excellent",选择结构右侧 No 下面将 "pass" 赋予 grade 的语句被跳过未执行。

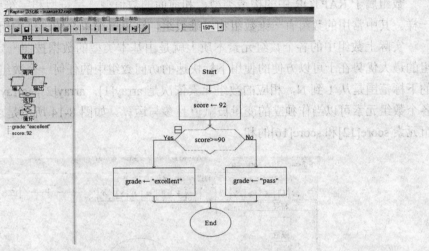

图 8-12 RAPTOR 的选择结构示例

3.循环结构

循环结构允许重复的执行一个或多个语句,直到不满足循环条件才结束。循环结构是三种结构中最复杂最难以理解的程序控制结构,常常和数组结合起来进行一批数据的运算和操作。比如前面学生成绩分析里面获得学生成绩数据的过程,也就是第一个功能模块,可用 RAPTOR 中的循环结构表示,其结果如图 8-13 所示。

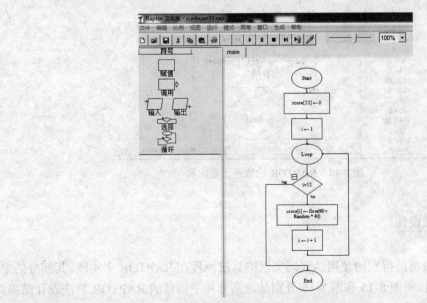

图 8-13 RAPTOR 的循环结构示例

8.4.4　RAPTOR 数组应用

数组是一组有序数据的集合，一般数组中的每一个数组元素都有相同的数据类型。比如图 8-14 中数组 score[52]所包含的 52 个数组元素都是整数。

数组属于 RAPTOR 中的构造类型，和前面的数值型、字符型和字符串组成的基本类型不一样。其中常用的数组有一维数组和二维数组，这里就简单介绍一维数组。

实际上数组中的各个数组元素本质上就是由基本类型的数据按照一定的规则组成的。数组的最大优势在于可以方便的使用下标快速的访问数组中的任何一个数组元素。数组 array[N]的下标范围是从 1 到 N，相应的数组元素依次是 array[1]，array[2]，array[3]，…，array[N]。各个数组元素可以当作独立的变量被赋值且参与运算。如图 8-14 所示是求数组 score[52]中数组元素 score[12]和 score[16]的和。

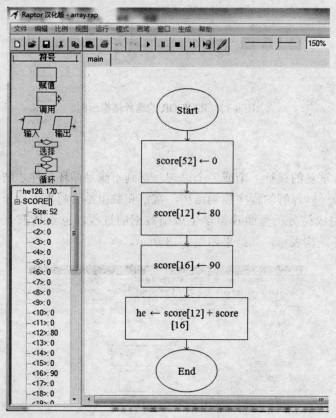

图 8-14　RAPTOR 的数组元素求和

8.4.5　RAPTOR 算法设计

将 8.4.2 节案例分析所得到的使用伪代码实现的算法流程在 RAPTOR 中实现。其部分结果数据已在图 8-13 给出。而图 8-15 和图 8-16 分别是最高分和平均值的 RAPTOR 算法设计结果。关于求最低分和统计优秀人数的 RAPTOR 算法设计作为拓展练习的一项内容。

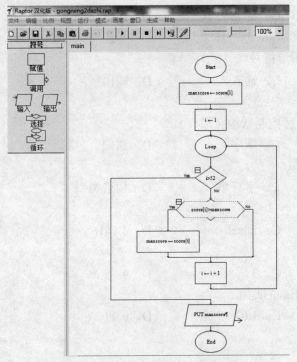

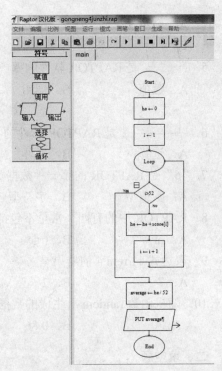

图 8-15　RAPTOR 算法设计求最高分　　　　　图 8-16　RAPTOR 算法设计求平均值

8.4.6　拓展练习

①使用 RAPTOR 软件对 8.4 节案例分析中求最低分和统计优秀人数的两部分功能进行算法设计。

②写出图 8-2 所示的对成绩进行等级评定的伪代码，然后用 RAPTOR 软件进行算法设计。

③试着将8.4.2节中所有功能模块整合起来的伪代码及后面的优化代码使用RAPTOR软件实现。

习题八

一、选择题

1. 计算思维的提出是在哪一年（　　　）。
   A. 2005　　　　　B. 2006　　　　　C. 2007　　　　　D. 2008
2. 计算思维是由哪一所大学的专家提出的（　　　）。
   A. 哥伦比亚大学　B. 斯坦福大学　C. 宾夕法尼亚大学　D. 卡内基梅隆大学
3. 算法的评价指标不包括（　　　）。
   A. 时间复杂度　　B. 空间复杂度　　C. 可行性　　　　D. 健壮性
4. 基本的算法设计方法不包括（　　　）。

A．穷举法　　　　　B．递归法　　　　　C．抽象法　　　　　D．递推法

5. 是 RAPTOR 软件的哪一种图形符号（　　　）。

A．赋值　　　　　B．调用　　　　　C．输入　　　　　D．输出

6. 是 RAPTOR 软件的哪一种控制结构（　　　）。

A．选择　　　　　B．循环　　　　　C．顺序　　　　　D．递归

7．"6"是 RAPTOR 的哪一种数据类型（　　　）。

A．数值型　　　　B．字符型　　　　C．字符串　　　　D．构造类型

8．RAPTOR 中的有四个常量不包括（　　　）。

A．pi　　　　　　B．true　　　　　C．false　　　　　D．3.1416

9．表达式 11 rem 4 的结果是（　　　）。

A．7　　　　　　B．2　　　　　　C．3　　　　　　D．4

10．随机函数 random 所生成的数据不正确的是（　　　）。

A．0　　　　　　B．0.86　　　　　C．1.01　　　　　D．0.99

二、填空题

1．计算思维是由美国著名计算机专家_____教授在《Communications of the ACM》首次明确提出并给出其定义。

2．计算思维定义为运用计算机科学的基础概念进行_____、_____、以及人类行为理解等涵盖计算机科学之广度的一系列思维活动。

3．算法应具有的五个特征有_____、确定性、_____、_____和可行性。

4．算法的三种表示方式有_____、_____和_____。

5．RAPTOR 是一种_____的程序设计软件。

6．RAPTOR 的 6 种图形符号分别是_____、调用、_____、_____、_____和_____。

7．RAPTOR 的三种控制结构分别是_____、_____和_____。

8．sqrt(16)=_____。

9．ceiling(8.02)=_____。

10．floor(2.99)=_____。

三、简答题

1．简述使用算法求解问题的一般流程和步骤。

2．简述三种基本的算法设计方法并举例说明。

3．简述你对 RAPTOR 软件掌握的所有内容。

9

网页制作基础

本章主要讲解网页设计的基础知识和网页制作的一般过程，利用网页制作工具 Dreamweaver，结合案例学习如何新建和管理站点、合理布局网页、插入各种网页元素等，一切旨在使读者能够对网页设计与制作有初步认识。

9.1 网页设计概述

9.1.1 HTML 语言简介

HTML（Hyper Text Markup Language），即超文本标记语言。其中的"超文本"是指除了文本之外，可以加入图像、声音、动画、视频、链接等内容。

由 HTML 语言编写的 HTML 文件是网页文件，扩展名可为".html"或".htm"，此类文件无需编译就可以在浏览器中执行。HTML 文件基本结构如图 9-1 所示，代码中用尖括号括起来的标签可由图形化网页编辑器自动生成。

图 9-1　HTML 基本结构

9.1.2 网页设计原则

通常网页设计需要遵循一些基本原则：统一、连贯、分割、对比及和谐。

1. 统一

指设计的整体一致性。不要使网页的各部分分散孤立，避免网页出现纷杂凌乱的效果。

2．连贯

针对页面的相互关系而言。注意网页各部分内容的内在联系，以及表现形式的相互呼应。

3．分割

指将页面内容按类划分成若干小块，使浏览者一目了然。

4．对比

指利用矛盾和冲突增加网页的生气。例如多与少、曲与直、强与弱、疏与密和虚与实等。

5．和谐

指整个页面浑然一体，符合美的法则。

从上面的原则可以看出，网页设计绝不仅仅是素材的简单堆砌，它需要设计者从多个角度去权衡。

9.1.3 网页设计常用软件

随着 HTML 的广泛应用，很多图形化的 HTML 开发软件也相继问世。例如 Microsoft 公司的 FrontPage 和 Adobe 公司的 Dreamweaver。FrontPage 是微软出品的一款入门级网页制作软件，它操作简单，只要会用 Word 就能制作网页。2006 年，微软公司宣布停止提供 FrontPage，其被 Microsoft SharePoint Designer 的新产品替代。Dreamweaver 即"DW"，由美国 MACROMEDIA 公司推出，它是一款所见即所得的网页编辑器，集网页制作和网站管理于一身。

下面详细介下 Dreamweaver。启动 Adobe Dreamweaver CS6 后的界面如图 9-2 所示，界面中主要包含了菜单栏、工具栏、文档窗口、状态栏和面板组。

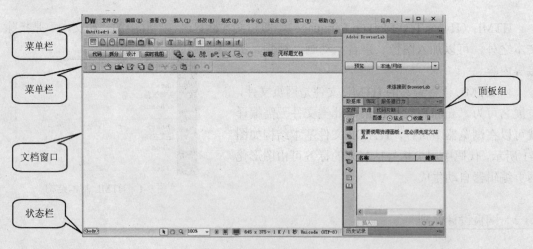

图 9-2 Dreamweaver 界面

1．菜单栏

菜单栏主要包括 10 个菜单项，每项功能如表 9-1 所示。

表 9-1　菜单栏名称和功能

名称	功能
文件	操作文件。例如新建、打开、关闭、保存等
编辑	编辑文本。例如剪切、拷贝、粘贴、查找等
查看	辅助设计。例如标尺、辅助线、工具栏等
插入	插入网页元素。如图像、媒体、表格等
修改	修改网页元素。如页面属性、图像、表格等
格式	操作文本。如缩进、突出、对齐等
命令	自动化操作。如开始录制、播放录制命令、编辑命令列表等
站点	操作站点。如新建站点、管理站点、上传等
窗口	显示和隐藏面板。如文件、资源、历史记录等
帮助	本地和在线帮助。如参考、Dreamweaver 支持中心、Dreamweaver 交流中心等

2．工具栏

工具栏包括三类："样式呈现"、"文档"和"标准"。

（1）"样式呈现"

用于查看网页在不同媒体类型中的呈现方式。

（2）"文档"

用于编辑文档，例如代码视图和设计视图切换。

（3）"标准"

用于方便修改网页，例如新建、打开、保存、剪切、拷贝和粘贴等。

3．文档窗口

文档窗口用于显示当前正在编辑的文档内容，包括四种查看方式："代码"、"设计"、"拆分"和"实时"视图。

（1）"代码"视图

在"代码"视图下用户可以直接输入 HTML 代码，如图 9-3 所示。

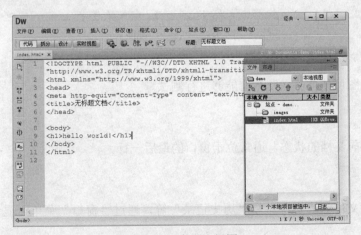

图 9-3　"代码"视图

（2）"设计"视图

"设计"视图使用户可以"所见即所得"，如图9-4所示。

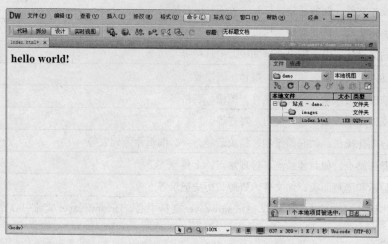

图9-4　"设计"视图

（3）"拆分"视图

"拆分"视图兼顾了"代码"视图和"设计"视图，如图9-5所示。

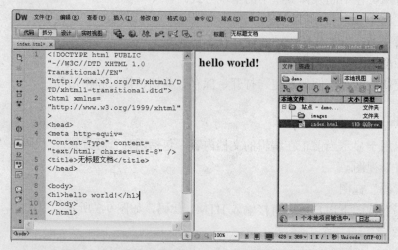

图9-5　"拆分"视图

（4）"实时"视图

"实时"视图可使页面在发布前能够进行测试。

4．状态栏

用于显示当前文档的状态，通常位于窗口的最后一行。

5．面板组

主要包括"文件"、"资源"和"历史记录"等，通过"窗口"菜单可显示或隐藏相应的面板。

以上是 Adobe Dreamweaver CS6 的界面情况，下一节中将通过实例讲解 Dreamweaver 的常用基本操作。

9.2 Dreamweaver 的基本应用——案例 10：制作个人主页

个人主页（Personal Homepage），更合适的意思是"属于个人的网站"。随着互联网的发展，越来越多的用户开始使用网络平台展现自己的风采，个人主页就是其中的应用之一。例如博客（Blog）也是个人主页，在我国应用比较广泛的腾讯 QQ 空间里，主人可以写日志、上传照片、转载文章和互动讨论，还可以添加各种游戏应用。本节将学习如何制作个人主页。

9.2.1 案例说明和分析

"阳光的个人网站"主页效果如图 9-6 所示。颜色以蓝、白为主，布局规整，内容醒目。

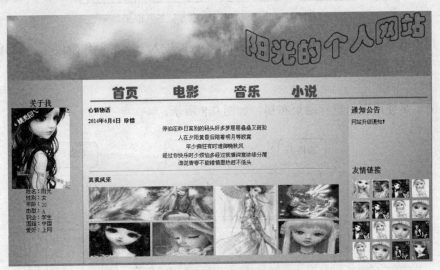

图 9-6 "阳光的个人网站"主页

通常制作网站需要从明确主题、风格开始，只有把主题、风格、色彩搭配、版面布局等方面都考虑好，才能制作出有特色和吸引力的网页。因此，在制作"阳光的个人网站"主页时需要经过以下几个步骤：

（1）确定网站主题

由于个人网站带有很明显的"私人定制"特点，所以它的主题并没有很严格统一的规定。可选取自己感兴趣或者熟悉的题材，这样就可以相对容易地制作出一个较好的网站主页。例如可从如下几个方面选取题材：

①个人日志：主要为日志，以原创为主。

②个人展示：包括个人图片、个人爱好和个人收藏等。

③娱乐休闲：包括电影、音乐和游戏等。

④信息资讯：包括综合资讯、网址导航和软件下载等。

（2）确定网站色彩

个人网站配色可根据个人的喜好，设计者可以尝试不同的色彩搭配，但需要注意的是尽可能不要将所有的颜色都用到，确保文本颜色和背景颜色的对比要鲜明。

（3）搜集素材

网站素材有多种形式，包括文本、图像、多媒体类。

（4）确定框架

选好主题之后就可以确定网站框架了，它是整个网站制作的蓝图。个人主页框架如图9-7所示。

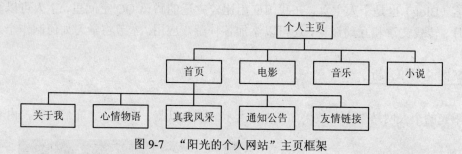

图9-7 "阳光的个人网站"主页框架

以上几步准备完毕之后就可以打开 Dreamweaver，进入下面的制作阶段了，包括如下内容：

（1）新建和管理站点

（2）网页布局

此案例主要使用表格进行网页布局，如图9-8所示。

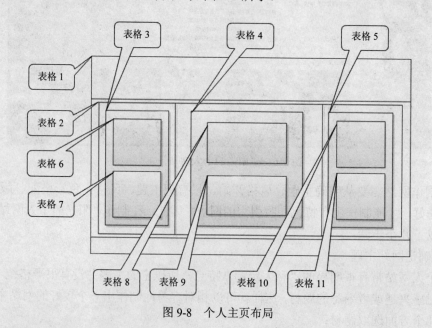

图9-8 个人主页布局

（3）插入素材

通过插入文本和图像，制作文本和图像混排的网页。

（4）创建超链接

包括在文本和图像上创建超链接。

9.2.2 新建和管理站点

网站是多个网页的集合，包括一个首页和若干个分页。若要制作一个能被大家浏览的网站，通常会先在本地磁盘上制作该网站，然后再把这个网站传到 Web 服务器上。Dreamweaver CS6 中的"站点"是指构成网站的所有文件和资源的集合。可以在本地计算机上创建本地站点，也可以将网站上传到服务器创建远程站点。本案例中将介绍如何新建本地站点。

1. 案例操作步骤

（1）新建站点

①打开 Dreamweaver，从菜单栏处单击"站点"|"新建站点"。在弹出的窗口中填写站点名称，选择本地站点文件夹存放位置，其他设置为默认，如图 9-9 所示。

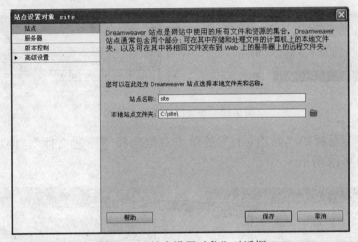

图 9-9　"站点设置对象"对话框

②单击"保存"按钮。
③通过"文件"面板查看当前站点情况，如图 9-10 所示。

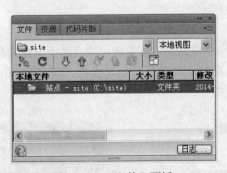

图 9-10　"文件"面板

（2）管理站点

从菜单栏处单击"站点"|"管理站点"，可以打开"管理站点"对话框，如图 9-11 所示。当需要对站点进行删除、编辑、复制和导出操作时，可点击相应的图标。

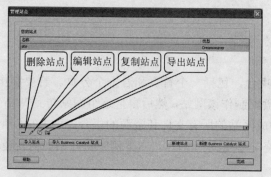

图 9-11 "管理站点"对话框

有了站点之后就可以向站点内添加网站图像文件夹和首页 html 文件了,具体步骤如下:

①在"文件"面板的"站点-site"处单击右键选择"新建文件夹",例如添加名为 images 的文件夹用于存放站点中的图片,如图 9-12 所示。

图 9-12 添加网站图像文件夹

②在"文件"面板的"站点-site"处单击右键选择"新建文件",例如添加网站首页 index.html,如图 9-13 所示。

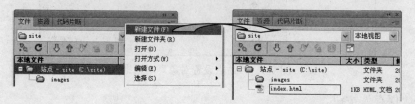

图 9-13 新建首页 html 文件

2. 操作技能要点

①新建站点和管理站点操作较为简单,实践中注意站点文件夹和文件的名称和保存位置。

②若要对站点内的文件夹或文件进行剪切等操作,可在相应的文件夹或文件处鼠标右击,选择"编辑",如图 9-14 所示。

图 9-14 文件夹/文件"编辑"面板

9.2.3　网页布局

布局指的是网页的版面，经常用到的版面形式有"T"型布局、"口"型布局、"田"型布局和"三"型布局等。使用表格就可以进行网页布局，这种方式最大的好处是即使浏览者改变了计算机的分辨率也不会影响到网页的浏览效果。

1．案例操作步骤

（1）插入表格 1

①打开之前建立的 index.html，从菜单栏处单击"插入"|"表格"，在弹出的"表格"对话框中输入表格的行数为 3，列数为 1，宽度为 1000。这新建的第一个表格称之为表格 1（3行 1 列），如图 9-15 所示。

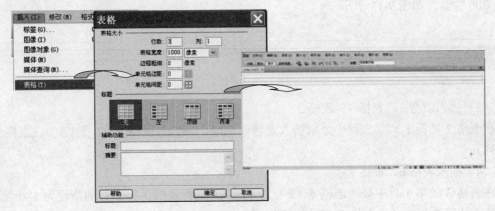

图 9-15　插入表格

②设置表格 1 的行高，如图 9-16 所示。

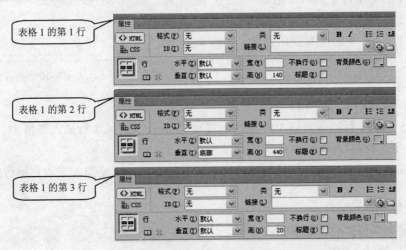

图 9-16　表格 1 的行高设置

③设置表格 1 为"居中对齐"，如图 9-17 所示。

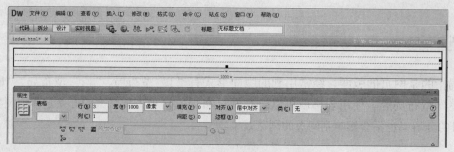

图 9-17　设置表格 1 的对齐方式

经过以上几步操作，完整的表格 1 就创建完毕了。接下来可以用类似的方法创建表格 2 至表格 11。

（2）插入表格 2

在表格 1 的第 2 行中，插入表格 2（1 行 3 列），表格 2 的第 1、2、3 列的列宽分别为 190、610、200 像素，如图 9-18 所示。

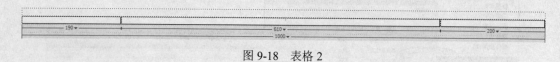

图 9-18　表格 2

（3）插入表格 3、表格 4、表格 5

在表格 2 的第 1、2、3 列中分别插入表格 3（2 行 1 列）、表格 4（2 行 1 列）、表格 5（2 行 1 列）。

（4）插入表格 6、表格 7

在表格 3 的第 1 行中插入表格 6（2 行 1 列），并且将表格 3 第 2 行的高设为 180 像素。在表格 3 的第 2 行中插入表格 7（7 行 2 列）。

（5）插入表格 8、表格 9

在表格 4 的第 1 行中插入表格 8（7 行 1 列），表格 8 的宽为 580 像素。在表格 4 的第 2 行中插入表格 9（4 行 4 列），表格 9 的宽为 580 像素，表格 9 第 2、3 行的行高为 80 像素。将表格 9 的单元格进行合并，如图 9-19 所示。

图 9-19　表格 9

（6）插入表格 10、表格 11

在表格 5 的第 1 行插入表格 10（5 行 1 列）。在表格 5 的第 2 行插入表格 11（5 行 4 列），表格 11 第 2 至 5 行的行高为 40 像素。

经过这几步表格的插入，就能够完成网页版面的布局，这是插入文本和图像的基础。

2. 操作技能要点

使用表格布局网页时需要注意：

（1）表格的插入位置

（2）表格的行数列数

（3）表格的宽高尺寸

（4）表格的对齐方式

（5）表格的行列合并

注意以上几点才能为后续的插入网页素材打好基础。

9.2.4　插入素材

1．案例操作步骤

（1）插入文本

将光标定位在要插入文本的单元格内，单击"插入" |"HTML" |"文本对象" |"字体"，在弹出的"标签编辑器-font"对话框中进行相应的设置，如图 9-20 所示。单击"确定"后通过手工输入或复制粘贴都可以将文本加入到网页。按此方法将"关于我"、"心情物语"、"个人风采"等文本插入到网页中。

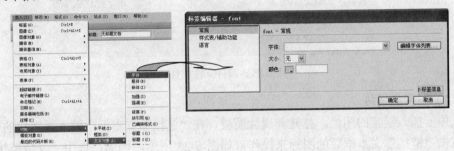

图 9-20　插入文本

（2）插入图像

将光标定位在要插入图像的单元格内，单击菜单栏的"插入" |"图像"，在"选择图像源文件"对话框中选中要插入的图像单击确定即可，如图 9-21 所示。按此方法将所需的各种图片插入到网页中。

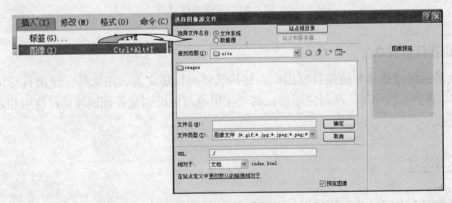

图 9-21　插入图像

2．操作技能要点

（1）插入文本时注意文本的换行和特殊字符的插入

（2）插入图像时注意图像的尺寸大小和清晰度

9.2.5　创建超链接

网站中每个页面是独立的，若想链接成一个资源整体，就需要用"超链接"来实现。

1．案例操作步骤

（1）文本超链接

选中要插入链接的文本，打开其属性面板，在"链接"文本框中输入要链接的目标地址，或者点击"链接"文本框后的图标来操作。如图 9-22 所示。例如，选中"网站升级通知"，通过超链接将其链接到一个新的 HTML 文件，该文件内包含网站升级的具体事宜。

图 9-22　文件属性

（2）图像超链接

选中要插入链接的图像，打开其属性面板，在"链接"文本框中输入要链接的目标地址，或者点击"链接"文本框后的图标来操作，如图 9-23 所示。例如，选中"友情链接"中的图片将其链接到其他人的页面。

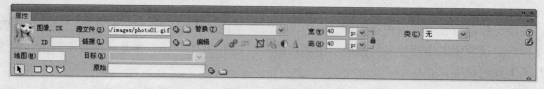

图 9-23　图像属性

2．操作技能要点

超链接由链接载体和链接目标组成，链接载体可以是文本、图像等，链接目标可以是页面、图像、声音、程序等。在创建超链接时可使用绝对地址创建外部链接，可使用相对地址创建内部链接。

9.2.6　拓展练习

通过学习个人网站首页的制作，进行如下练习：

主题：制作个人网站二级页面

要求：完成电影、音乐、小说等版块，要求风格与主页面统一，布局美观，字体清楚，可以进行站内跳转。

习题九

一、选择题

1. Dreamweaver 是一个（   ）软件。

    A．网页制作　　　　B．图像处理　　　　C．聊天　　　　　　D．动画制作

2. 在 Dreamweaver 中，下面关于首页制作说法错误的是（   ）。

    A．首页文件名称可以是 index.html 或 index.htm

    B．首页文件名称可以用汉字

    C．可使用布局表格和布局单元格来进行定位网页元素

    D．可使用表格对网页元素进行定位

3. 在 Dreamweaver 中建立站点的操作是（   ）。

    A．文件|新建　　　　　　　　B．站点|新建站点

    C．插入|图像　　　　　　　　D．修改|页面属性

4. 在 Dreamweaver 中插入表格的操作是（   ）。

    A．文件|新建　　　　　　　　B．站点|新建站点

    C．插入|图像　　　　　　　　D．插入|表格

5. 将 Dreamweaver 的单元格中插入图像的操作是（   ）。

    A．文件|新建　　　　　　　　B．站点|新建站点

    C．插入|图像　　　　　　　　D．修改|页面属性

二、填空题

1. HTML（Hyper Text Markup Language），即_____。

2. _____和_____是构成网页的两个最基本的元素。

3. Dreamweaver 提供了_____、_____、_____等视图方式。

4. 使用 Dreamweaver 可以在本地计算机上创建_____，也可以将网站上传到服务器创建_____。

5. 网站中每个页面是独立的，若想链接成一个资源整体，就需要用"_____"来实现。

三、简答题

1. 列举网页设计原则？

2. 除了 Dreamweaver 之外，还可以用什么工具编辑网页？

3. 如何在 Dreamweaver 下管理站点？

4. 在 Dreamweaver 中如何合并单元格？

5. 在 Dreamweaver 中"插入"菜单里都有哪些内容？

参考文献

[1]　王移芝，罗四维主编．大学计算机基础教程．北京：高等教育出版社，2004．

[2]　雷国华，运海红主编．大学计算机基础教程．北京：高等教育出版社，2004．

[3]　柴欣著．大学计算机基础教程．北京：中国铁道出版社，2004．

[4]　陈国良主编．计算思维导论．北京：高等教育出版社，2013．

[5]　王中生，马毅，马静主编．计算机组装与维护．北京：清华大学出版社，2007．

[6]　郑莉主编．面向对象程序设计经典实验案例集．北京：高等教育出版社，2012．

[7]　李凤霞主编．大学计算机实验．北京：高等教育出版社，2013．

[8]　王万良编著．人工智能导论．北京：高等教育出版社，2005．

[9]　程向前，陈建明编著．可视化计算．北京：清华大学出版社，2013．

[10]　邵玉环，Windows 7 实用教程．北京：清华大学出版社，2012．

[11]　前沿文化．Office 2010 完全学习手册．北京：科学出版社，2012．

[12]　吴华，兰星．Office 2010 办公软件应用标准教程．北京：清华大学出版社，2012．

[13]　教育部考试中心．全国计算机等级考试二级教程—Access 数据库程序设计（2012 年版）．北京：高等教育出版社，2012．

[14]　孙巧玲，郝锋主编．Dreamweaver CS3 中文版课程设计案例精编．北京：中国水利水电出版社，2013．

[15]　徐萃薇，孙绳武编著．计算方法引论．北京：高等教育出版社，2013．

[16]　杨继主编．Dreamweaver 网页设计与制作教程．北京：中国水利水电出版社，2011．

[17]　邢永峰等编著．Dreamweaver 网页设计．北京：中国水利水电出版社，2007．

[18]　相万让主编．网页设计与制作．北京：人民邮电出版社，2012．

[19]　涂子沛著．大数据．广西：广西师范大学出版社，2013．

[20]　迈尔-舍恩伯格，（英）库克耶著．盛杨燕，周涛译．大数据时代．浙江：浙江人民出版社，2013．